电子技术实训教程

刘友澈　主编

ZHEJIANG UNIVERSITY PRESS
浙江大学出版社

图书在版编目(CIP)数据

电子技术实训教程 / 刘友澈主编. —杭州：浙江大学出版社，2015.8（2024.7重印）

ISBN 978-7-308-15111-5

Ⅰ. ①电… Ⅱ. ①刘… Ⅲ. ①电子技术—教材

Ⅳ. ①TN

中国版本图书馆 CIP 数据核字（2015）第 206424 号

电子技术实训教程

刘友澈　主编

责任编辑	陈静毅	
责任校对	赵黎丽	
封面设计	杭州林智广告有限公司	
出版发行	浙江大学出版社	
	（杭州市天目山路 148 号　邮政编码 310007）	
	（网址：http://www.zjupress.com）	
排　　版	杭州林智广告有限公司	
印　　刷	广东虎彩云印刷有限公司绍兴分公司	
开　　本	787mm×1092mm　1/16	
印　　张	17.25	
字　　数	420 千	
版 印 次	2015 年 8 月第 1 版　2024 年 7 月第 2 次印刷	
书　　号	ISBN 978-7-308-15111-5	
定　　价	35.00 元	

前　　言

随着电子技术的突飞猛进,电子产品向微型化、智能化方向发展,但电子产品的焊接、安装工艺越来越复杂。本书根据高职高专培养应用型技术人才的特点,并按照"工、学、教、做"为一体的教学模式编写。

本书以电子产品生产流程的任务驱动为主线;以电子技术中的来料检测(元器件检测)、手工焊接工艺、产品组装工艺、产品调试工艺和产品检验和维修等技能点为明线,形成一个电子产品制造工艺的任务链;以模拟电子技术、数字电子技术、测量仪表、电子产品工艺、电子产品检验等相关知识点为暗线,形成知识链。教学项目具有专业知识覆盖面广、趣味性浓、实用性强的特点,所有项目都设计成小产品的形式,以贴片元器件为主,将表面组装技术和微组装技术融入其中,经过安装、调试、检测后都可以用于日常生活中。

本书以九个项目为切入点,把相关知识融合在项目实施的过程中,每个项目由来料检测知识、知识链接、任务实施、技能训练、思考与讨论等几个环节组成。本书较为全面地介绍有关电子产品装配工艺的基础知识和技能,突出电子技术工艺,强调基本操作技能,注重实现职业实践中适用的技术要求,以体现任务引领、实践导向的思想。

本书由浙江工业职业技术学院、浙江捷昌线性驱动科技股份有限公司、绍兴力必信仪器有限公司合作完成。浙江工业职业技术学院刘友澈担任主编,浙江工业职业技术学院周永坤、浙江捷昌线性驱动科技股份有限公司石能乾、绍兴力必信仪器有限公司罗刚参与编写。本书在编写过程中得到了浙江工业职业技术学院电子信息工程技术专业组和电子创新实验班的大力支持,在此表示感谢。

本书既可作为高职高专学校的电子信息工程技术、自动化工程技术、机电一体化技术和楼宇智能化技术等专业的电子技术实训教材,也可作为电子爱好者、相关培训学校的用书。

由于编者水平有限,书中难免存在缺点和不足之处,恳请广大读者向编者(lyc_zclenai@163.com)提出宝贵意见。

编　者
2015 年 6 月

目　　录

项目一　声光双控延时照明灯 ……………………………………………… 1

【实训目的】 ……………………………………………………………… 1

【来料检测】 ……………………………………………………………… 1

　　一、三极管 ………………………………………………………… 1

　　二、电阻器 ………………………………………………………… 4

　　三、电容器 ………………………………………………………… 9

　　四、二极管类 ……………………………………………………… 14

　　五、晶闸管 ………………………………………………………… 21

　　六、光敏电阻 ……………………………………………………… 24

　　七、驻极体话筒 …………………………………………………… 26

【知识链接】 ……………………………………………………………… 28

　　一、声光双控延时照明灯的工作原理 …………………………… 28

　　二、SMT 元器件介绍 ……………………………………………… 29

【任务实施】 ……………………………………………………………… 34

　　一、元器件的来料检测 …………………………………………… 34

　　二、声光双控延时照明灯电路的安装工艺及步骤 ……………… 37

　　三、万用表的使用 ………………………………………………… 38

　　四、声光双控延时照明灯电路的调试、检测技能 ……………… 38

【技能训练】 ……………………………………………………………… 39

【思考与讨论】 …………………………………………………………… 39

项目二　振动式防盗报警器 …………………………………………… 40

【实训目的】 ……………………………………………………………… 40

【来料检测】 ……………………………………………………………… 40

　　一、场效应晶体管 ………………………………………………… 40

　　二、压电陶瓷片 …………………………………………………… 43

　　三、蜂鸣器 ………………………………………………………… 45

四、集成电路 …………………………………………………………… 47

【知识链接】 ……………………………………………………………… 55

一、振动式防盗报警器的工作原理 ……………………………… 55

二、焊接技术 ………………………………………………………… 56

三、示波器的使用 ………………………………………………… 63

四、国际部分集成电路型号的命名 …………………………… 71

【任务实施】 ……………………………………………………………… 74

一、元器件的来料检测 …………………………………………… 74

二、振动式防盗报警器电路的安装工艺及步骤 …………… 75

三、示波器的使用 ………………………………………………… 76

四、振动式防盗报警器电路的调试、检测技能 …………… 76

【技能训练】 ……………………………………………………………… 77

【思考与讨论】 …………………………………………………………… 78

项目三　家用恒温箱控制器 ……………………………………………… 79

【实训目的】 ……………………………………………………………… 79

【来料检测】 ……………………………………………………………… 79

一、集成运放 ………………………………………………………… 79

二、三端稳压器 ……………………………………………………… 86

【知识链接】 ……………………………………………………………… 90

一、家用恒温箱控制器的工作原理 …………………………… 90

二、电子元器件组装工艺 ………………………………………… 91

三、整机装配工艺过程 …………………………………………… 93

四、电子整机装配前的准备工艺 ……………………………… 95

五、印制电路板组装的工艺流程 ……………………………… 100

六、整机调试与老化 ……………………………………………… 100

【任务实施】 ……………………………………………………………… 102

一、元器件的来料检测 …………………………………………… 102

二、家用恒温箱控制器电路的安装工艺及步骤 ………… 103

三、家用恒温箱控制器电路的调试、检测技能 ………… 103

【技能训练】 ……………………………………………………………… 104

【思考与讨论】 …………………………………………………………… 105

项目四　简易脉搏计 ……………………………………………………… 106

【实训目的】 ……………………………………………………………… 106

【来料检测】 ·· 106
　　一、红外线发射管 ·· 106
　　二、红外接收二极管 ·· 107
　　三、一体化红外接收头 ··· 108
　　四、光敏三极管 ··· 109
　　五、LED 数码管 ·· 110
　　六、数字集成电路 ··· 112
【知识链接】 ·· 115
　　一、脉搏计的工作原理 ··· 115
　　二、扫频仪的使用 ··· 116
【任务实施】 ·· 123
　　一、元器件的来料检测 ··· 123
　　二、简易脉搏计电路的安装工艺及步骤 ······································ 124
　　三、扫频仪的使用 ··· 125
　　四、简易脉搏计电路的调试、检测技能 ······································ 125
【技能训练】 ·· 126
【思考与讨论】 ··· 127

项目五　单片机开发电路板 ·· 128

【实训目的】 ·· 128
【来料检测】 ·· 128
　　一、继电器 ··· 128
　　二、液晶显示屏 ·· 136
　　三、石英晶体振荡器 ··· 139
【知识链接】 ·· 141
　　一、单片机最小系统 ··· 141
　　二、时钟、日历电路 ··· 144
　　三、模数 A/D 转换电路与数模 D/A 转换电路 ····························· 145
　　四、串行通信电路 ··· 149
　　五、人机接口电路 ··· 150
　　六、数字温度传感器 DS18B20 ·· 150
　　七、数据存储电路 ··· 152
　　八、电子产品的工艺文件 ·· 154
【任务实施】 ·· 156
　　一、元器件的来料检测 ··· 156

二、单片机开发电路板电路的安装工艺及步骤 ……………………… 157

三、单片机开发电路板电路的调试、检测技能 …………………… 158

【技能训练】 …………………………………………………………… 158

【思考与讨论】 ………………………………………………………… 159

项目六 交流毫伏表 …………………………………………………… 160

【实训目的】 …………………………………………………………… 160

【来料检测】 …………………………………………………………… 160

一、ICL7107 ………………………………………………………… 160

二、连接器 …………………………………………………………… 162

【知识链接】 …………………………………………………………… 164

一、半波精密整流电路 ……………………………………………… 164

二、全波精密整流电路 ……………………………………………… 165

三、交流毫伏表电路 ………………………………………………… 166

四、A/D 转换 ………………………………………………………… 166

【任务实施】 …………………………………………………………… 170

一、元器件的来料检测 ……………………………………………… 170

二、交流毫伏表电路的安装工艺及步骤 …………………………… 171

三、交流毫伏表电路的调试、检测技能 …………………………… 172

【技能训练】 …………………………………………………………… 173

【思考与讨论】 ………………………………………………………… 173

项目七 金属探测器 …………………………………………………… 174

【实训目的】 …………………………………………………………… 174

【来料检测】 …………………………………………………………… 174

一、电感器 …………………………………………………………… 174

二、变压器 …………………………………………………………… 179

三、扬声器 …………………………………………………………… 181

【知识链接】 …………………………………………………………… 183

一、金属探测器的工作原理 ………………………………………… 183

二、LC 振荡电路 …………………………………………………… 184

三、电路识图方法 …………………………………………………… 186

【任务实施】 …………………………………………………………… 191

一、元器件的来料检测 ……………………………………………… 191

二、金属探测器电路的安装工艺及步骤 …………………………… 192

三、金属探测器电路的调试、检测技能 ………………………………………… 193

【技能训练】 …………………………………………………………………………… 193

【思考与讨论】 ………………………………………………………………………… 194

项目八 电子生日蜡烛 ………………………………………………………………… 195

【实训目的】 …………………………………………………………………………… 195

【来料检测】 …………………………………………………………………………… 195

一、普通开关 ……………………………………………………………………… 195

二、电子开关 ……………………………………………………………………… 197

三、双金属片 ……………………………………………………………………… 202

四、集成电路 ……………………………………………………………………… 202

【知识链接】 …………………………………………………………………………… 204

一、电子生日蜡烛的工作原理 …………………………………………………… 204

二、RS 触发器 …………………………………………………………………… 205

三、音乐芯片 ……………………………………………………………………… 206

四、电子电路的调试 ……………………………………………………………… 207

【任务实施】 …………………………………………………………………………… 210

一、元器件的来料检测 …………………………………………………………… 210

二、电子生日蜡烛电路的安装工艺及步骤 ……………………………………… 211

三、电子生日蜡烛电路的调试、检测技能 ……………………………………… 212

【技能训练】 …………………………………………………………………………… 213

【思考与讨论】 ………………………………………………………………………… 213

项目九 八路抢答器 …………………………………………………………………… 214

【实训目的】 …………………………………………………………………………… 214

【来料检测】 …………………………………………………………………………… 214

一、编码器 74LS148 ……………………………………………………………… 214

二、译码器 74LS48 ……………………………………………………………… 215

三、热敏电阻 ……………………………………………………………………… 217

四、压敏电阻 ……………………………………………………………………… 224

【知识链接】 …………………………………………………………………………… 227

一、八路抢答器的工作原理 ……………………………………………………… 227

二、电子设备故障查找的一般程序 ……………………………………………… 228

三、电子设备故障查找的方法与技巧 …………………………………………… 229

【任务实施】 …………………………………………………………………………… 235

一、元器件的来料检测 ·· 235

二、八路抢答器电路的安装工艺及步骤 ························ 236

三、八路抢答器电路的调试、检测技能 ························ 237

【技能训练】 ·· 238

【思考与讨论】 ·· 238

附录一　维修电工中级电子电路图 ···················· 239

一、串联可调稳压电源电路 ···································· 239

二、施密特触发器电路 ·· 240

三、单稳态电路 ·· 241

四、恒流充电的单结晶体管触发电路 ························ 242

五、声光双控延迟节能灯电路 ································ 243

六、两级放大电路 ·· 244

七、自动调压恒温电路 ·· 246

八、单相调压电路 ·· 247

九、OCL 功放电路 ·· 248

附录二　无线电调试工中级电子电路图 ·············· 250

一、脉宽调制控制器电路 ·· 250

二、OTL 功率放大电路 ·· 251

三、交流电压平均值转换电路 ································ 256

四、三位半 A/D 转换电路 ······································ 257

五、数字频率计电路 ·· 262

参考文献 ·· 265

项目一　声光双控延时照明灯

实训目的

1. 熟悉声光双控延时照明灯电路的工作原理。
2. 掌握声光双控延时照明灯电路的安装工艺及方法。
3. 掌握声光双控延时照明灯电路的故障检修技能。
4. 掌握来料检测的知识与技能。

来料检测

一、三极管

1. 三极管概述

三极管有 NPN 和 PNP 两种类型,电路符号如图 1-1 所示,制造三极管的材料有硅和锗两种。三极管是电子电路中非常重要的器件,具有电流放大和开关作用。封装形式是三极管的外形参数,在 PCB 设计与电路板装配时非常有用,三极管的封装通常为 TO-×××与 SOT-×××,TO 为直插封装,SOT 为贴片封装,后缀×××表示三极管的外形。三极管的常用封装如图 1-2 所示。三极管的主要参数有电流放大系数、集电极最大工作电流、最高反向工作电压、集电极最大允许耗散功率和特征频率等,其中集电极最大工作电流、最高反向工作电压、耗散功率这三个参数非常重要,在使用时不要超出数据手册中的规定值,常用三极管的参数如表 1-1 所示。

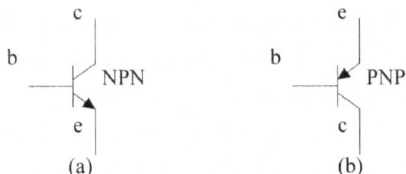

图 1-1　三极管的电路符号

2. 三极管的极性判断

找基极测试如图 1-3 所示,将万用表置于 $R \times 100\Omega$ 挡或 $R \times 1k\Omega$ 挡,黑表笔接假设的基极,红表笔分别接触其余两电极,如果其阻值均很小,再将红表笔接假设的基极,黑表笔接

图 1-2　三极管的常用封装

表 1-1　常用三极管的参数

型号	类型	耐压/V	电流 I_{CM}/A	功率 P_{CM}/W	频率 f_T/MHz	放大系数 β
TIP122	NPN	100	5	65	/	1000
TIP127	PNP	100	5	65	/	1000
9011	NPN	30	0.03	0.4	150	20~200
9012	PNP	50	0.5	0.625	150	60~300
9013	NPN	50	0.5	0.625	150	60~300
9014	NPN	50	0.1	0.4	150	60~1000
9015	PNP	50	0.1	0.4	150	60~600
9018	NPN	30	0.05	0.4	1000	30~200
8050	NPN	40	1.5	1	100	60~300
8550	PNP	40	1.5	1	100	60~300
C1008	NPN	80	0.7	0.8	50	20~110
3DD15D	NPN	300	5	50	/	10~40
2N2222	NPN	60	0.8	0.5	100	20~100
3DG6C	NPN	25	0.02	0.1	250	20~80
3DG12B	NPN	45	0.7	0.3	200	20~80
D325	NPN	50	3	25	/	10~60

其余两脚,若这次测量的阻值均很大,说明假定基极成立,且该管是 NPN 型管。如果用红表笔接假定的基极,黑表笔接其余两脚,测得的阻值均很小,而反接表笔后,阻值很大,则说明假定的基极成立,该管是 PNP 型管。如果测出的结果与上述不相符合,可再分别假设另外两电极为基极,按上述方法进行测量,只要是性能良好的三极管,则三次假设中必有一次正确。

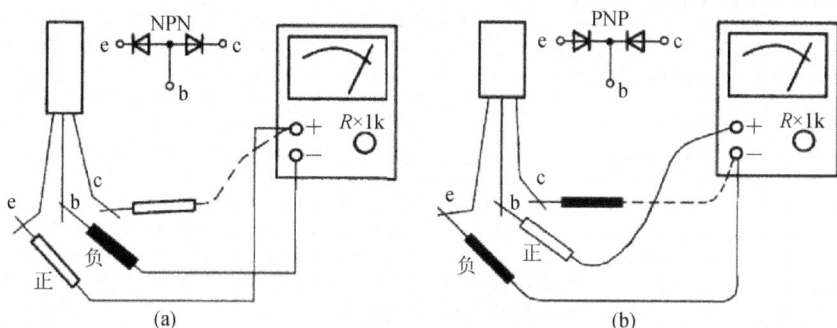

图 1-3   找基极测试

集电极与发射极的判定,是利用三极管在正常工作条件下,即集电结加反向电压,发射结加正向电压,三极管处于导通状态时,集电极与发射极之间电阻将下降的原理进行的。找集电极和发射极测试如图 1-4 所示,NPN 型三极管的具体操作方法如下:将万用表置于 $R\times100\Omega$ 挡或 $R\times1k\Omega$ 挡,用红、黑表笔接除基极以外的其余两电极,用手或 $100k\Omega$ 的电阻搭接基极和黑表笔所接电极(两电极不要短路),记下此时的表针偏转角度;然后调换表笔,仍用手搭接基极和黑表笔所接电极,记下这次表针偏转角度;比较两次测量时表针转过角度,偏转角度大的一次,黑表笔所接电极是集电极,另一电极则是发射极。对于 PNP 型三极管的电极判断,其检测方法的区别为:一是万用表用 $R\times100\Omega$ 挡或 $R\times1k\Omega$ 挡;二是用手或 $100k\Omega$ 的电阻搭接基极和红表笔所接电极,且表针偏转角度大的一次红表笔所接是集电极,黑表笔所接是发射极。

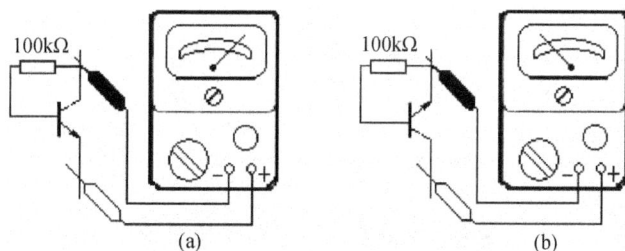

图 1-4   找集电极和发射极测试

3. 三极管的质量及性能的简单鉴别

(1)三极管质量的检测。选用万用表 $R\times100\Omega$ 挡或 $R\times1k\Omega$ 挡。检测硅材料 NPN 三极管时,将黑表笔接于基极,红表笔分别接于集电极和发射极,测该管 PN 结正向电阻应为几百欧至几千欧。调换表笔后,测其 PN 结反向电阻,应在几十千欧至几百千欧以上;集电极和发射极间的电阻,无论表笔如何接,其阻值均应在几百千欧以上。检测锗材料 PNP 型三极管时,其检测方法与 NPN 型管相同,只是锗 PNP 管用 $R\times100\Omega$ 挡更合适一些,且测出的各组阻值应小于 NPN 型管的检测值。

（2）穿透电流大小的判断。检测 NPN 型三极管穿透电流时，选万用表 $R\times1k\Omega$ 挡，万用表黑表笔接集电极，红表笔接发射极，并使三极管基极悬空。测 PNP 型三极管穿透电流时，选 $R\times100\Omega$ 挡，红表笔接集电极，黑表笔接发射极。所测三极管的集电极与发射极之间阻值越大（硅管大于数兆欧，锗管大于数千欧），说明该三极管穿透电流越小。若测得阻值接近 0Ω，表明三极管严重漏电或已经击穿。

（3）电流放大系数的估计。将万用表选择在 h_{FE} 挡，三极管的 e、b、c 分别插入万用表的 e、b、c 插孔中，读取 h_{FE} 值即可判断。

4. 贴片三极管的封装

贴片三极管的常用封装有 SOT-23、SOT-89、SOT-323 等，其中 SOT-23 的封装如图 1-5 所示，引脚 1 为基极（b），引脚 2 为发射极（e），引脚 3 为集电极（c）。

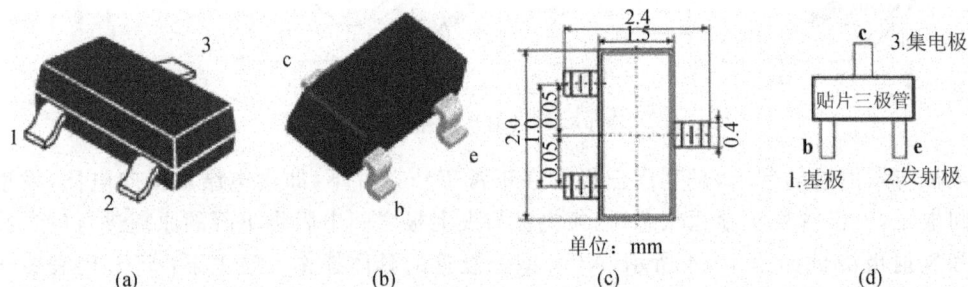

单位：mm

(a)　　　　　　(b)　　　　　　(c)　　　　　　(d)

图 1-5　贴片三极管的 SOT-23 封装

二、电阻器

根据制作材料的不同，电阻器可以分为碳膜电阻、金属膜电阻和线绕陶瓷电阻等，实物如图 1-6 所示。电阻器的参数有标称阻值、允许偏差、额定功率、工作电压、稳定性、噪声电动势、最高工作温度、高频特性等。在实际使用中一般只考虑标称阻值、允许偏差、额定功率等主要参数。

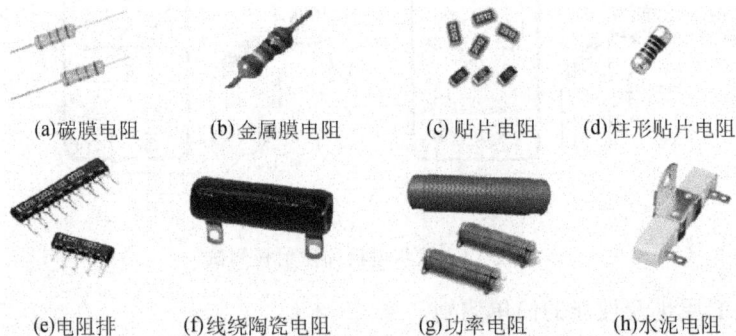

(a)碳膜电阻　　　　(b)金属膜电阻　　　　(c)贴片电阻　　　(d)柱形贴片电阻

(e)电阻排　　　　(f)线绕陶瓷电阻　　　　(g)功率电阻　　　　(h)水泥电阻

图 1-6　电阻器实物

1. 标称电阻和允许偏差及其标注方法

电阻器的标称阻值是在电阻体上所标注的阻值，阻值的单位为 Ω（欧姆）。电阻值的范围很广，从零点几欧到几十兆欧。电阻器标称值和实测值之间允许的最大偏差范围叫电阻器的允许偏差，通常分为三级：Ⅰ级相对误差为±5%；Ⅱ级相对误差为±10%；Ⅲ级相对误差为±20％。精密电阻的允许相对误差分为±0.5％、±1％、±2％三个等级。电阻器的标称阻值和允许偏差一般标注在电阻体上,常用的标注方法有以下几种:

（1）直标法

用阿拉伯数字和单位符号（Ω、kΩ、MΩ 等）在电阻体表面直接标出阻值,并用百分数直接标出允许偏差的方法称直标法。如图 1－7 所示,该电阻器的阻值为 5.1 kΩ,允许偏差±5％。

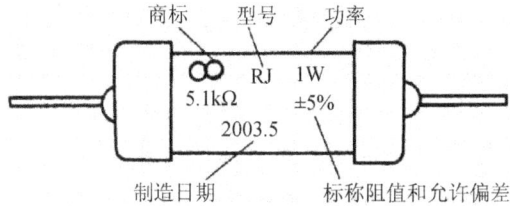

图 1－7　电阻器的直标法

（2）文字符号法

用阿拉伯数字和文字符号有规律的组合,表示标称阻值和允许误差的方法叫文字符号法。其阻值的组合规律是:用 R 表示欧姆（$10^0\Omega$）,用 k 表示千欧（$10^3\Omega$）,用 M 表示兆欧（$10^6\Omega$）,用 G 表示吉欧（$10^9\Omega$）,用 T 表示太欧（$10^{12}\Omega$）;阻值的整数部分在阻值单位前面,阻值的小数部分在阻值单位后面。阻值单位符号位置就是小数点所在位置。图 1－8(a)～图 1－8(d)分别表示 0.51Ω、5.1Ω、51Ω、5.1kΩ。

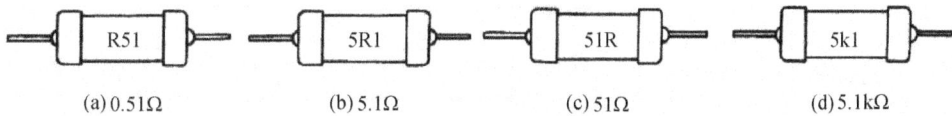

(a)0.51Ω　　　　(b)5.1Ω　　　　(c)51Ω　　　　(d)5.1kΩ

图 1－8　电阻器的文字符号法

（3）色标法

用不同的色环标注在电阻体上,表示电阻器的标称阻值和允许误差方法叫色标法。色标的表示意义如表 1－2 所示。

表 1－2　色标的表示意义

颜色	第一环（第一位数值）	第二环（第二位数值）	第三环（乘数）	误差值
无色	/	/	/	±20％
银色	/	/	0.01Ω	±10％
金色	/	/	0.1Ω	±5％
黑色	0	0	1Ω	/
棕色	1	1	10Ω	±1％
红色	2	2	100Ω	±2％
橙色	3	3	1kΩ	/
黄色	4	4	10kΩ	/
绿色	5	5	100kΩ	±0.5％

续　表

颜色	第一环(第一位数值)	第二环(第二位数值)	第三环(乘数)	误差值
蓝色	6	6	1MΩ	±0.25%
紫色	7	7	10MΩ	±0.1%
灰色	8	8	100MΩ	/
白色	9	9	1000MΩ	+20%～50%

常见色标法有四色环法和五色环法两种。四色环法一般用于普通电阻器标注,五色环法一般用于精密电阻器标注。四色环电阻器色环标注意义是:从左到右第一、二位色环表示有效值,第三位色环表示乘数,第四位色环表示允许误差。如图1-9所示,该电阻器第一位色环是红色,其数值为2;第二位色环是紫色,其数值为7;第三位色环是黄色,表示乘数为 10^4 ;第四位色环为银色,表示其允许误差为 ±10%。所以该电阻器的阻值为 270000Ω (270kΩ),允许误差为±10%。

图1-9　四色环电阻器的标注

五色环电阻器色环标注意义是:从左到右第一、二、三位色环表示前三位数值,第四位色环表示乘数,第五位色环表示允许误差。如图1-10所示,该电阻的第一环是红色,其数值为2;第二环为紫色,其数值为7;第三环为黑色,其数值为0;第四环为棕色,其乘数为 10^1 ;第五环为棕色,其允许误差为±1%。所以该电阻的阻值为2700Ω(2.7kΩ)。

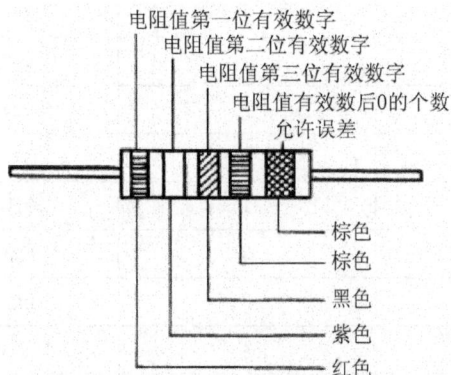

图1-10　五色环电阻器的标注

（4）数码表示法

用三位或四位数码表示电阻器标称值的方法叫数码表示法,如图 1-11 所示。其标注方法是:从左到右第一、二位为有效数值,第三位为乘数,单位为 Ω。其允许误差通常用文字表示。如 103 表示该电阻的阻值为 $10\times10^3\,\Omega(10000\Omega)$,202 表示 $2k\Omega$。

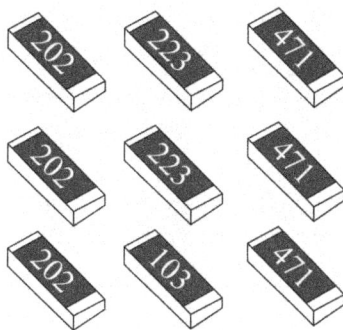

图 1-11　电阻器的数码表示法

（5）国内贴片电阻的命名方法

5％精度的命名:RS-××K102JT;1％精度的命名:RS-××K1002FT。其中,R 表示电阻;S 表示功率,0402 是 1/16W,0603 是 1/10W,0805 是 1/8W,1206 是 1/4W,1210 是 1/3W,1812 是 1/2W,2010 是 3/4W,2512 是 1W;×× 表示尺寸(英寸),02 表示 0402,03 表示 0603,05 表示 0805,06 表示 1206,1210 表示 1210,1812 表示 1812,10 表示 2010,12 表示 2512;K 表示温度系数为 100PPM;102 是 5％精度阻值表示法,前两位表示有效数字,第三位表示有多少个零,基本单位是 Ω,102＝1000Ω＝1kΩ;1002 是 1％阻值表示法,前三位表示有效数字,第四位表示有多少个零,基本单位是 Ω,1002＝10000Ω＝10kΩ;J 表示精度为 5％,F 表示精度为 1％;T 表示编带包装。

贴片电阻阻值误差精度有 ±1％、±2％、±5％、±10％,常规用得最多的是 ±1％ 和 ±5％。±5％ 精度常规是用三位数来表示。例如 512,前面两位是有效数字,第三位数 2 表示有多少个零,基本单位是 Ω,这样就是 5100Ω,1000Ω＝$1k\Omega$,1000000Ω＝$1M\Omega$。±1％ 精度的常规电阻多数用 4 位数来表示,如图 1-12 所示,这样前三位是表示有效数字,第四位表示有多少个零。例如 1963 就是 196000Ω,也就等于 $196k\Omega$。

图 1-12　±1％的贴片电阻表示法

（6）常用贴片电阻的封装尺寸

常用贴片电阻的封装尺寸如表 1-3 所示。

表 1-3 常用贴片电阻的封装尺寸

英制/in	公制/mm	长(L)/mm	宽(W)/mm	高(t)/mm	a/mm	b/mm
0201	0603	0.60±0.05	0.30±0.05	0.23±0.05	0.10±0.05	0.15±0.05
0402	1005	1.00±0.10	0.50±0.10	0.30±0.10	0.20±0.10	0.25±0.10
0603	1608	1.60±0.15	0.80±0.15	0.40±0.10	0.30±0.20	0.30±0.20
0805	2012	2.00±0.20	1.25±0.15	0.50±0.10	0.40±0.20	0.40±0.20
1206	3216	3.20±0.20	1.60±0.15	0.55±0.10	0.50±0.20	0.50±0.20
1210	3225	3.20±0.20	2.50±0.20	0.55±0.10	0.50±0.20	0.50±0.20
1812	4832	4.50±0.20	3.20±0.20	0.55±0.10	0.50±0.20	0.50±0.20

2. 电阻器的额定功率

电流流过电阻时会使电阻发热,若流过电阻的电流过大,使电阻器温升过高,就会将电阻烧坏。在规定温度下,电阻器在电路中长期连续工作所允许消耗的最大功率叫额定功率。所以在选择电阻时除了考虑阻值,额定功率也是很重要的参数。一般来讲,电阻器的尺寸越大,它能承受的功率和耐压就越高,常用电阻器尺寸与功率、耐压的参数如表 1-4 所示。

表 1-4 常用电阻器尺寸与功率、耐压的参数

电阻规格(英制)	功率/W	耐压/V	电阻规格(英制)	功率/W	耐压/V
0201	1/20	25	AXIAL-0.3	1/8	200
0402	1/16	50	AXIAL-0.4	1/4	300
0603	1/10	50	AXIAL-0.5	1/2	500
0805	1/8	150	AXIAL-0.6	1	700
1206	1/4	200	AXIAL-0.8	2	1000
1210	1/3	200	AXIAL-1.0	3	1000
1812	1/2	200	AXIAL-1.2	5	1000
2010	3/4	200			
2512	1	200			

3. 电阻的检测

电阻的主要故障有过电流烧毁、变值、断裂、引脚脱焊等。

(1)外观检查

对于电阻器,通过目测可以看出引线是否松动、折断或电阻体烧坏等外观故障。

(2)阻值测量

通常可用万用表欧姆挡对电阻器进行测量,需要精确测量阻值可以通过电桥进行。值得注意的是,测量时不能用双手同时捏住电阻或测试笔,否则,人体电阻与被测电阻器并联,影响测量精度。

三、电容器

电容器简称电容,由两个导体及导体之间的介质组成。电容器具有充放电和隔直、通交的特性,所以在电子电路中应用非常广泛,常用于调谐、滤波、耦合、旁路、能量转变、微分、积分、振荡等。电容器按不同的分类方法,可分为不同种类。按结构分,电容器分为固定电容器、半可变电容器、可变电容器;按电容器介质分,电容器分为电解电容器、有机介质电容器、无机介质电容器;按有无极性分,电容器分为有极性电容器和无极性电容器等。电容器用文字符号 C 表示,其外形和图形符号如图 1 - 13 所示。

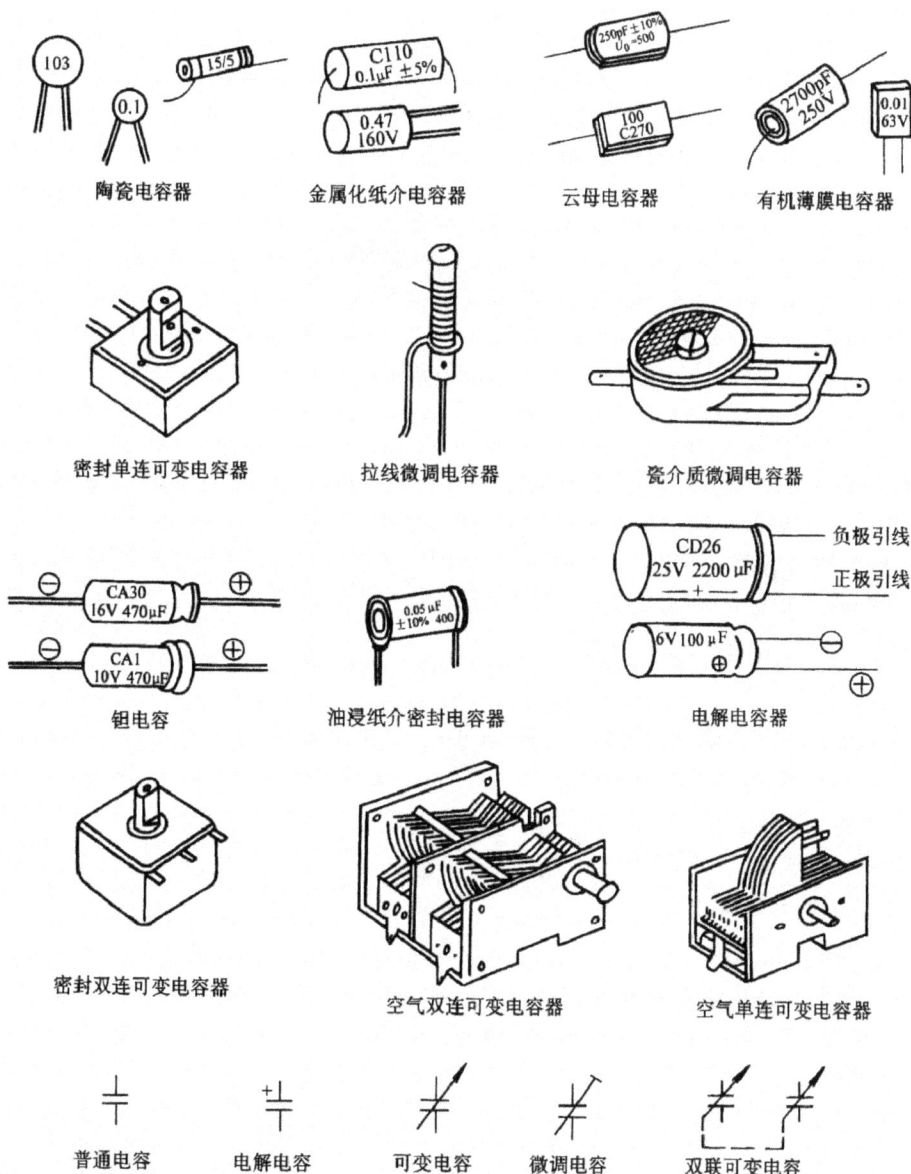

图 1 - 13　电容器的外形及图形符号

1. 各类电容器的特点

(1) 电解电容器

电解电容器包括铝电解电容器和钽电解电容器,钽电解电容器如图 1-14 所示。电解电容器是通过电化学的方法将氧化膜镀到金属(铝和钽)上来制造的。多数电解电容器是有极性电容器。与非电解电容器相比,电解电容器具有更大容量、较大允许误差、较差温度稳定性、较大的漏电流及较短的寿命。铝电解电容器是使用最广泛的通用型电解电容器,适用于电源滤波和音频旁路电路。相比之下,钽电解电容器具有绝缘电阻大、漏电小、寿命长、存放性能稳定、频率及温度特性好等优点。钽电容器主要用于一些电性能要求较高的电路,如积分、计时、延时开关电路等。

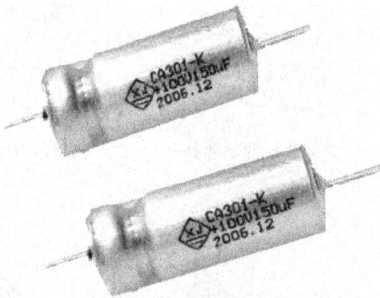

图 1-14　钽电解电容器

(2) 陶瓷电容器

陶瓷电容器体积小、价格便宜,是非常受欢迎的无极性电容器,但是它的温度稳定性较差,精确度低。它有陶瓷的绝缘材料和酚醛外壳,常用于旁路和耦合电路。

(3) 纸介质电容器

纸介质电容器体积小,容量和工作电压范围宽,容量精度不易控制,介质易老化,损耗大,制造工艺简单,成本低,用于低频电路。

(4) 云母电容器

云母电容器稳定性好,耐压高,漏电及损耗小,高频特性好,但容量不大,广泛用于无线电设备中的高电压、大功率场合。

(5) 玻璃釉电容器

玻璃釉电容器体积小,重量轻,抗潮性好,能在 200~250℃ 高温下工作,用于小型电子仪器的交、直流电路和脉冲电路。

(6) 聚苯乙烯电容器

聚苯乙烯电容器绝缘电阻大,电气性能好,在很宽的频率范围内性能稳定,损耗小但耐热性较差,制造工艺简单,用于谐振、滤波、耦合回路等。

(7) 可变电容器

可变电容器由数片半圆形动片和定片组成,动片和定片之间用空气或介质隔开,动片组绕轴相对于定片组旋转 0°~180°,可改变电容量大小。常见的小型密封薄膜介质可变电容器采用聚苯乙烯薄膜作为片间介质。可变电容器主要用于需要经常调整电容量的场合,如收音机频率调谐电路等。

（8）微调电容器

在上下两块同轴陶瓷片上分别镀上半圆形银层,定片固定不动,旋转动片就可改变两块银片的相对位置,从而在较小范围内改变电容量。微调电容器一般运用在高频回路且不常进行频率微调的地方。

2. 电容器的主要参数

电容器的主要参数有标称容量、允许误差、额定工作电压和绝缘电阻等。

（1）电容器标称容量和允许偏差及其标注方法

电容器绝缘介质材料不同时,其标称容量系列也不同。电容量的单位为法拉,用 F 表示,常用单位有微法（μF）、纳法（nF）、皮法（pF）。电容量单位换算关系为：$1F = 10^6 \mu F = 10^9 nF = 10^{12} pF$。电容器误差一般分为三级：Ⅰ级$\pm 5\%$；Ⅱ级$\pm 10\%$；Ⅲ级$\pm 20\%$。而电解电容的误差允许达$-30\% \sim +100\%$。另有部分电容器,用 J 表示误差是$\pm 5\%$；K 表示误差为$\pm 10\%$；M 表示误差为$\pm 20\%$；Z 表示误差为$-20\% \sim +80\%$。电容器标称容量和允许误差都标注在电容体上。其标志方法有以下几种：

①直标法：将标称容量及允许误差值直接标注在电容器上。图 1-15 为 620pF 电容器。用直标法标注的容量,有时电容器上不标注单位,其识读方法为：凡容量大于 1 的无极性电容器,其容量单位为 pF,如 4700 表示容量为 4700pF；凡容量小于 1 的电容器,其容量单位为 μF,如 0.01 表示容量为 $0.01\mu F$；凡有极性电容器,容量单位是 μF,如 10 表示容量为 $10\mu F$。

②文字符号法：文字符号法是将容量的整数部分标注在容量单位标志符号前面,容量的小数部分标注在单位标志符号后面,容量单位符号所占位置就是小数点的位置。如 4n7 就表示容量为 4.7nF(4700pF),如图 1-16 所示。若在数字前标注 R 字样,则容量为零点几微法。如 R47 就表示容量为 $0.47\mu F$。

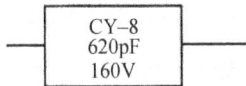

图 1-15 电容器的直标法   图 1-16 电容器的文字符号法

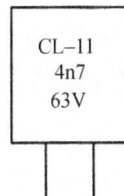

③数码表示法：数码表示法是用三位数字表示电容器容量大小,如图 1-17 所示。其中前两位数字为电容器标称容量的有效数字,第三位数字表示有效数字后面零的个数,单位是 pF。如 103 就表示容量为 $10 \times 10^3 pF$。若第三位数字是"9"时,有效数字应乘上 10^{-1},如 229

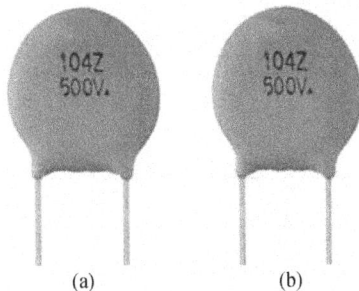

图 1-17 电容器的数码表示法

就表示容量为 22×10^{-1} pF。数码表示法与直标法对于初学者来讲，比较容易混淆，其区别方法为：一般来说直标法第三位为 0，而数码表示法第三位则不为 0。

④色标法：电容器色标法原则与电阻器色标法相同，颜色意义也与电阻器色标法基本相同，其容量单位为 pF。当电容器引线同向时，色环电容器的识别顺序是从上到下。如图 1-18 所示，该电容器容量为 4700pF。

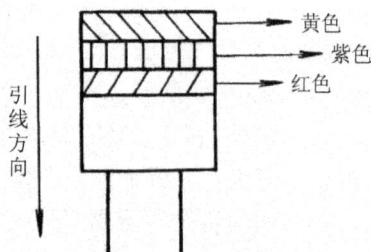

图 1-18 电容器的色标法

（2）额定工作电压

电容器额定工作电压是表示电容器接入电路后，能够长期可靠地工作，不被击穿所能承受的最大直流电压。电容器在使用时一定不能超过其耐压值，否则就会造成电容器损坏，严重时还会造成电容器爆炸。电容器的额定工作直流电压一般都直接标注在电容器表面。部分小型电解电容器额定电压也采用色标法，如用棕色表示额定工作电压为 6.3V，用灰色表示额定工作电压为 16V，用红色表示额定工作电压为 10V。其色标一般标于电容器正极引线的根部。

（3）绝缘电阻

电容器绝缘电阻是表示电容器绝缘性能好坏的一个重要参数，其绝缘电阻的大小取决于介质绝缘质量的优劣以及电容器的结构、制造工艺。电容器的绝缘电阻越大越好，绝缘电阻越大，当电容器加上直流电压时，两极之间产生的漏电流越小。反之，绝缘电阻越小，漏电流越大。

3.贴片电容

（1）贴片电容器分类

贴片电容器可分为无极性和有极性两类。无极性电容有两类封装最为常见，即 0805、0603。而有极性电容也就是我们平时所称的电解电容，一般我们平时用的最多的为铝电解电容，由于其电解质为铝，其温度稳定性以及精度都不是很高，而贴片元件由于其紧贴电路板，要求温度稳定性要高，所以贴片电容以钽电容为多，根据其耐压不同，贴片电容又可分为 A、B、C、D 四个系列，具体分类如表 1-5 所示。

表 1-5 有极性贴片电容的封装形式

类　　型	封装形式	耐　　压
A	3216	10V
B	3528	16V
C	6032	25V
D	7343	35V

（2）贴片电容的命名

贴片电容的型号为 0805CG102J500NT，其中 0805 是指该贴片电容的尺寸大小，是用英寸来表示的，08 表示长度是 0.08 英寸，05 表示宽度为 0.05 英寸；CG 表示做这种电容要求用的材质，这个材质一般适合于做小于 10000pF 以下的电容；102 是指电容容量，前面两位是有效数字，后面的 2 表示有多少个零，$102=10\times100$ 也就是 ＝1000pF；J 要求电容的容量值达到的误差精度为 5％，介质材料和误差精度是配对的；500 表示电容承受的耐压为 50V，同样 500 前面两位是有效数字，后面是指有多少个零；N 是指端头材料，现在一般的端头都是指三层电极（银/铜层）、镍、锡；T 是指包装方式，表示编带包装。贴片电容的颜色常规见得多的就是比纸板箱浅一点的黄和青灰色，这在具体的生产过程中会有产生不同差异，贴片电容上面没有印字，这和它的制作工艺有关（贴片电容是经过高温烧结而成，所以没办法在它的表面印字），而贴片电阻是丝印而成（可以印刷标记）。

贴片电容有中高压贴片电容和普通贴片电容，系列电压有 6.3V、10V、16V、25V、50V、100V、200V、500V、1000V、2000V、3000V、4000V。贴片电容的尺寸表示法有两种：一种是以英寸为单位来表示；另一种是以毫米为单位来表示。贴片电容系列的规格有 0201、0402、0603、0805、1206、1210、1812、2010、2512 等，如表 1－6 所示。贴片电容的材料常规分为三种：NPO、X7R、Y5V，NPO 材质电性能最稳定，几乎不随温度、电压和时间的变化而变化，适用于低损耗、稳定性要求高的高频电路。NPO 材质容量精度在 5％ 左右，但选用这种材质只能做容量较小的，常规 100pF 以下，100～1000pF 也能生产但价格较高。X7R 材质比 NPO 稳定性差，但容量做得比 NPO 的材料要高，容量精度在 10％ 左右。Y5V 介质的电容稳定性较差，容量偏差在 20％ 左右，对温度电压较敏感，但这种材质能做到很高的容量，而且价格较低，适用于温度变化不大的电路中。

表 1－6 常用贴片电容器的尺寸

英制/inch	公制/mm	长（L）/mm	宽（W）/mm	高（t）/mm
0201	0603	0.60 ± 0.05	0.30 ± 0.05	0.23 ± 0.05
0402	1005	1.00 ± 0.10	0.50 ± 0.10	0.30 ± 0.10
0603	1608	1.60 ± 0.15	0.80 ± 0.15	0.40 ± 0.10
0805	2012	2.00 ± 0.20	1.25 ± 0.15	0.50 ± 0.10
1206	3216	3.20 ± 0.20	1.60 ± 0.15	0.55 ± 0.10
1210	3225	3.20 ± 0.20	2.50 ± 0.20	0.55 ± 0.10
1812	4832	4.50 ± 0.20	3.20 ± 0.20	0.55 ± 0.10
2010	5025	5.00 ± 0.20	2.50 ± 0.20	0.55 ± 0.10
2512	6432	6.40 ± 0.20	3.20 ± 0.20	0.55 ± 0.10

4. 电容器的判别和检测

电容器的主要故障有击穿、短路、漏电、容量减小、变质和破损等。

（1）测试漏电电阻

用万用表欧姆挡（$R\times100$ 挡或 $R\times1k$ 挡），将表笔接触电容的二引线。刚接上时指针将发生摆动,然后再逐渐返回无穷大处,这就是电容充放电现象。指针的摆动越大,容量就越大,指针稳定后所指示的值就是漏电电阻值,其值一般为几百到几千兆欧。电阻越大,电容器的绝缘性能就越好。如果表头指针指到或接近0Ω,说明电容器内部短路;如果指针不动,始终在无穷大处,则说明电容器内部开路或失效。

（2）电解电容器的极性检测

电解电容器是有极性电容器,其正负是不能接错的,当极性无法辨别时,可根据正、反向漏电阻大小来判别,因为正向的漏电阻大。交换表笔前后两次测量漏电电阻值,测出电阻大的一次时,黑表笔接触的是正极(指针式万用表的黑表笔与表内的电池正极相连)。

（3）可变电容器碰片或漏电的检测

将万用表拨到 $R \times 10$ 挡,二表笔分别碰在可变电容器的动片和定片上,缓慢旋转动片,若表头指针始终静止不动,则无碰片和漏电现象;若转到某处,表头指针指示为0,则说明此处碰片;若有一定指示或细微摆动,则说明有漏电现象。

四、二极管类

1. 半导体二极管

半导体二极管也称晶体二极管,简称二极管。二极管按材料分为硅二极管、锗二极管、砷二极管等;按结构不同分为点接触二极管、面接触二极管;按用途分为检波二极管、整流二极管、稳压二极管、变容二极管、发光二极管、光敏二极管等。二极管的文字符号用 D 表示,常用二极管的图形符号如图 1-19 所示。无论构成二极管的材料、结构、特性如何,二极管均具有单向导电性和非线性的特点,可用于整流、检波、稳压及混频等。

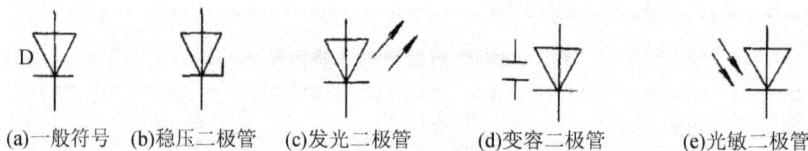

(a)一般符号　(b)稳压二极管　(c)发光二极管　(d)变容二极管　(e)光敏二极管

图 1-19　二极管的图形符号

2. 常用的二极管

（1）整流二极管

常用整流二极管的外形如图 1-20 所示,多用硅半导体制成,工艺上多采用面接触结构,通过的正向电流较大,但结电容也较大,一般工作频率小于 3kHz。利用二极管的单向导

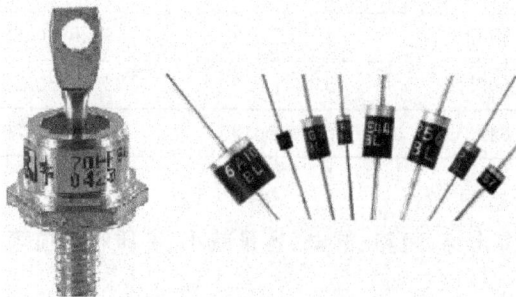

图 1-20　常用整流二极管的外形

电性把交流电转换成脉动直流电。由于整流电路常为桥式整流电路,当整流电流较小时,可以使用整流桥堆,常用整流桥堆的外形如图 1-21 所示。

图 1-21　常用整流桥堆的外形

（2）检波二极管

检波二极管采用锗材料、点接触工艺制成,具有正向压降小、结电容小、频率特性好等特点。常用检波二极管的外形如图 1-22 所示。其常用于把调制在高频电磁波上的低频信号检出来,即检波。

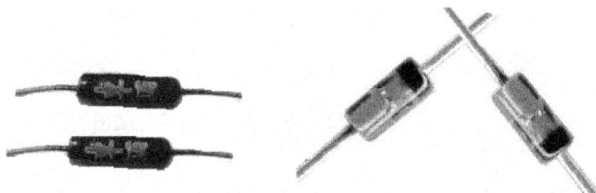

图 1-22　常用检波二极管的外形

（3）稳压二极管

稳压二极管利用二极管反向击穿时,两端电压不变的原理制成的,应用于稳压限幅、过载保护,广泛用在稳压电源装置中。常用稳压二极管的外形如图 1-23 所示。

图 1-23　常用稳压二极管的外形

（4）开关二极管

开关二极管是利用正偏压时二极管电阻很小,反偏压时电阻很大的单向导电性,在电路中对电流进行控制,起到接通或关断的开关作用。其具有反向恢复时间短、能满足高频和超高频应用的特点。常用的型号有 1N4148、DO35 等,常用开关二极管的外形如图 1-24 所示。

图 1-24　常用开关二极管的外形

(5) 变容二极管

变容二极管利用 PN 结电容随加到管子上的反向电压大小而变化的特性制作而成。变容二极管属于反偏压二极管,改变其 PN 结上的反向偏压,即可改变 PN 结的结电容,反向偏压越高则结电容越小。其常用于调谐电路中取代可变电容。

(6) 发光二极管

发光二极管采用磷化镓、磷砷化镓等半导体材料制成,可以将电能转换为光能。发光二极管也具有正向导通和反向截止的特性,但发光二极管的正向导通电压较高约 1.5～3V,发光颜色不同的发光二极管其导通电压不同,正向电流在 5～10mA 时发光效果较好。发光二极管一般用于指示,也可组成数字或符号的 LED 数码管,外形如图 1-25 所示。

图 1-25 发光二极管的外形

(7) 光敏二极管

光敏二极管也叫光电二极管,外形如图 1-26 所示。光敏二极管与半导体二极管在结构上是类似的,其管芯是一个具有光敏特征的 PN 结,具有单向导电性,因此工作时需加上反向电压。当无光照时,有很小的饱和反向漏电流,即暗电流,此时光敏二极管截止;当受到光照时,饱和反向漏电流大大增加,形成光电流,它随入射光强度的变化而变化。其常用于光的测量、遥控及信号检测中。

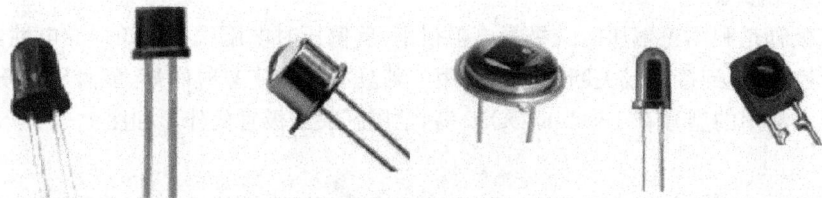

图 1-26 光敏二极管的外形

3. 二极管的主要参数

(1) 最大整流电流

在正常情况下,二极管允许通过的最大正向平均电流叫最大整流电流。使用时二极管的平均电流不能超过这个数值。

（2）最高反向电压

反向加在二极管两端,而不引起 PN 结击穿的最大电压叫最高反向电压,工作电压仅为击穿电压的 1/3～1/2,工作电压的峰值不能超过最高反向电压。

（3）最大反向电流

因载流子的漂移作用,二极管截止时仍有反向电流流过 PN 结,该电流受温度和反向电流的影响。这个电流越小,二极管质量越好。

（4）最高工作频率

最高工作频率是指保证二极管单向导电作用的最高工作频率,若信号频率超过这个值时,管子的单向导电性将变坏。

常用整流二极管的参数见表 1-7,常用稳压二极管的参数见表 1-8,常用开关二极管的参数见表 1-9,常用发光二极管的参数见表 1-10,常用光敏二极管的参数见表 1-11。

表 1-7　常用整流二极管的参数

型号	最大反向峰值电压/V	最大整流电流/A	最大正向峰值浪涌电流/A	最大反向电流/μA	最大正向电压/V	封装
1N4001	50	1(75℃)	30	5	1	DO-41
1N4002	100	1(75℃)	30	5	1	DO-41
1N4003	200	1(75℃)	30	5	1	DO-41
1N4004	400	1(75℃)	30	5	1	DO-41
1N4005	600	1(75℃)	30	5	1	DO-41
1N4006	800	1(75℃)	30	5	1	DO-41
1N4007	1000	1(75℃)	30	5	1	DO-41
1N5391	50	1.5(50℃)	50	5	1	DO-15
1N5395	400	1.5(50℃)	50	5	1	DO-15
1N5396	500	1.5(50℃)	50	5	1	DO-15
1N5397	600	1.5(50℃)	50	5	1	DO-15
1N5398	800	1.5(50℃)	50	5	1	DO-15
1N5399	1000	1.5(50℃)	50	5	1	DO-15
1N5400	50	3(75℃)	200	5	1	DO-27
1N5404	400	3(75℃)	200	5	1	DO-27
1N5406	600	3(75℃)	200	5	1	DO-27
1N5407	800	3(75℃)	200	5	1	DO-27
1N5408	1000	3(75℃)	200	5	1	DO-27

表 1-8 常用稳压二极管的参数

型号	最大耗散功率/W	稳定电压/V	最大工作电流/mA	可代换型号
1N708	0.25	5.6	40	2CW28
1N709	0.25	6.2	40	2CW55/B
1N710	0.25	6.8	36	2CW55A 2CW105
1N711	0.25	7.5	30	2CW56A 2CW106
1N713	0.25	9.1	27	2CW58A/B
1N716	0.25	12	20	2CW61/A 2CW77/A
1N723	0.25	24	10	2DW13A
1N4728	1	3.3	270	2CW101
1N4733	1	5.1	179	2CW103
1N4742	1	12	76	2CW110

表 1-9 常用开关二极管的参数

型号	最大反向峰值电压/V	正向电流/mA	最大正向峰值浪涌电流/A	最大反向电流/μA	最大正向电压/A	最大反向恢复时间/ns	封装
1N4148	75	150	1	5	1	4	DO-35
1N914B	100	75	2	5	1	4	DO-35
1N4151	75	300	2	5	1	2	DO-35
1S1553	70	100	1	1	1.4	30	DO-35
1S1554	55	100	1	1	1.4	30	DO-35
1S1555	35	100	1	1	1.4	30	DO-35
1SS131	90	130	2	5	1.2	4	DO-35
1SS133	40	110	1	1	1.2	4	DO-35
1SS176	30	100	1	1	1.2	30	DO-35
1SS110	35	100	1	1	1	4	DO-35
1SS104	35	120	2	1	1.3	40	DO-35

表 1-10 常用发光二极管的参数

颜色	材料	最大正向电流/mA	工作电流/mA	正向压降/V	反向电流/μA
红	GaP	25	10	2.2	10
红	GaAsP	25	10	2.0	10
超亮红	GaAlAs	25	10	1.8	10

续　表

颜色	材料	最大正向电流/mA	工作电流/mA	正向压降/V	反向电流/μA
橙	GaAsP	25	10	2.0	10
黄	GaAsP	25	10	2.0	10
绿	GaP	25	10	2.2	10

表 1-11　常用光敏二极管的参数

参数和测试条件　型　号	最高工作电压/V	暗电流/μA 无光照 $V=V_{RM}$	光电流/μA 100lx $V=V_{RM}$	灵敏度/μA·(μW)$^{-1}$ 波长 0.9μm $V=V_{RM}$	峰值响应波长/μm	响应时间 $t_r/μs$ $R_L=50Ω$ $V=10V$ $f=300Hz$	响应时间 $t_f/μs$	结电容/pF $V=V_{RM}$ $f=5MHz$
2CU1A	10	≤0.2	≥80					
2CU1B~1E	20~50							
2CU2A	10	≤0.1	≥30	≥0.5	0.88	≤5	≤0	8
2CU2B~2E	20~50							
2CU5	12	≤0.1	≥5					
2CUL1		<5		≥0.5	1.06	≤1	≤1	≤4

4. 二极管的检测

（1）普通二极管的检测

普通二极管（包括检波二极管、整流二极管、阻尼二极管、开关二极管、续流二极管）是由一个 PN 结构成的半导体器件，具有单向导电特性。通过用万用表检测其正、反向电阻值，可以判别出二极管的电极，还可估测出二极管是否损坏。

①极性的判别。将万用表置于 $R×100$ 挡或 $R×1k$ 挡，两表笔分别接二极管的两个电极，测出一个结果后，对调两表笔，再测出一个结果。两次测量的结果中，有一次测量出的阻值较大（为反向电阻），一次测量出的阻值较小（为正向电阻）。在阻值较小的一次测量中，黑表笔接的是二极管的正极，红表笔接的是二极管的负极。

②单向导电性能的检测及好坏的判断。通常，锗材料二极管的正向电阻值为 1kΩ 左右，反向电阻值为 300kΩ 左右。硅材料二极管的正向电阻值为 5kΩ 左右，反向电阻值为∞（无穷大）。正向电阻越小越好，反向电阻越大越好。正、反向电阻值相差越悬殊，说明二极管的单向导电特性越好。若测得二极管的正、反向电阻值均接近 0 或阻值较小，则说明该二极管内部已击穿短路或漏电损坏。若测得二极管的正、反向电阻值均为无穷大，则说明该二极管已开路损坏。

③反向击穿电压的检测。二极管反向击穿电压（耐压值）可以用晶体管直流参数测试表测量。其方法是：测量二极管时，应将测试表的"NPN/PNP"选择键设置为 NPN 状态，再将被测二极管的正极接测试表的"C"插孔内，负极插入测试表的"E"插孔，然后按下"V(BR)"键，测试表即可指示出二极管的反向击穿电压值。也可用兆欧表和万用表来测量二极管的

反向击穿电压,测量时将被测二极管的负极与兆欧表的正极相接,将二极管的正极与兆欧表的负极相连,同时用万用表(置于合适的直流电压挡)监测二极管两端的电压。如图 1-27 所示,摇动兆欧表手柄(应由慢逐渐加快),待二极管两端电压稳定而不再上升时,此电压值即二极管的反向击穿电压。

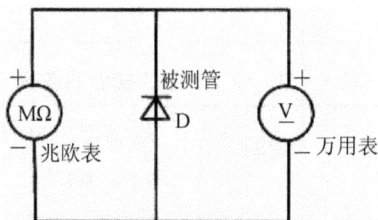

图 1-27　用兆欧表和万用表测量二极管的反向击穿电压

(2)稳压二极管的检测

①极性的判别。从外形上看,金属封装稳压二极管管体的正极一端为平面形,负极一端为半圆面形。塑封稳压二极管管体上印有彩色标记的一端为负极,另一端为正极。对标志不清楚的稳压二极管,也可以用万用表判别其极性,测量的方法与普通二极管相同,即用万用表 $R \times 1k$ 挡,将两表笔分别接稳压二极管的两个电极,测出一个结果后,再对调两表笔进行测量。在两次测量结果中,阻值较小那一次,黑表笔接的是稳压二极管的正极,红表笔接的是稳压二极管的负极。若测得稳压二极管的正、反向电阻均很小或均为无穷大,则说明该二极管已击穿或开路损坏。

②稳压值的测量。用 $0\sim30V$ 连续可调直流电源,对于 13V 以下的稳压二极管,可将稳压电源的输出电压调至 15V,将电源正极串接 1 只 $1.5k\Omega$ 限流电阻后与被测稳压二极管的负极相连接,电源负极与稳压二极管的正极相接,再用万用表测量稳压二极管两端的电压值,所测的读数即为稳压二极管的稳压值。若稳压二极管的稳压值高于 15V,则应将稳压电源调至 20V 以上。也可用低于 1000V 的兆欧表为稳压二极管提供测试电源。其方法是:将兆欧表接地端与稳压二极管的负极相接,兆欧表的线路端与稳压二极管的正极相接后,按规定匀速摇动兆欧表手柄,同时用万用表监测稳压二极管两端电压值(万用表的电压挡应视稳定电压值的大小而定),待万用表的指示电压指示稳定时,此电压值便是稳压二极管的稳定电压值。若测量稳压二极管的稳定电压值忽高忽低,则说明该二极管的性能不稳定。稳压二极管稳压值的测量方法如图 1-28 所示。

(a)方法一　　　　　　　　　(b)方法二

图 1-28　稳压二极管稳压值的测量方法

（3）发光二极管的检测

①极性的判别。将发光二极管放在一个光源下,观察两个金属片的大小,通常金属片大的一端为负极,金属片小的一端为正极。

②性能好坏的判断。用万用表 $R \times 10k$ 挡,测量发光二极管的正、反向电阻值。正常时,正向电阻值（黑表笔接正极时）约为 $10 \sim 20k\Omega$,反向电阻值为 $250k\Omega \sim \infty$（无穷大）。较高灵敏度的发光二极管,在测量正向电阻值时,管内会发微光。若用万用表 $R \times 1k$ 挡测量发光二极管的正、反向电阻值,则会发现其正、反向电阻值均接近 ∞（无穷大）,这是因为发光二极管的正向压降大于 $1.6V$（高于万用表 $R \times 1k$ 挡内电池的电压值 $1.5V$）的缘故。用万用表的 $R \times 10k$ 挡对一只 $220\mu F/25V$ 电解电容器充电（黑表笔接电容器正极,红表笔接电容器负极）,再将充电后的电容器正极接发光二极管正极,电容器负极接发光二极管负极,若发光二极管有很亮的闪光,则说明该发光二极管完好。也可用 $3V$ 直流电源,在电源的正极串接一只 33Ω 电阻后接发光二极管的正极,将电源的负极接发光二极管的负极,如图 $1-29$ 所示,正常的发光二极管应发光。或将一节 $1.5V$ 电池串接在万用表的黑表笔（将万用表置于 $R \times 10$ 或 $R \times 100$ 挡,黑表笔接电池负极,等于与表内的 $1.5V$ 电池串联）,将电池的正极接发光二极管的正极,红表笔接发光二极管的负极,正常的发光二极管应发光。

图 1-29　用电源检测发光二极管

五、晶闸管

晶闸管俗称可控硅,它是一个可控导电开关,它能以弱电去控制强电的各种电路。晶闸管常用于可控整流、调压、交直流变换、开关、调光等控制电路中。常见晶闸管的种类有单向晶闸管、双向晶闸管、可关断晶闸管、快速晶闸管和光敏晶闸管等,目前运用最多的是单向晶闸管和双向晶间管,晶闸管的图形符号及外形如图 $1-30$ 所示。

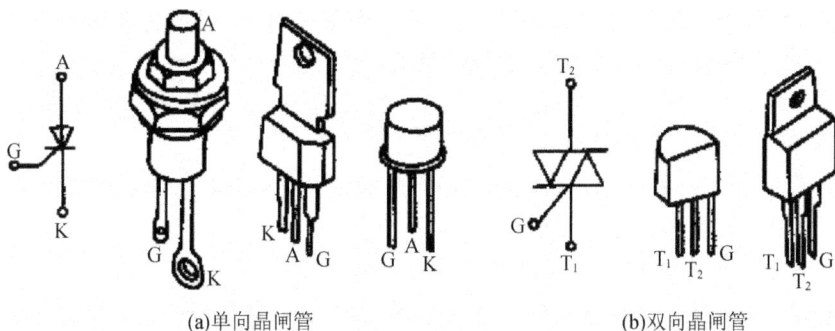

(a)单向晶闸管　　　　　　　　　(b)双向晶闸管

图 1-30　晶闸管的图形符号及外形

1. 单向晶闸管

（1）结构及特点

单向晶闸管是一种 PNPN 四层半导体器件，共有三个极，分别为阳极（A）、阴极（K）和控制极（G）。控制电极（G）从 P 型硅层上引出，供触发用。晶闸管具有一旦触发导通，在触发信号停止作用后，晶闸管仍然维持导通状态的特点。

（2）单向晶闸管极性判别及质量的简单检测

①极性判别。选用万用表 $R \times 100\Omega$ 挡或 $R \times 1k\Omega$ 挡，分别测量各电极间的正、反向电阻。若测得其中两电极间阻值较大，调换表笔后其阻值较小，此时黑表笔所接电极为控制极（G），红表笔所接电极为阴极（K），余者为阳极（A）。

②判别质量。选万用表 $R \times 1k\Omega$ 挡测控制极（G）、阳极（A）、阴极（K）间的正、反向电阻。单向晶闸管阳极（A）与阴极（K）间、控制极（G）与阳极（A）间正、反向电阻应为无穷大。用万用表 $R \times 1\Omega$ 挡，黑表笔接阳极（A），红表笔接阴极（K），黑表笔在保持和阳极（A）接触的情况下，再与控制极（G）接触，即给控制极加上触发电压。此时，单向晶闸管导通，阻值减小，表针偏转。然后，黑表笔保持和阳极（A）接触，并断开与控制极（G）的接触。若断开控制极（G）后，晶闸管仍维持导通状态，即表针偏转状况不发生变化，则晶闸管基本正常。

2. 双向晶闸管

（1）结构及特点

双向晶闸管相当于两个单向晶闸管反向并联而成。它为 NPNPN 五层半导体器件，有三个电极，分别为第一阳极（T_1）、第二阳极（T_2）、控制极（G）。双向晶闸管的第一阳极（T_1）和第二阳极（T_2）无论加正向电压或反向电压，都能触发导通。不仅如此，而且无论触发信号的极性是正或是负，都可触发双向晶闸管使其导通。

（2）双向晶闸管极性判别及质量的简单检测

①极性判别。据双向晶闸管的结构可知，控制极（G）与第一阳极（T_1）较近，控制极（G）与第二阳极（T_2）较远。故控制极（G）与第一阳极（T_1）间正、反向电阻都较小，而第二阳极（T_2）与控制极（G）间、第二阳极（T_2）与第一阳极（T_1）间，正、反向电阻不会都是低阻，这样很容易判别出第二阳极（T_2）。区分出 T_2 后，将万用表置于 $R \times 1\Omega$ 挡，假设一脚为 T_1，并将黑表笔接在假设的 T_1 上，红表笔接在 T_2 上。保持红表笔与 T_2 相接触，红表笔再与 G 极短接，即给 G 极一个负极性触发信号，双向晶闸管将导通，内电阻减小，其导通方向为 $T_1 \rightarrow T_2$。在保持红表笔和 T_2 极相接触的情况下，断开 G 极，此时，晶闸管应能维持导通状态。然后将红、黑表笔调换，即红表笔接在假设的 T_1 上，黑表笔接在 T_2 上。保持黑表笔与 T_2 相接触，黑表笔再与 G 极短接，给 G 极一个正极性触发信号，双向晶闸管将导通，导通方向为 $T_2 \rightarrow T_1$。在保持黑表笔和 T_2 极相接的情况下，断开 G 极，断开后晶闸管也能维持导通状态。因此，该管具有双向触发特性，且上述假设正确。

②质量判别。双向晶闸管具有双向触发导通的能力，则该双向晶闸管正常。若无论怎样检测均不能使双向晶闸管触发导通，表明该管已损坏。

3. 晶闸管的主要电参数

晶闸管的主要电参数有正向转折电压 V_{BO}、断态重复峰值电压 V_{DRM}、通态平均电流 I_T、反向击穿电压 V_{BR}、反向重复峰值电压 V_{RRM}、正向平均电压降 V_F、门极触发电压 V_{GT}、门极触发电流 I_{GT}、门极反向电压 V_{GR}、维持电流 I_H、断态重复峰值电流 I_{DR}、反向重复峰值电流 I_{RRM}。

（1）晶闸管正向转折电压 V_{BO}

晶闸管正向转折电压 V_{BO} 是指在额定结温为 100℃ 且门极（G）开路的条件下，在其阳极（A）与阴极（K）之间加正弦半波正向电压，使其由关断状态转变为导通状态时所对应的峰值电压。

（2）晶闸管断态重复峰值电压 V_{DRM}

断态重复峰值电压 V_{DRM} 是指晶闸管在正向阻断时，允许加在 A、K（或 T_1、T_2）极间最大的峰值电压。此电压约为正向转折电压减去 100V 后的电压值。

（3）晶闸管通态平均电流 I_T

通态平均电流 I_T 是指在规定环境温度和标准散热条件下，晶闸管正常工作时 A、K（或 T_1、T_2）极间所允许通过电流的平均值。

（4）晶闸管反向击穿电压 V_{BR}

反向击穿电压 V_{BR} 是指在额定结温下，晶闸管阳极与阴极之间施加正弦半波反向电压，当其反向漏电电流急剧增加时所对应的峰值电压。

（5）晶闸管反向重复峰值电压 V_{RRM}

反向重复峰值电压 V_{RRM} 是指晶闸管在门极 G 断路时，允许加在 A、K 极间的最大反向峰值电压。此电压约为反向击穿电压减去 100V 后的峰值电压。

（6）晶闸管正向平均电压降 V_F

正向平均电压降 V_F 也称通态平均电压或通态压降 V_T，是指在规定环境温度和标准散热条件下，当通过晶闸管的电流为额定电流时，其阳极 A 与阴极 K 之间电压降的平均值，通常为 0.4～1.2V。

（7）晶闸管门极触发电压 V_{GT}

门极触发 V_{GT} 是指在规定的环境温度和晶闸管阳极与阴极之间为一定值正向电压的条件下，使晶闸管从阻断状态转变为导通状态所需要的最小门极直流电压，一般为 1.5V 左右。

（8）晶闸管门极触发电流 I_{GT}

门极触发电流 I_{GT}，是指在规定环境温度和晶闸管阳极与阴极之间为一定值电压的条件下，使晶闸管从阻断状态转变为导通状态所需要的最小门极直流电流。

（9）晶闸管门极反向电压 V_{GR}

门极反向电压 V_{GR} 是指晶闸管门极上所加的额定电压，一般不超过 10V。

（10）晶闸管维持电流 I_H

维持电流 I_H 是指维持晶闸管导通的最小电流。当正向电流小于 I_H 时，导通的晶闸管会自动关断。

（11）晶闸管断态重复峰值电流 I_{DR}

断态重复峰值电流 I_{DR} 是指晶闸管在断态下的正向最大平均漏电电流值，一般小于 $100\mu A$。

（12）晶闸管反向重复峰值电流 I_{RRM}

反向重复峰值电流 I_{RRM} 是指晶闸管在关断状态下的反向最大漏电电流值，一般小于 $100\mu A$。

常用晶闸管的型号及参数如表 1-12 所示。

表 1 - 12　常用晶闸管的型号及参数

型号	封装	I_T(RMS) /A	V_{RRM} /V	I_{GT} 最小 /mA	I_{GT} 最大 /mA	I_H 最大 /mA	V_{GT} /V	备注
MCR100 - 3	TO - 92	0.8	100	0.04	0.2	5	—	单向
MCR100 - 4	TO - 92	0.8	200	0.04	0.2	5	—	单向
MCR100 - 6	TO - 92	0.8	400	0.04	0.2	5	—	单向
MCR100 - 8	TO - 92	0.8	600	0.04	0.2	5	—	单向
2P4M	TO - 202	2	400	—	0.8	5	—	单向
2P6M	TO - 202	2	600	—	0.8	5	—	单向
BT151	TO - 220	8	600	—	15	20	1.75	单向
BT152	TO - 220	13	600	—	32	60	1.75	单向
MAC16M	TO - 220	16	600	10	50	50		双向
MAC97A6	TO - 92	0.8	400	—	10	5		双向
MAC97A8	TO - 92	0.8	600	—	10	5		双向

六、光敏电阻

1. 光敏电阻的结构及特性

光敏电阻的外形及电路符号如图 1 - 31 所示。光敏电阻器是利用半导体的光电导效应制成的一种电阻值随入射光的强弱而改变的电阻器,又称为光电导探测器。入射光强,电阻减小;入射光弱,电阻增大。

(a)实物外形　　　　　　　　　　(b)符号

图 1 - 31　光敏电阻的外形及电路符号

光敏电阻器一般用于光的测量、光的控制和光电转换(将光的变化转换为电的变化)。常用的光敏电阻器是硫化镉光敏电阻器,它是由半导体材料制成的。光敏电阻器对光的敏感性(即光谱特性)与人眼对可见光(0.4~0.76μm)的响应很接近,只要人眼可感受的光,都会引起它的阻值变化。设计光控电路时,都用白炽灯泡(小电珠)光线或自然光线作为控制光源,使设计大为简化。

光敏电阻器根据其光谱特性可分为三种类型。①紫外光敏电阻器:对紫外线较灵敏,包括硫化镉、硒化镉光敏电阻器等,用于探测紫外线。②红外光敏电阻器:主要有硫化铅、碲化铅、硒化铅、锑化铟光敏电阻器等,广泛用于导弹制导、天文探测、非接触测量、人体病变探测、红外光谱、红外通信等国防、科学研究和工农业生产中。③可见光光敏电阻器:包括硒、硫化镉、硒化镉、碲化镉、砷化镓、硅、锗、硫化锌光敏电阻器等,主要用于各种光电控制系统,如光电自动开关门户、航标灯、路灯和其他照明系统的自动亮灭,自动给水和自动停水装置,机械上的自动保护装置和"位置检测器",极薄零件的厚度检测器,照相机自动曝光装置,光电计数器,烟雾报警器,光电跟踪系统等方面。

2. 光敏电阻的主要电参数

(1) 功率(mW):指光敏电阻受到光照时流过光敏电阻的电流与电压的乘积。

(2) 亮电阻(kΩ):指光敏电阻器受到光照射时的电阻值。

(3) 暗电阻(MΩ):指光敏电阻器在无光照射(黑暗环境)时的电阻值。

(4) 最高工作电压(V):指光敏电阻器在额定功率下所允许承受的最高电压。

(5) 亮电流(mA):指光敏电阻器在规定的外加电压下受到光照射时所通过的电流。

(6) 暗电流(μA):指在无光照射时,光敏电阻器在规定的外加电压下通过的电流。

(7) 环境温度(℃):指光敏电阻能够正常工作的温度。

(8) 时间常数(ms):指光敏电阻器从光照跃变开始到稳定亮电流的 63% 时所需的时间。

(9) 电阻温度系数:指光敏电阻器在环境温度改变 1℃ 时,其电阻值的相对变化。

(10) 灵敏度:指光敏电阻器在有光照射和无光照射时电阻值的相对变化。

常用光敏电阻的电参数如表 1-13 所示。

表 1-13 常用光敏电阻的电参数

型号	功率 /mW	亮电阻 /kΩ	暗电阻 /MΩ	环境温度 /℃	时间常数 /ms	最高工作 电压/V
MG45-1	10	≤2~10	1~10	-40~+70	≤20	50
MG45-2	20	≤2~10	1~10	-40~+70	≤20	85
MG45-3	50	≤2~10	1~10	-40~+70	≤20	150
MG45-5	200	≤2~10	1~10	-40~+70	≤20	250

3. 光敏电阻器的检测

(1) 透光检测法

在透光状态下,用万用表接触光敏电阻器的两引脚,若万用表指针有较大幅度的摆动,阻值明显减少,此值越小,说明光敏电阻器性能越好。若此值很大或为无穷大,说明光敏电阻器内部开路损坏,不能使用。

(2) 避光检测法

用一黑纸片遮住光敏电阻器的透光敞口,用万用表测其电阻值,此时万用表的指针应基本不动,阻值应很大或接近于无穷大,此值越大,说明光敏电阻器性能越好。若此值很小或接近于零,说明光敏电阻器已损坏,不能继续使用。

(3) 间断受光检测法

将光敏电阻器的透光窗口对准入射光线,用一小黑纸片在光敏电阻器的窗口上晃动,使其间断受光,如果万用表指针随黑纸片的晃动而左右摆动,说明光敏电阻器的光敏特性正常。如果万用表指针停止在某一位置上,不随黑纸片的晃动而摆动,说明该光敏电阻器的性能已变劣,不能继续使用。

七、驻极体话筒

驻极体话筒的外形如图 1-32 所示,它是由声电转换和阻抗变换两部分组成。声电转换的关键元件是驻极体振动膜,它是一片极薄的塑料膜片,在其中一面蒸发上一层纯金薄膜。然后再经过高压电场驻极后,两面分别驻有异性电荷。膜片的蒸金面向外,与金属外壳相连通。

图 1-32 驻极体话筒的外形

1. 驻极体话筒与电路的接法

驻极体话筒与电路的接法有两种:源极输出与漏极输出。源极输出类似晶体三极管的射极输出,如图 1-33 所示,需用三根引出线。漏极 D 接电源正极。源极 S 与地之间接一电阻 R 来提供源极电压,信号由源极经电容 C 输出。编织线接地起屏蔽作用。源极输出的输出阻抗小于 $2\text{k}\Omega$,电路比较稳定,动态范围大,但输出信号比漏极输出小。漏极输出类似晶体三极管的共发射极放大电路,如图 1-34 所示,只需两根引出线。漏极 D 与电源正极间接一漏极电阻 R,信号由漏极 D 经电容 C 输出。源极 S 与编织线一起接地。漏极输出有电压增益,因而话筒灵敏度比源极输出时要高,但电路动态范围略小。

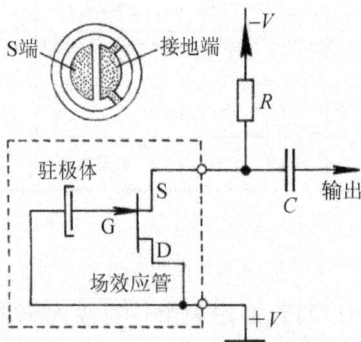

图 1-33 驻极体话筒的源极输出

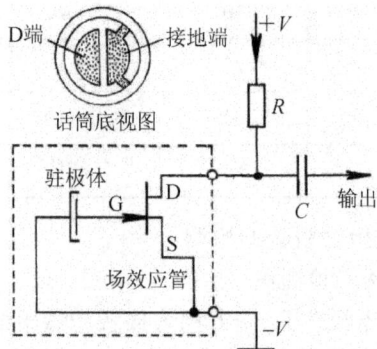

图 1-34 驻极体话筒的漏极输出

R 的大小要根据电源电压大小来决定,一般为 $2.2\sim5.1\text{k}\Omega$。例如电源电压为 6V 时,源极输出电阻 R 为 $4.7\text{k}\Omega$,漏极输出电阻 R 为 $2.2\text{k}\Omega$。需要说明一点,不管是源极输出或漏极输出,驻极体话筒必须提供直流电压才能工作,因为它内部装有场效应管。

2. 驻极体话筒极性和灵敏度判别

(1) 驻极体话筒的极性

驻极体话筒的内部结构如图 1-35 所示,由声电转换系统和场效应管两部分组成。在场效应管的栅极与源极之间接有一只二极管,因而可利用二极管的正、反向电阻特性来判别驻极体话筒的漏极 D 和源极 S。将万用表拨至 $R\times1\text{k}$ 挡,黑表笔接任一极,红表笔接另一极。

再对调两表笔,比较两次测量结果,阻值较小时,黑表笔接的是源极,红表笔接的是漏极。

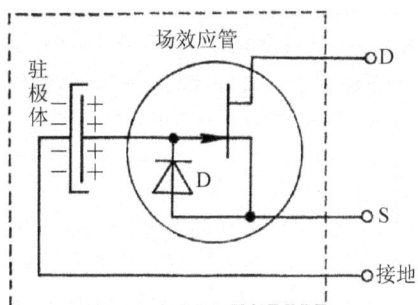

图 1-35 驻极体话筒的内部结构

（2）灵敏度判断

将万用表置于 $R\times 100$ 挡或 $R\times 1k$ 挡,用万用表的黑表笔接话筒输出端的芯线,红表笔接与话筒铝外壳相连的电极,此时万用表应有 $500\Omega\sim 3k\Omega$ 的阻值。对着话筒吹气,可见万用表指针摆动,幅度越大说明灵敏度越高。若指针不摆动,说明灵敏度很低,则不能使用。

3. 驻极体话筒的电参数

表征驻极体话筒各项性能指标的电参数主要有以下几项:

（1）工作电压

工作电压（UDS）是指驻极体话筒正常工作时,所必须施加在话筒两端的最小直流工作电压。该参数视型号不同而有所不同,即使是同一种型号也有较大的离散性,通常厂家给出的典型值有 1.5V、3V 和 4.5V 三种。

（2）工作电流

工作电流（IDS）是指驻极体话筒静态时所通过的直流电流,它实际上就是内部场效应管的静态电流。和工作电压类似,工作电流的离散性也较大,通常为 $0.1\sim 1mA$。

（3）最大工作电压

最大工作电压（UMDS）是指驻极体话筒内部场效应管漏、源极两端所能够承受的最大直流电压。超过该极限电压时,场效应管就会被击穿损坏。

（4）灵敏度

灵敏度是指话筒在一定的外部声压作用下所能产生音频信号电压的大小,其单位通常用 mV/Pa（毫伏/帕）或 dB（1dB＝1000mV/Pa）。一般驻极体话筒的灵敏度多在 $0.5\sim 10mV/Pa$ 或 $-66\sim -40dB$ 范围内。话筒灵敏度越高,在相同大小的声音下所输出的音频信号幅度也越大。

（5）频率响应

频率响应也称频率特性,是指话筒的灵敏度随声音频率变化而变化的特性,常用曲线来表示。一般来说,当声音频率超过厂家给出的上、下限频率时,话筒的灵敏度会明显下降。驻极体话筒的频率响应一般较为平坦,其普通产品频率响应较好（即灵敏度比较均衡）的范围在 $100Hz\sim 10kHz$,质量较好的话筒为 $40Hz\sim 15kHz$,优质话筒可达 $20Hz\sim 20kHz$。

（6）输出阻抗

输出阻抗是指话筒在一定的频率（1kHz）下输出端所具有的交流阻抗。驻极体话筒经过内部场效应管的阻抗变换，其输出阻抗一般小于 $3k\Omega$。

（7）固有噪声

固有噪声是指在没有外界声音时话筒所输出的噪声信号电压。话筒的固有噪声越大，工作时输出信号中混有的噪声就越大。一般驻极体话筒的固有噪声都很小，为微伏级电压。

（8）指向性

指向性也叫方向性，是指话筒灵敏度随声波入射方向变化而变化的特性。话筒的指向性分单向性、双向性和全向性三种。单向性话筒的正面对声波的灵敏度明显高于其他方向，并且根据指向特性曲线形状，可细分为心形、超心形和超指向形三种；双向性话筒在前、后方向的灵敏度均高于其他方向；全向性话筒对来自四面八方的声波都有基本相同的灵敏度。常用的机装型驻极体话筒绝大多数是全向性话筒。

常用驻极体话筒的型号及参数如表 1-14 所示。

表 1-14 常用驻极体话筒的型号及参数

型号	工作电压范围/V	输出阻抗/Ω	频率响应/Hz	固有噪声/μV	灵敏度/dB	尺寸/mm	指向性
CRZ2-9	3～12	≤2000	50～10000	≤3	-54～-66	$\varnothing 11.5\times 19$	
CRZ2-15	3～12	≤3000	50～10000	≤5	-36～-46	$\varnothing 10.5\times 7.8$	
CRZ2-15E	1.5～12	≤2000					
ZCH-12	4.5～10	1000	20～10000	≤3	-70	$\varnothing 13\times 23.5$	
CZⅡ-60	4.5～10	1500～2200	10～12000	≤3	-10～-60	$\varnothing 9.7\times 6.7$	全向
DG09767CD	4.5～10	≤2200	20～16000		-48～-66	$\varnothing 9.7\times 6.7$	
DG06050CD	4.5～10	≤2200	20～16000		-42～-58	$\varnothing 6\times 5$	
WM-60A	2～10	2200	20～20000		-42～-46	$\varnothing 6\times 5$	
XCM6050	1～10	680～3000	50～16000		-38～-44	$\varnothing 6\times 5$	
CM-18W	1.5～10	1000	20～18000		-52～-66	$\varnothing 9.7\times 6.5$	
CM-27B	2～10	2200	20～18000		-58～-64	$\varnothing 6\times 2.7$	

4. 选配驻极体话筒的注意事项

驻极体话筒价格便宜，损坏后需要更换，选配驻极体话筒时要注意以下两点：

（1）两根和三根引脚的驻极体话筒之间不能直接替代，在一般情况下也不做改动电路的代替；

（2）这种话筒没有型号之分，相同引脚数的话筒可以代替，只是存在性能上的差别。

知识链接

一、声光双控延时照明灯的工作原理

声光双控延时照明灯的电路原理如图 1-36 所示。白天，光敏电阻 R_g 受光照射呈低阻状态,Q_2、Q_3、D_5 均处于截止状态,灯 DS_1 不亮,声控电路不起作用。夜晚,光敏电阻无光照或光照度很低呈现高阻状态,此时若有突发声响出现,则麦克风会将接收到的声音信号进行放大并转换为电信号,该信号经 Q_1 放大,使 Q_2、Q_3 导通。Q_3 导通后,从 Q_3 的集电极输出的电信号经 D_8 对 C_4 充电,同时使 D_5 触发导通,灯 DS_1 通电点亮。声音信号消失后,Q_2、Q_3 截止,C_4 对 D_5 的门极放电,D_5 维持导通。当 C_4 放电完毕后,D_5 截止,灯熄灭。

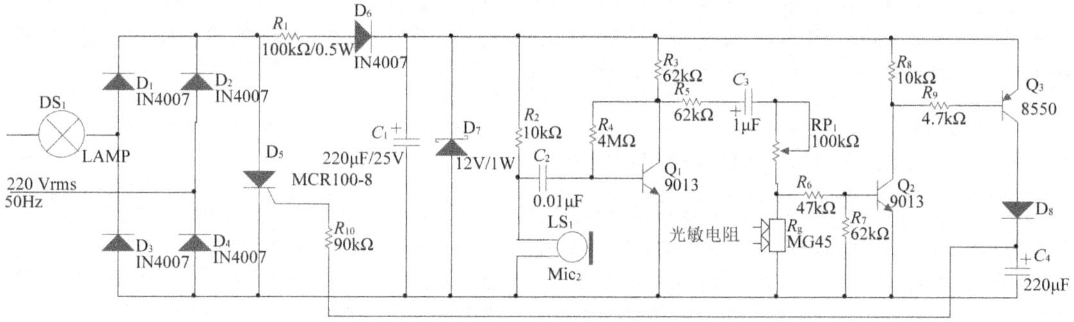

图 1-36 声光双控延时照明灯的电路原理

注:R_g 选 MG45 系列,亮阻小于 5kΩ,暗阻大于 10MΩ。

二、SMT 元器件介绍

1. SMT 元器件名词解释

(1) 小外形晶体管

小外形晶体管(small outline transistor,SOT)是采用小外形封装结构的表面组装晶体管。

(2) 小外形二极管

小外形二极管(small outline diode,SOD)是采用小外形封装结构的表面组装二极管。

(3) 片状元件

片状元件(rectangular chip component)是两端无引线,有焊接端,外形为薄片矩形的表面组装元件。

(4) 小外形封装

小外形封装(small outline package,SOP)是小外形模压着塑料封装,元件两侧有翼形状或 J 形状短引线的一种表面组装元器件封装形式。

(5) 四边扁平封装

四边扁平封装(quad flat package,QFP)是四边具有翼形状短引线,引线间距为 1.00,0.80,0.65,0.50,0.40,0.30mm 等的塑料封装薄形表面组装集成电路。

(6) 细间距

细间距(fine pitch)指不大于 0.5mm 的引脚间距。

(7) 引脚共面性

引脚共面性(lead coplanarity)指表面组装元器件引脚的垂直高度偏差,即引脚的最高脚底与最低三条引脚的脚底形成的平面之间的垂直距离。

(8) 封装

封装(packages)是把生产的集成电路裸片放在一块起承载作用的墓板上,把管脚引出来,然后包装成一个整体。

2. SMT 元器件种类

在 SMT 生产过程中,人们会接触百种以上的元器件,了解这些元器件对其在工作时不出错或少出错非常有用。现在,随着 SMT 技术的普及,各种电子元器件几乎都有了 SMT 的封装。公司目前使用最多的电子元器件为电阻(R)、电容(C)、二极管(D)、稳压二极管(ZD)、三极管(Q)、压敏电阻(VR)、电感线圈(L)、变压器(T)、送话器(MIC)、受话器(RX)、集成电路(IC)、喇叭(SPK)、晶体振荡器(XL)等,而在 SMT 中可以把它分成电阻、电容、二极管、三极管、排插、电感、集成块、按钮等。

(1)电阻

①单位:$1\Omega=1\times10^{-3}\text{ k}\Omega=1\times10^{-6}\text{ M}\Omega$。

②规格:以元件的长和宽来定义的,有 1005(0402)、1608(0603)、2012(0805)、3216(1206)等,括号内的数字单位为英制。

③表示方法:$2R2=2.2\Omega$,$1k5=1.5k\Omega$,$2M5=2.5M\Omega$,$103J=10\times10^3\Omega=10k\Omega$,$1002F=100\times10^2\Omega=10k\Omega$(F、J 指误差,F 指$\pm1\%$精密电阻,J 为$\pm5\%$的普通电阻,F 的性能比 J 的性能好)。

(2)电容

电容包括陶瓷电容(C/C)、钽电容(T/C)、电解电容(E/C)。

①单位:$1pF=1\times10^{-3}nF=1\times10^{-6}\mu F=1\times10^{-9}mF=1\times10^{-12}F$。

②规格:以元件的长和宽来定义的,有 1005(0402)、1608(0603)、2012(0805)、3216(1206)等,括号内的数字单位为英制。

③表示方法:$103k=10\times10^3pF=10nF$,$104Z=10\times10^4pF=100nF$,$0R5=0.5pF$。

④注意:电解电容和钽电容是有方向的,白色表示"+"极。

(3)二极管

二极管有整流二极管、稳压二极管、发光二极管。二极管是有方向的,其正负极可以用万用表来测试。

(4)集成块

集成块(IC)分为 SOP、SOJ、QFP 和 PLCC 等封装。

(5)电感

①单位:$1H=10^3mH=10^6\mu H=10^9nH$。

②表示方法:$R68J=680nH$,$068J=68nH$,$101J=100\mu H$,$1R0=1\mu H$,$150K=15\mu H$,J、K 指误差,其精度值同电容。

3. 封装形式

SMT 常用的封装形式如表 1-15 所示。

表 1-15 SMT 常用的封装形式

Chip	片电阻、电容等,尺寸规格:0201,0402,0603,0805,1206,1210,2010 等;钽电容,尺寸规格:TANA,TANB,TANC,TAND。
SOT	晶体管,SOT23,SOT143,SOT89,TO-252 等。
Melf	圆柱形元件,二极管、电阻等。

续　表

SOIC	集成电路，尺寸规格：SOIC08，14，16，18，20，24，28，32。
QFP	密脚距集成电路。
PLCC	集成电路，PLCC20，28，32，44，52，68，84。
BGA	球栅列阵包装集成电路，列阵间距规格：1.27，1.00，0.80。
CSP	集成电路，元件边长不超过里面芯片边长的1.2倍，列阵间距<0.50mm的μBGA。

4. SMT元器件在生产中的常用知识

（1）电阻值、电容值的单位

①电阻值的单位通常为欧姆（Ω），此外还常使用千欧姆（kΩ）、兆欧姆（MΩ），它们之间的关系为：$1M\Omega=10^3k\Omega=10^6\Omega$。

②电容值的单位通常为法拉（F），此外还常使用毫法（mF）、微法（μF）、纳法（nF）、皮法（pF），它们之间的关系为：$1F=10^3mF=10^6\mu F=10^9nF=10^{12}pF$。

（2）元件的标准误差代码

元件的标准误差代码如表1-16所示。

表1-16　元件的标准误差代码

符号	误差	应用范围	符号	误差	应用范围
A			M	±20%	
B	±0.10pF		N		
C	±0.25pF	10pF或以下	O		
D	±0.5pF		P	+100%,0	
E			Q		
F	±1.0%		R		
G	±2.0%		S	+50%,-20%	
H			T		
I			U		
J	±5%		V		
K	±10%		X		
L			Y		
Z	+80%,-20%		W		

（3）片式电阻的标识

片式电阻的本体上通常都标有一些数值，它们代表电阻器的电阻值，其表示方法如表1-17所示。

表 1 - 17　片式电阻的标识

标印值	电阻值/Ω	标印值	电阻值/Ω
2R2	2.2	222	2200
220	22	223	22000
221	220	224	220000

片式电阻的包装标识常见类型如下。

①RR - 1206 - 8/1 - 561 - J：分别表示种类、尺寸、功耗、标称阻值和允许偏差。

②ERD - 10 - TL - J - 561 - U：分别表示种类、额定功耗、形状、允许偏差、标称阻值和包装形式。

在 SMT 生产过程中，我们需要注意的是电阻阻值、偏差、额定功耗这三个值。

（4）片式电容的标识

在普通的多层陶瓷电容本体上一般是没有标识的，在生产时应尽量避免使用已混装的该类元器件。而在钽电容本体上一般均有标识，其标识如表 1 - 18 所示。

表 1 - 18　钽电容本体上的标识

标印值	电容值/pF	标印值	电容值/pF
0R2	0.2	221	220
020	2	222	2200
220	22	223	22000

片式电容器的包装标识常见类型如下。

①AVX/京都陶瓷公司：0603 - 5 - A - 101 - K - A - T - 2 - A，分别表示尺寸、电压、介质、标称电容、允许误差、失效率、端头、包装和专用代码。其中，电压：Y＝16V，1＝100V，2＝200V，3＝25V，5＝50V，7＝500V，C＝600V，A＝1000V；介质：A＝NPO，C＝X7R，E＝Z5U，G＝Y5V；包装：1＝178mm 卷盘胶带，2＝178mm 卷盘纸带，3＝178mm 卷盘胶带，4＝178mm 卷盘胶带；专用代码：A＝标准产品，T＝0.66mm，S＝0.56mm，R＝0.46mm，P＝0.38mm。

②诺瓦（Novacap）公司：0603 - N - 102 - J - 500 - N - X - T - M，分别表示尺寸、介质、电容值、允许偏差、电压、端头、厚度、包装和标志。其中，介质：N＝COG（NPO），X＝Z5U，B＝X7R；电压：与容量的表示方法相同；包装：B＝散装，T＝盘式，W＝方形包装。

③三星（SAMAUNG）公司：CL - 21 - B - 102 - K - B - N - C，分别表示电容器、尺寸、温度特性、电容值、允许误差、电压、厚度和包装。其中，尺寸：03＝0201，05＝0402，10＝0603，21＝0805，31＝1206，32＝1210；温度特性：C＝COG，B＝X7R，E＝Z5U，F＝Y5V，S＝S2H，T＝T2H，U＝U2J；电压：Q＝6.3V，P＝10V，O＝16V，A＝25V，B＝50V，C＝100V；厚度：N＝标准厚度，A＝比 N 薄，B＝比 N 厚；包装：B＝散装，C＝纸带包装，E＝胶带包装，P＝合装。

④TDK 公司：C - 1005 - CH - 1H - 100 - D - T，分别表示名称、尺寸、温度特性、电压、电容值、允许误差和包装。其中，温度特性：COG，X7R，X5R，Y5V；电压：0J＝6.3V，1A＝

10V,1C＝16V,1E＝25V,1H＝50V,2A＝100V,2E＝250V,2J＝630V;包装：T＝Taping,
B＝Bulk。

⑤广东风华公司：CC41－0805－N－102－K－500－P－T,分别表示电容器、尺寸、介质、标称容量、允许误差、电压、端头和包装。其中,介质：N＝NPO,CG＝COG,B＝X7R,Y＝Y5V;电压：250＝25V,500＝50V,101＝100V。

钽电容器的包装标识常见类型(三星(SAMSUNG)公司)：TC－SCN－1C－105－M－A－A－R,分别表示钽电容、型号、电压、电容值、误差、尺寸、包装和极性方向。其中,型号：SCN 与 SCS 系列;电压：0G＝4V,0J＝6.3V,1A＝10V,1C＝16V,1D＝20V,1E＝25V,1V＝35V;尺寸：A＝3216,B＝3528,C＝6032,D＝7343;包装：A＝7″,C＝13″;极性方向：R＝右,L＝左。

(5) 电感器

电感值的单位为亨(H)、微亨(μH)、纳亨(nH),它们的关系为：$1H＝10^6\mu H＝10^9 nH$。电感的标识如表 1－19 所示。

表 1－19　电感的标识

标印值	电感值	标印值	电感值
3N3	3.3nH	R10	0.1μH 或 100nH
10N	10nH	R22	0.22μH 或 220nH
330	33μH	5R6	5.6μH 或 5600nH

电感器的包装标识常见类型如下。

①三星(SAMSUNG)公司：CI－H－10－T－3N3－S－N－C,分别表示电感、系列、尺寸、材料、电感量、误差、厚度和包装。其中,系列：H＝CIH 系列,L＝CIL 系列;尺寸：10＝1608,21＝2012;误差：C＝±0.2nH,S＝±0.3nH, D＝±0.5nH,G＝±2%;厚度：N＝标准,A＝比 N 薄,B＝比 N 厚;包装：C＝纸带,E＝胶带。

②TDK 公司：NLU－160805－T－2N2－C,分别表示系列名称、尺寸、包装、电感值和允许误差。

(6) 二极管

常见的二极管是 LL4148 和 IN4148 两种,另外就是一些稳压二极管及发光二极管,在使用稳压二极管时应注意其电压是否与料单相符,另外某些稳压管的外形与三极管(SOT)的封闭外形一致,在使用时应小心区分。而在使用发光二极管时则要留意其发出光的颜色。

(7) 三极管

三极管的 PN 结极性不同,其功能用途就不一样。在使用时,我们必须仔细区分清楚三极管的型号,其型号里一个符号的差别可能就是完全相反功能的三极管。

(8) 集成块

集成块(IC)在装贴时最容易出错的是方向不正确,另外就是在装贴 EPROM 时易把OPT 片(没烧录程式)当成掩膜片(已烧录程式)来装贴,从而造成严重错误。因此,在生产时必须细心核对来料。

(9) 其他元器件

生产时留意工艺卡。

(10) 元器件的包装

SMT 的元器件包装须适应设备的自动运转。目前 SMT 产业里的元器件包装主要有编带、盘式、滑道式、粘带、散式包装,其中粘带是编带中的一种。

任务实施

一、元器件的来料检测

1. 电阻器的来料检测

电阻器的来料检测内容如表 1 - 20 所示。

表 1 - 20 电阻器的来料检测内容

名称	电路标号	标称值	实测值	误差	材料	封装尺寸	封装类型	检测结果

2. 电容器的来料检测

电容器的来料检测内容如表 1 - 21 所示。

表 1 - 21 电容器的来料检测内容

名称	电路标号	标称值	实测值	耐压	极性	介质	封装尺寸	封装类型	检测结果

3. 普通二极管的来料检测

普通二极管(包括整流二极管、检波二极管、开关二极管等)的来料检测内容如表 1 - 22 所示。

表 1 - 22　普通二极管的来料检测内容

名称	电路标号	型号	正向电阻	反向电阻	正向导通电压	封装尺寸	封装类型	检测结果

4. 发光二极管的来料检测

发光二极管的来料检测内容如表 1 - 23 所示。

表 1 - 23　发光二极管的来料检测内容

名称	电路标号	型号	正向电阻	反向电阻	导通电压	发光颜色	封装尺寸	封装类型	检测结果

5. 稳压二极管的来料检测

稳压二极管的来料检测内容如表 1 - 24 所示。

表 1 - 24　稳压二极管的来料检测内容

名称	电路标号	型号	正向电阻	反向电阻	稳压值	封装尺寸	封装类型	检测结果

6. 光敏二极管的来料检测

光敏二极管的来料检测内容如表 1 - 25 所示。

表 1 - 25　光敏二极管的来料检测内容

名称	电路标号	型号	亮光正向电阻	亮光反向电阻	暗光正向电阻	暗光反向电阻	封装尺寸	封装类型	检测结果

7. 光敏电阻的来料检测

光敏电阻的来料检测内容如表 1 - 26 所示。

表 1-26 光敏电阻的来料检测内容

名称	电路标号	型号	亮光电阻	暗光电阻	封装尺寸	封装类型	检测结果

8. 三极管的来料检测

三极管的来料检测内容如表 1-27 所示。

表 1-27 三极管的来料检测内容

名称	电路标号	型号	引脚排列	h_{FE}值	类型	R_{BE}	R_{BC}	R_{CE}	封装尺寸	封装类型	检测结果

9. 晶闸管的来料检测

晶闸管的来料检测内容如表 1-28 所示。

表 1-28 晶闸管的来料检测内容

名称	电路标号	型号	引脚排列	R_{GK}	R_{KG}	R_{AK}	单、双向	封装尺寸	封装类型	检测结果

10. 驻极体话筒的来料检测

驻极体话筒的来料检测内容如表 1-29 所示。

表 1-29 驻极体话筒的来料检测内容

名称	电路标号	型号	引脚排列	正、反向电阻	灵敏度	封装尺寸	封装类型	检测结果

11. 来料检测汇总表

声光双控延时照明灯电路的来料检测汇总表如表 1-30 所示。

表 1-30　声光双控延时照明灯电路的来料检测汇总表

来料名称	来料数量	检测仪表	检测值	检测人员	检测结论

二、声光双控延时照明灯电路的安装工艺及步骤

(1) 对照元器件明细表清点数量。

(2) 识读电路原理图,对每只元件进行识别、检测。

(3) 了解各元器件的功能、用途。

(4) 对 PCB 印刷板按图进行线路检查和外观检查,除去 PCB 板表面及元件引脚上的氧化层,并上锡。

(5) 采用 PCB 板装配时,元件整形后按图排列,注意每只元件的高度。相同规格的元件高度一致,排列整齐。

(6) 焊接时间要短,以防印刷电路铜箔脱落,焊接完毕后检查是否漏焊、虚焊、错焊。

(7) 通电前仔细检查线路,无误后通知指导老师,方可通电测量。

(8) 正确使用测量仪器、仪表。

(9) 完成实验、实训报告。

(10) 整理工位并进行复习。

声光双控延时照明灯电路的安装工艺检测内容如表 1-31 所示。

表 1-31　声光双控延时照明灯电路的安装工艺检测内容

项目	检测要求	检测记录
电子线路安装工艺	(1) 正确识别元器件。 (2) 元器件整形。 (3) 元器件布局合理、整齐、规范。 (4) 焊点光亮、圆滑适中。 (5) 连线平直、无交叉。	
安装正确性	(1) 按图正确装接。 (2) 电路功能完整。	

三、万用表的使用

用万用表测量电阻、电压、电流等,操作内容如表1-32所示。

表1-32　万用表的操作内容

项目	调试、检测要求	操作记录
仪器仪表结构	(1) 各功能开关或旋钮的作用与调整。 (2) 万用表的校准。	
参数测试	(1) 测量电阻器的值。 (2) 测量电压和电流。 (3) 测量三极管的 h_{FE} 值。	
安全文明生产	(1) 穿戴好劳保用品,工具齐全。 (2) 遵守用电操作规程。 (3) 正确使用仪表。 (4) 工具摆放整齐。	

四、声光双控延时照明灯电路的调试、检测技能

1. 电路调试要点

(1) 白天,光敏电阻受光照射呈低阻状态,Q_2、Q_3、D_5 均处于截止状态,灯 DS_1 不亮,声控电路不起作用。

(2) 夜晚,光敏电阻无光照变为高阻状态,声响出现,则麦克风会将接收到的声音信号进行放大并转换为电信号,经 Q_1 放大后使 Q_2、Q_3 导通,灯 DS_1 通电点亮。

(3) 声音信号消失后,Q_2、Q_3 截止,C_4 对 D_5 的门极放电,D_5 维持导通。当 C_4 放电完毕后,D_5 截止,灯熄灭。

2. 调试、检测记录

声光双控延时照明灯电路的调试、检测内容如表1-33所示。

表1-33　声光双控延时照明灯电路的调试、检测内容

项目	调试、检测要求	调试、检测记录
仪器仪表与参数测量	(1) 正确使用仪器仪表。 (2) 检测关键点的电位、电流、波形。	
功能调试、检测	(1) 电路调试要点(1)。 (2) 电路调试要点(2)。 (3) 电路调试要点(3)。	
安全文明生产	(1) 穿戴好劳保用品,工具齐全。 (2) 遵守用电操作规程。 (3) 正确使用仪表。 (4) 工具摆放整齐。	

🔒 技能训练

(1) 完成来料检测；

(2) 完成声光双控延时照明灯电路的安装；

(3) 完成声光双控延时照明灯电路的调试、检测。

声光双控延时照明灯技能训练内容评分表如表1-34所示。

表1-34　声光双控延时照明灯技能训练内容评分表

项目	技术要求	配分	评分细则	扣分	得分
电子线路安装工艺	(1) 检测元器件。 (2) 元器件布局合理、整齐、规范。 (3) 焊点光亮、圆滑适中。 (4) 连线平直、无交叉。	30	(1) 元器件检测错误，每件扣2分。 (2) 元器件排版不合理，插件不规范、不整齐，扣10分。 (3) 焊接不好，每处扣1分，最多不超过15分。 (4) 连线不平直、交叉，扣2~5分。		
安装正确性	(1) 按图正确装接。 (2) 电路功能完整。	30	(1) 未按图装接，扣10分。 (2) 电路功能不完整，扣20分。 (3) 在额定时限内允许返修一次，扣10分。		
仪器仪表与参数测量	(1) 正确使用仪表。 (2) 检测电位、电流、波形。 (3) 电路调试要点(1)。 (4) 电路调试要点(2)。 (5) 电路调试要点(3)。	30	(1) 仪表使用不规范，扣10分。 (2) 测量电压、电流、波形有错，每处扣3分。 (3) 电路功能错误，每处扣10分。		
安全文明生产	(1) 穿戴好劳保用品，工具齐全。 (2) 遵守用电操作规程。 (3) 正确使用仪表。 (4) 工具摆放整齐。	10	(1) 穿戴不合要求，工具不齐全，扣5分。 (2) 通、断电操作违规，扣5分。 (3) 损坏设备、仪表，扣10分。 (4) 不整理器材、场地，扣5分。		
评分记录		得分			

🔦 思考与讨论

(1) Q_1、Q_2、Q_3 的作用是什么？

(2) 放大电路有什么特点？由哪些元器件构成？

(3) 照明灯点亮的时间长短与哪些因素有关？

(4) 焊接贴片电容时应注意什么？

项目二　振动式防盗报警器

实训目的

1. 熟悉振动式防盗报警器电路的工作原理。
2. 掌握振动式防盗报警器电路的安装工艺及方法。
3. 掌握振动式防盗报警器电路的故障检修技能。
4. 掌握来料检测的知识与技能。

来料检测

一、场效应晶体管

1. 场效应晶体管的种类及结构

场效应晶体管分为两类：一类为结型场效应晶体管（JFET）；另一类为绝缘栅型场效应晶体管（IGFET），或称金属-氧化物-半导体场效应晶体管（MOSFET，简称 MOS）。无论是结型场效应晶体管或绝缘栅型场效应晶体管，均有源极（S）、栅极（G）与漏极（D）三个电极，场效应晶体管有 N 沟道和 P 沟道之分。N 沟道场效应晶体管的结构如图 2-1(a)所示，P 沟道场效应晶体管的结构如图 2-1(b)所示。结型场效应管的电路符号如图 2-2 所示，绝缘栅型场效应管的电路符号如图 2-3 所示。

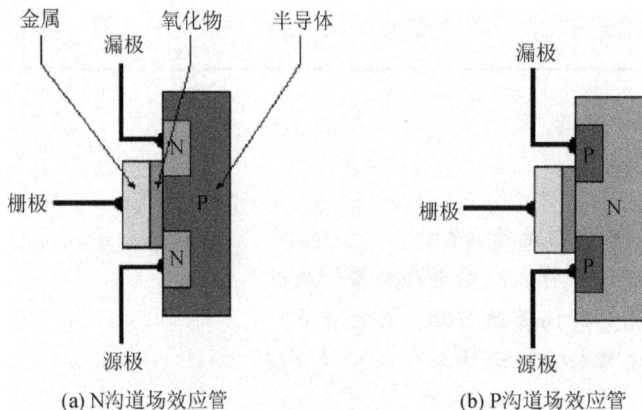

(a) N沟道场效应管　　　　　　　(b) P沟道场效应管

图 2-1　场效应管的结构

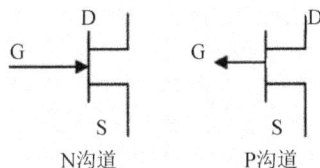

图 2-2 结型场效应管的电路符号

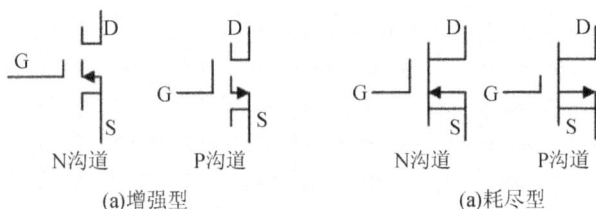

图 2-3 绝缘栅型场效应管的电路符号

2. 场效应晶体管的主要特点

场效应管属于电压控制元件，与双极型晶体管相比，场效应晶体管具有的特点为：场效应管是电压控制器件，它通过 V_{GS} 来控制 I_D；场效应管的输入端电流极小，因此它的输入电阻很大；它是利用多数载流子导电，因此它的温度稳定性较好；它组成的放大电路的电压放大系数要小于三极管组成放大电路的电压放大系数；场效应管的抗辐射能力强；由于不存在杂乱运动的少子扩散引起的散粒噪声，所以噪声低。

3. 场效应管的主要参数

（1）直流参数

①夹断电压 V_P。当 V_{DS} 一定时，使 I_D 减小到一个微小的电流时所需的 V_{GS}。

②开启电压 V_T。当 V_{DS} 一定时，使 I_D 到达某一个数值时所需的 V_{GS}。

③饱和漏极电流 I_{DSS}。当栅、源极之间的电压等于零，而漏、源极之间的电压大于夹断电压时，对应的漏极电流。

（2）交流参数

①低频跨导 g_m。描述栅、源电压对漏极电流的控制作用。

②极间电容。场效应管三个电极之间的电容，它的值越小表示管子的性能越好。

（3）极限参数

①漏、源极击穿电压 V_{DSS}。是指场效应管的漏极电流急剧上升，产生雪崩击穿时的 V_{DS}。

②栅极击穿电压 V_{GSS}。结型场效应管正常工作时，栅、源极之间的 PN 结处于反向偏置状态，若电流过高，则产生击穿现象。

③最大漏极电流 I_D。是指管子正常工作时漏极电流允许的上限值。

④最大耗散功率 P_D。是指在管子中的功率，受到管子最高工作温度的限值。

在日常使用中主要注意 V_{DSS}、I_D、P_D、V_T、V_P 等指标值。常用场效应管的参数如表 2-1 所示。

表 2-1　常用场效应管的参数

型号	V_{DSS}/V	I_D/A	P_D/W	备注	型号	V_{DSS}/V	I_D/A	P_D/W	备注
RFU020	50	15	42	NMOS	IRF9630	200	6.5	75	PMOS
IRFPG42	1000	4	150	NMOS	IRFP9240	200	12	150	PMOS
IRFP460	500	20	250	NMOS	IRFP9140	100	19	150	PMOS
IRFPF40	900	4.7	150	NMOS	IRF9530	100	12	75	PMOS
IRF640	200	18	125	NMOS	IRF9610	200	1	20	PMOS
IRF630	200	9	75	NMOS	IRF9541	60	19	125	PMOS
IRF610	200	3.3	43	NMOS	IRF9531	60	12	75	PMOS
IRF540	100	28	150	NMOS	IRF530	100	14	79	NMOS
IRFI744	400	4	32	NMOS	IRFD9120	100	1	1	NMOS
IRFD123	80	1.1	1	NMOS	IRFD120	100	1.3	1	NMOS
IRFD113	60	0.8	1	NMOS	BS170	60	0.3	0.63	NMOS
3DJ6D	20	0.015	0.1	N 结型	3DJ6F	20	0.015	0.1	N 结型

4. 场效应晶体管质量的简单判别

（1）结型场效应晶体管的极性和质量判别

结型场效应晶体管的电极判断、PN 结损坏的检测方法，与三极管的检测方法相同。判别控制栅极（G）的方法与判别三极管基极的方法相同。控制栅极（G）确定后，余下两电极为源极（S）和漏极（D）。结型场效应晶体管的源极（S）和漏极（D）原则上可以互换，但也可用万用表将其区分出来。区分方法是：用万用表 $R \times 100\Omega$ 挡，将两表笔分别接于 S 极和 D 极，并记录两极间的电阻值；然后交换两表笔，再次记录两极间的电阻值；比较两次所测得的电阻值，阻值大的一次黑表笔所接电极为 D 极，红表笔所接电极为 S 极。用测量阻值的方法区分判别出来的 S 极和 D 极，可用估测放大倍数的方法加以验证。估测放大倍数的方法为：将万用表表笔分别接 S 极和 D 极，用手触及 G 极，并观察表针偏转角大小，然后调换表笔位置，重复上述过程。表针偏转角越大，则放大能力越大，跨导越大。对 N 沟道场效应晶体管而言，表针偏转角度大时，黑表笔所接为 D 极，红表笔所接为 S 极。对于 P 沟道场效应晶体管则正好相反。

（2）MOS 场效应晶体管的质量判别

目前，家用电子产品中运用了较多的 MOS 场效应晶体管。其增强型 MOS 场效应晶体管可使用万用表进行检测；而耗尽型 MOS 场效应晶体管，因其栅极平时不允许开路，故一般不用万用表进行检测。

（3）估测放大能力

将万用表黑表笔接漏极（D），红表笔接源极（S）。在栅极（G_1）与（G_2）上各接一段胶皮导线，然后用手捏住胶皮导线的胶皮。因人体感应电压加至栅极（G_1）与（G_2）上，所以表针会偏转，偏转角度越大，说明该管的放大能力越强。

5. 使用场效应管的注意事项

(1) 为了安全使用场效应管,在线路的设计中不能超过管子的耗散功率、最大漏源电压、最大栅源电压和最大电流等参数的极限值。

(2) 各类型场效应管在使用时,都要严格按要求的偏置接入电路中,要遵守场效应管偏置的极性。如结型场效应管栅、源、漏极之间是 PN 结,N 沟道管子的栅极不能加正偏压,P 沟道管子的栅极不能加负偏压。

(3) MOS 场效应管由于输入阻抗极高,所以在运输、贮藏中必须将引出脚短路,要用金属屏蔽包装,以防止外来感应电势将栅极击穿。尤其要注意,不能将 MOS 场效应管放入塑料盒子内,保存时最好放在金属盒内,同时也要注意管子的防潮。

(4) 在使用场效应管时必须注意以下安全措施:为了防止场效应管栅极感应击穿,要求一切测试仪器、工作台、电烙铁、线路本身都必须有良好的接地;在焊接管脚时,先焊源极;在连入电路之前,管子的全部引线端保持互相短接状态,焊接完后才把短接材料去掉;从元器件架上取下管子时,应以适当的方式确保人体接地,如采用接地环等;当然,如果能采用先进的气热型电烙铁,焊接场效应管是比较方便的,并且确保安全;在未关断电源时,绝对不可以把管插入电路或从电路中拔出。

(5) 在安装场效应管时,注意安装的位置要尽量避免靠近发热元件;为了防止管件振动,有必要将管壳体紧固起来;管脚引线在弯曲时,应当在大于根部尺寸 5mm 处进行,以防止弯断管脚和引起漏气等。

(6) 使用 VMOS 管时必须加合适的散热器。以 VNF306 为例,该管子加装 140×140×4(mm)的散热器后,最大功率才能达到 30W。

(7) 多管并联后,由于极间电容和分布电容相应增加,使放大器的高频特性变坏,通过反馈容易引起放大器的高频寄生振荡。为此,并联的复合管一般不超过 4 个,而且在每管基极或栅极上串接防寄生振荡电阻。

(8) 结型场效应管的栅源电压不能接反,可以在开路状态下保存,而绝缘栅型场效应管在不使用时,由于它的输入电阻非常高,必须将各电极短路,以免因外电场作用而使管子损坏。

(9) 焊接时,电烙铁外壳必须装有外接地线,以防止由于电烙铁带电而损坏管子。对于少量焊接,也可以将电烙铁烧热后拔下插头或切断电源后焊接。特别在焊接绝缘栅场效应管时,要按源极—漏极—栅极的先后顺序焊接,并且要断电焊接。

(10) 用 25W 电烙铁焊接时应迅速,若用 45～75W 电烙铁焊接,应用镊子夹住管脚根部以帮助散热。结型场效应管可用表电阻挡定性地检查管子的质量(检查各 PN 结的正、反向电阻及漏、源极之间的电阻值),而绝缘栅型场效应管不能用万用表检查,必须用测试仪,而且要在接入测试仪后才能去掉各电极短路线。应先短路再取下管子,关键在于避免栅极悬空。

二、压电陶瓷片

1. 压电陶瓷片的结构

当电压作用于压电陶瓷时,压电陶瓷片就会随电压和频率的变化产生机械变形。而压电陶瓷片振动时,则会产生一个电荷。利用这一原理,给双压电晶片元件(由两片压电陶瓷或一片压电陶瓷和一个金属片构成的振动器)施加一个电信号时,它就会因弯曲振动发射出超声波。相反,当向双压电晶片元件施加超声振动时,它就会产生一个电信号。基于以上作用,便可以将压电陶瓷用作超声波传感器。压电陶瓷片的外形与电路符号如图 2-4 所示。

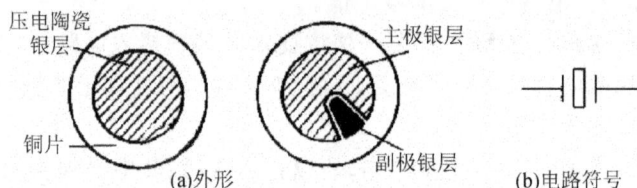

图 2-4 压电陶瓷片的外形和电路符号

2. 压电陶瓷片的检测

第一种方法:将万用表的量程开关拨到直流电压 2.5V 挡,左手拇指与食指轻轻捏住压电陶瓷片的两面,右手持万用表的表笔,红表笔接金属片,黑表笔横放陶瓷表面上,然后左手稍用力压一下,随后又松一下,这样在压电陶瓷片上产生两个极性相反的电压信号,使万用表的指针先向右摆,接着回零,随后向左摆一下,摆幅约为 0.1~0.15V,摆幅越大,说明灵敏度越高。若万用表指针静止不动,说明内部漏电或破损。

切记不可用湿手捏压电片,测试时万用表不可用交流电压挡,否则观察不到指针摆动,且测试之前最好用 $R \times 10k$ 挡,测其绝缘电阻应为无穷大。

第二种方法:用 $R \times 10k$ 挡测两极电阻,正常时应为∞,然后轻轻敲击陶瓷片,指针应略微摆动。

3. 常用压电陶瓷片的型号和主要参数

常用压电陶瓷片的型号和主要参数如表 2-2 所示。

表 2-2 常用压电陶瓷片的型号和主要参数

型号	谐振频率 /kHz	谐振阻抗 /Ω	静态电容 /pF±30%	尺寸/mm			
				产品外径 ±0.1	陶瓷片直径 ±0.2	总厚度 ±0.05	基片厚度 ±0.03
SS-12T-8.5KHZB	8.5±0.6	600	12000	12	9	0.22	0.1
SS-15T12H-7.0KHZB	7.0±0.5	600	13000	15(12)	11	0.22	0.1
SS-15T-6.3KHZB	6.3±0.3	600	15000	15	11	0.22	0.1
SS-20T-3.9KHZB	3.9±0.3	400	25000	20	15	0.22	0.1
SS-21T-3.5KHZB	3.5±0.3	250	50000	21	20	0.22	0.1
SS-25T-2.7KHZB	2.7±0.3	300	50000	25	20	0.22	0.1
SS-27T-2.6KHZB	2.6±0.3	200	50000	27	20	0.22	0.1
SS-27T-2.5KHZB	2.5±0.3	200	80000	27	25	0.22	0.1
SS-30T-1.8KHZB	1.8±0.3	500	50000	30	20	0.22	0.1
SS-30G-1.9KHZB	1.9±0.3	500	50000	30	20	0.22	0.1
SS-31T-1.7KHZB	1.7±0.3	800	50000	31	20	0.22	0.1

型号	谐振频率/kHz	谐振阻抗/Ω	静态电容/pF±30%	尺寸/mm			
				产品外径±0.1	陶瓷片直径±0.2	总厚度±0.05	基片厚度±0.03
SS-31G-1.9KHZB	1.9±0.3	800	50000	31	20	0.22	0.1
SS-31T-2.3KHZB	2.3±0.3	200	80000	31	25	0.22	0.1
SS-35T-1.5KHZB	1.5±0.3	300	80000	35	25	0.22	0.1
SS-35G-1.5KHZB	1.5±0.3	300	80000	35	25	0.22	0.1
SS-38T-1.8KHZB	1.8±0.3	1000	80000	38	25	0.22	0.1
SS-41T-2.6KHZB	2.6±0.3	300	50000	41	20	0.22	0.1
SS-41T-1.3KHZB	1.3±0.3	1200	80000	41	25	0.22	0.1
SS-40G-1.4KHZB	1.4±0.3	1200	80000	40	25	0.22	01
SS-42T-1.2KHZB	1.2±0.3	1200	80000	42	25	0.22	0.1
SS-45T-1.1KHZB	1.1±0.3	1400	80000	45	25	0.22	0.1
SS-50T-2.0KHZB	2.0±0.3	500	80000	50	25	0.22	0.1
SS-50T-1.4KHZB	1.4±0.3	1000	120000	50	30	0.22	0.1

三、蜂鸣器

1. 蜂鸣器的结构及原理

蜂鸣器是一种一体化结构的电子讯响器,采用直流电压供电,广泛应用于计算机、打印机、复印机、报警器、电子玩具、汽车电子设备、电话机、定时器等电子产品中作为发声器件。蜂鸣器主要分为压电式蜂鸣器和电磁式蜂鸣器两种类型。

（1）压电式蜂鸣器

压电式蜂鸣器主要由多谐振荡器、压电蜂鸣片、阻抗匹配器及共鸣箱、外壳等组成。有的压电式蜂鸣器外壳上还装有发光二极管。多谐振荡器由晶体管或集成电路构成。当接通电源后（1.5～15V 直流工作电压）,多谐振荡器起振,输出 1.5～2.5kHz 的音频信号,阻抗匹配器推动压电蜂鸣片发声。压电蜂鸣片由锆钛酸铅或铌镁酸铅压电陶瓷材料制成。在陶瓷片的两面镀上银电极,经极化和老化处理后,再与黄铜片或不锈钢片粘在一起。

（2）电磁式蜂鸣器

电磁式蜂鸣器由振荡器、电磁线圈、磁铁、振动膜片及外壳等组成。接通电源后,振荡器产生的音频信号电流通过电磁线圈,使电磁线圈产生磁场。振动膜片在电磁线圈和磁铁的相互作用下,周期性地振动发声。

蜂鸣器的实物如图 2-5(a)所示,蜂鸣器在电路中用字母"H"或"HA"(旧标准用"FM"、"LB"、"JD"等)表示。蜂鸣器的电路符号如图 2-5(b)所示。

(a)实物　　　　　　　　　　　(b)电路符号

图 2-5　蜂鸣器的实物与电路符号

2. 有源蜂鸣器和无源蜂鸣器

有源蜂鸣器和无源蜂鸣器的根本区别是产品对输入信号的要求不一样,有源蜂鸣器工作的理想信号是直流电,通常标示为 VDC、VDD 等。有源蜂鸣器内部有一简单的振荡电路,能将恒定的直流电转化成一定频率的脉冲信号,从面实现磁场交变,带动钼片振动发音。但是某些有源蜂鸣器在特定的交流信号下也可以工作,只是对交流信号的电压和频率要求很高,此种工作方式一般不采用。

无源蜂鸣器没有内部驱动电路,有些公司和工厂称为讯响器,国标中称为声响器。无源蜂鸣器工作的理想信号是方波。如果施加直流信号蜂鸣器是不响应的,因为磁路恒定,钼片不能振动发音。

3. 蜂鸣器的检测

(1) 万用表测试

用万用表电阻挡 $R \times 1$ 挡测试:用黑表笔接蜂鸣器"+"引脚,红表笔在另一引脚上来回碰触,如果触发出咔、咔声的且电阻只有 8Ω(或 16Ω)的是无源蜂鸣器;如果能发出持续声音的,且电阻在几百欧以上的,是有源蜂鸣器。

(2) 直流电压测试

12mm 无源的一般电压是 1.5V,有源电磁式蜂鸣器的一般电压为 1.5,3.0,5.0,9.0,12V,用直流电压输入相应电压(可以由小调到大),频率大概为 2.7kHz,可以直接响的为有源电磁式蜂鸣器,不直接响的,需要方波来驱动才可以响的为无源电磁式蜂鸣器。

4. 常用蜂鸣器的型号和参数

(1) HC-12、JNA 系列

HC-12、JNA 系列的蜂鸣器型号和参数如表 2-3 所示。

表 2-3　HC-12、JNA 系列的蜂鸣器型号和参数

型号	外形尺寸 /mm	直流电阻 /Ω	额定电流 /mA	额定电压 /V	声压电平 /dB	谐振频率 /Hz
HC12-16R	$\varnothing 12 \times 8.5$	16 ± 1.0	≤30	1.5	≥85	2048
HC12-42R	$\varnothing 12 \times 8.5$	42 ± 2.0	≤15	1.5	≥80	2048
HC12-10R	$\varnothing 12 \times 9.0$	10 ± 1.0	≤40	1.5	≥85	2400
HC12-16R	$\varnothing 12 \times 9.0$	16 ± 1.0	≤30	1.5	≥85	2400
HC12-105	$\varnothing 12 \times 6.0$	16 ± 1.0	≤30	1.5	≥70	2048
HC12-115	$\varnothing 12 \times 7.5$	6.5 ± 1.0	≤70	1.5	≥80	2048

型号	外形尺寸 /mm	直流电阻 /Ω	额定电流 /mA	额定电压 /V	声压电平 /dB	谐振频率 /Hz
HC12－115	∅12×7.5	6.5±1.0	≤70	1.5	≥85	2731
JNA09－1	∅9×7.0	5.5	≤80	1.5	≥80	3100
JNA09－2	∅9×7.0	5.5	≤80	1.5	≥80	2731
JNB09	∅9.6×5.0	5.5	≤80	1.5	≥80	2731

注：该讯响器具有体积小、声压电平高、耗能少等优点，广泛用于玩具、电子钟、手机、报警器等产品。

（2）YMD12 系列

YMD12 系列蜂鸣器的型号和参数如表 2-4 所示。

表 2-4　YMD12 系列蜂鸣器的型号和参数

型号	外形尺寸 /mm	额定电流 /mA	额定电压 /V	工作电压 /V	声压电平 /dB	谐振频率 /Hz
YMD12〈Ⅰ〉	∅12×9.5	≤20	1.5	1.2~2.5	≥85	2300±300
YMD12〈Ⅰ〉	∅12×9.5	≤27	3.0	2.5~4.0	≥87	2300±300
YMD12〈Ⅰ〉	∅12×9.5	≤27	6.0	4.0~8.0	≥87	2300±300
YMD12〈Ⅰ〉	∅12×9.5	≤30	9.0	8.0~11.0	≥87	2300±300
YMD12〈Ⅰ〉	∅12×9.5	≤30	12.0	10.0~13.0	≥87	2300±300
YMD12〈Ⅰ〉	∅12×9.5	≤27	24.0	15.0~28.0	≥85	2300±300
YMD12〈Ⅱ〉	∅12×9.5	≤12	1.5	1.2~2.5	≥85	2300±300
YMD12〈Ⅱ〉	∅12×9.5	≤12	3.0	2.5~4.0	≥85	2300±300
YMD12〈Ⅱ〉	∅12×9.5	≤18	6.0	4.0~7.0	≥85	2300±300
YMD12〈Ⅱ〉	∅12×9.5	≤18	12.0	10.0~13.0	≥85	2300±300
YMD12－01	∅12×6.0	≤27	6.0	2.5~13.0	≥84	2300±300
YMD12－01	∅12×6.0	≤15	6.0	2.5~13.0	≥84	2300±300

注：1. 该蜂鸣器接直流电源后就能发出〈Ⅰ〉连续声、〈Ⅱ〉断续声，声音清晰、声压高、节奏分明、全密封、可波峰焊。

2. 工作温度：（1）常温－20~50℃；（2）耐高温－20~－90℃。

四、集成电路

集成电路(integrated circuit，IC)是在 20 世纪 50 年代后期至 20 世纪 60 年代发展起来的一种新型半导体器件。它是经过氧化、光刻、扩散、外延、蒸铝等半导体制造工艺，把构成具有一定功能的电路所需的半导体、电阻、电容等元件及它们之间的连接导线全部集成在一小块硅片上，然后焊接封装在一个管壳内的电子器件。集成电路使电子元件向着小型化、低功耗、智能化和高可靠性方面迈进了一大步。其封装外壳有圆壳式、扁平式或双列直插式等多种形式。集成电路技术包括芯片制造技术与设计技术,主要体现在加工设备、加工工艺、封装测试、批量生产及设计创新的能力上。

1. 国标集成电路的型号命名方法

国标(GB 3430—89)集成电路型号命名由五部分组成,各部分的含义如表2-5所示。第一部分用字母"C"表示该集成电路为中国制造,符合国家标准;第二部分用字母表示集成电路的类型;第三部分用数字或数字与字母混合表示集成电路的系列和品种代号;第四部分用字母表示电路的工作温度范围;第五部分用字母表示集成电路的封装形式。

表2-5　国标集成电路型号命名及含义

第一部分:国标		第二部分:电路类型		第三部分:电路系列和代号	第四部分:温度范围		第五部分:封装形式	
字母	含义	字母	含义		字母	含义	字母	含义
C	中国制造	B	非线性电路	用数字或数字与字母混合表示集成电路的系列和品种代号	C	0～70℃	B	塑料扁平
		C	CMOS电路				C	陶瓷芯片载体封装
		D	音响、电视电路		G	−25～70℃	D	多层陶瓷双列直插
		E	ECL电路				E	塑料芯片载体封装
		F	线性放大器				F	多层陶瓷扁平
		H	HTL电路		L	−25～85℃	G	网络阵列封装
		J	接口电路					
		M	存储器				H	黑瓷扁平
		W	稳压器		E	−40～85℃	J	黑瓷双列直插封装
		T	TTL电路				K	金属菱形封装
		μ	微型机电路					
		A/D	A/D转换器		R	−55～85℃	P	塑料双列直插封装
		D/A	D/A转换器					
		SC	通信专用电路				S	塑料单列直插封装
		SS	敏感电路		M	−55～125℃	T	金属圆形封装
		SW	钟表电路					

2. 集成电路的简易检测方法

(1) 不在路检测

这种方法是在IC未焊入电路时进行的,在一般情况下可用万用表测量各引脚对应于接地引脚之间的正、反向电阻值,并和完好的IC进行比较。

(2) 在路检测

这是一种通过万用表检测IC各引脚在路(IC在电路中)直流电阻、对地交直流电压以及总工作电流的检测方法。这种方法克服了代换试验法需要有可代换IC的局限性和拆卸IC

的麻烦,是检测 IC 最常用和实用的方法。以下检测方法各有利弊,在实际应用中最好将各种方法结合起来,灵活运用。

①在路直流电阻检测法:这是一种用万用表欧姆挡,直接在线路板上测量 IC 各引脚和外围元件的正、反向直流电阻值,并与正常数据相比较,来发现和确定故障的方法。

②直流工作电压测量法:这是一种在通电情况下,用万用表直流电压挡对直流供电压、外围元件的工作电压进行测量;检测 IC 各引脚对地直流电压值,并与正常值相比较,进而压缩故障范围,找出损坏的元件。

③交流工作电压测量法:为了掌握 IC 交流信号的变化情况,可以用带有 dB 插孔的万用表对 IC 的交流工作电压进行近似测量。检测时将万用表置于交流电压挡,正表笔插入 dB 插孔;对于无 dB 插孔的万用表,需要在正表笔串接一只 $0.1\sim0.5\mu F$ 隔直电容。该法适用于工作频率比较低的 IC,如电视机的视频放大级、场扫描电路等。由于这些电路的固有频率不同,波形不同,所以所测的数据是近似值,只能供参考。

④总电流测量法:该法是通过检测 IC 电源进线的总电流,来判断 IC 好坏的一种方法。由于 IC 内部绝大多数为直接耦合,IC 损坏时(如某一个 PN 结击穿或开路)会引起后级饱和与截止,使总电流发生变化,所以通过测量总电流的方法可以判断 IC 的好坏。也可通过测量电源通路中电阻的电压降,用欧姆定律计算出总电流值。

3. 集成电路的检测常识

(1) 检测前要了解集成电路及其相关电路的工作原理

检查和修理集成电路前,要先熟悉所用集成电路的功能、内部电路、主要电气参数、各引脚的作用以及引脚的正常电压、波形与外围元件组成电路的工作原理。

(2) 测试避免造成引脚间短路

电压测量或用示波器探头测试波形时,避免造成引脚间短路,最好在与引脚直接连通的外围印刷电路上进行测量。任何瞬间的短路都容易损坏集成电路,尤其在测试扁平型封装的 CMOS 集成电路时更要加倍小心。

(3) 严禁在无隔离变压器的情况下,用已接地的测试设备去接触底板带电的电视、音响、录像等设备。严禁用外壳已接地的仪器设备直接测试无电源隔离变压器的电视、音响、录像等设备。虽然一般的收录机都具有电源变压器,当接触到较特殊的尤其是输出功率较大或对采用的电源性质不太了解的电视或音响设备时,首先要弄清该机底盘是否带电,否则极易与底板带电的电视、音响等设备造成电源短路,波及集成电路,造成故障的进一步扩大。

(4) 要注意电烙铁的绝缘性能

不允许带电使用烙铁焊接,要确认烙铁不带电,最好把烙铁的外壳接地,对 MOS 电路更应小心,能采用 $6\sim8V$ 的低压电烙铁就更安全。

(5) 要保证焊接质量

焊接时确定焊牢,焊锡的堆积、气孔容易造成虚焊。焊接时间一般不超过 3 秒钟,烙铁的功率应用内热式 25W 左右。已焊接好的集成电路要仔细查看,最好用欧姆表测量各引脚间是否短路,确认无焊锡粘连现象再接通电源。

(6) 不要轻易断定集成电路的损坏

不要轻易地判断集成电路已损坏。因为集成电路绝大多数为直接耦合,一旦某一电路不正常,可能会导致多处电压变化,而这些变化不一定是集成电路损坏引起的,另外在有些情况下测得各引脚电压与正常值相符或接近时,也不一定都能说明集成电路就是好的。因为有些软故障不会引起直流电压的变化。

(7)测试仪表内阻要大

测量集成电路引脚直流电压时,应选用表头内阻大于 20kΩ/V 的万用表,否则对某些引脚电压会有较大的测量误差。

(8)要注意功率集成电路的散热

功率集成电路应散热良好,不允许在不带散热器而处于大功率的状态下工作。

(9)引线要合理

如需要加接外围元件代替集成电路内部已损坏部分,应选用小型元器件,且接线要合理,以免造成不必要的寄生耦合,尤其是要处理好音频功放集成电路和前置放大电路之间的接地端。

4. 集成电路常用封装

(1)BGA 封装

球栅阵列(ball grid array,BGA)封装如图 2-6 所示。BGA 封装的 I/O 端子以圆形或柱状焊点按阵列形式分布在封装下面,BGA 技术的优点是 I/O 引脚数虽然增加了,但引脚间距并没有减小反而增加了,从而提高了组装成品率;虽然它的功耗增加,但 BGA 能用可控塌陷芯片法焊接,从而可以改善它的电热性能;厚度和重量都较以前的封装技术有所减少;寄生参数(电流大幅度变化时,引起输出电压扰动)减小,信号传输延迟小,使用频率大大提高;组装可用共面焊接,可靠性高。

(2)DIP 封装

双列直插式封装(dual in-line package,DIP)如图 2-7 所示,引脚从封装两侧引出,封装材料有塑料和陶瓷两种。DIP 是最普及的插装型封装,应用范围包括标准逻辑 IC、存储器 LSI、微机电路等。引脚中心距为 2.54mm,引脚数为 6~64。封装宽度通常为 15.2mm。有人把宽度为 7.52mm 和 10.16mm 的封装分别称为 skinny DIP 和 slim DIP(窄体型 DIP)。但多数情况下并不加区分,只简单地统称为 DIP。另外,用低熔点玻璃密封的陶瓷 DIP 也称为 cerdip。

图 2-6 BGA 封装

图 2-7 DIP 封装

(3)PLCC 封装

带引线的塑料芯片载体(plastic leaded chip carrier,PLCC)封装是表面贴装型封装之一。引脚从封装的四个侧面引出,如图2-8所示,呈丁字形,是塑料制品。美国德克萨斯仪器公司首先在64K位DRAM和256K位DRAM中采用PLCC封装,20世纪90年代已经普遍用于逻辑LSI、DLD(或程逻辑器件电路)。引脚中心距为1.27mm,引脚数为18~84。J形引脚不易变形,比QFP容易操作,但焊接后的外观检查较为困难。PLCC与LCC(也称QFN)相似。以前,两者的区别仅在于前者用塑料,后者用陶瓷。但现在出现了用陶瓷制作的J形引脚封装和用塑料制作的无引脚封装(标记为塑料LCC、PCLP、P-LCC等),已经无法分辨。为此,日本电子机械工业会于1988年决定,把从四侧引出J形引脚的封装称为QFJ,把在四侧带有电极凸点的封装称为QFN。

(4) SOP封装

小外形封装(small out-line package,SOP)是一种很常见的元器件形式,如图2-9所示。它是表面贴装型封装之一,引脚从封装两侧引出呈海鸥翼状(L形)。材料有塑料和陶瓷两种。SOP封装的应用范围很广,而且后来逐渐派生出的SOJ(J形引脚小外形封装)、TSOP(薄小外形封装)、VSOP(甚小外形封装)、SSOP(缩小型SOP)、TSSOP(薄的缩小型SOP)及SOT(小外形晶体管)、SOIC(小外形集成电路)等在集成电路中都起到了举足轻重的作用。像主板的频率发生器采用的就是SOP封装。

图2-8 PLCC封装　　　　　　　　　　　图2-9 SOP封装

①按两引脚之间的间距分:普通标准型塑料封装,双列、单列直插式一般多为2.54±0.25mm,其次有2mm(多见于单列直插式)、1.778±0.25mm(多见于缩小型双列直插式)、1.5±0.25mm或1.27±0.25mm(多见于单列附散热片或单列V型)、1.27±0.25mm(多见于双列扁平封装)、1±0.15mm(多见于双列或四列扁平封装)、0.8±0.05~0.15mm(多见于四列扁平封装)、0.65±0.03mm(多见于四列扁平封装)。

②按双列直插式两列引脚之间的宽度分:一般有7.4~7.62mm、10.16mm、12.7mm、15.24mm等数种。

③按双列扁平封装两列之间的宽度分(包括引线长度):一般有6~6.5±mm、7.6mm、10.5~10.65mm等数种。

(5) QFP封装

方块平面封装(quad flat package,QFP)指四侧引脚扁平封装,如图2-10所示。它是表面贴装型封装之一,引脚从四个侧面引出呈海鸥翼(L)形。基材有陶瓷、金属和塑料三种。

从数量上看,塑料封装占绝大部分。当没有特别表示材料时,多数情况为塑料 QFP。塑料 QFP 是最普及的多引脚 LSI 封装,不仅用于微处理器、门陈列等数字逻辑 LSI 电路,而且也用于 VTR 信号处理、音响信号处理等模拟 LSI 电路。引脚中心距有 1.0mm、0.8mm、0.65mm、0.5mm、0.4mm、0.3mm 等多种规格。0.65mm 中心距规格中最多引脚数为 304。该技术封装 CPU 时操作方便,可靠性高;其封装外形尺寸较小,寄生参数减小,适合高频应用;主要适合用 SMT 表面贴装技术在 PCB 上安装布线。

(6) LQFP 封装

LQFP 也就是薄型 QFP 封装(low-profile quad flat package),如图 2-11 所示。它指封装本体厚度为 1.4mm 的 QFP,是日本电子机械工业会制定的新 QFP 外形规格所用的名称。

图 2-10　QFP 封装　　　　　　　　图 2-11　LQFP 封装

5. 集成电路 LM386

LM386 是美国国家半导体公司生产的音频功率放大器,主要应用于低电压消费类产品。为使外围元件最少,电压增益内置为 20。但在引脚 1 和 8 之间增加一只外接电阻和电容,便可将电压增益调为任意值,直至 200。输入端以地为参考,同时输出端被自动偏置到电源电压的一半,在 6V 电源电压下,它的静态功耗仅为 24mW,使得 LM386 特别适用于电池供电的场合。

(1) LM386 的电气参数

电源电压:型号 LM386N-1、LM386N-3、LM386M-1 为 15V,型号 LM386N-4 为 22V;

封装耗散:LM386N 为 1.25W,LM386M 为 0.73W,LM386MM-1 为 0.595W;

输入电压:±0.4V;

储存温度:-65～150℃;

操作温度:0～70℃;

结温:150℃。

(2) LM386 的引脚功能

LM386 的引脚排列如图 2-12 所示。引脚 2 和 3 分别为反相输入端和同相输入端;引脚 5 为输出端;引脚 6 和 4 分别为电源和地;引脚 1 和 8 为电压增益设定端;使用时在引脚 7 和地之间接旁路电容,通常取 10μF。

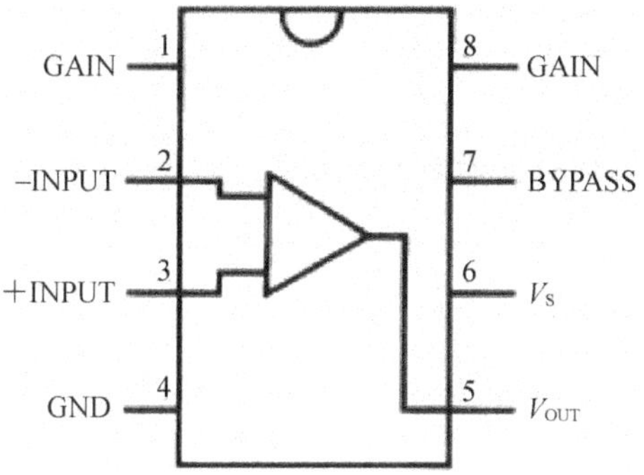

图 2-12 LM386 的引脚排列

（3）使用 LM386 的注意事项

尽管 LM386 的应用非常简单，但稍不注意，特别是器件上电、断电瞬间，甚至工作稳定后，一些操作（如插拔音频插头、旋音量调节钮）带来的瞬态冲击，在输出喇叭上会产生非常讨厌的噪声。

①通过接在引脚 1 和 8 间的电容（引脚 1 接电容正极）来改变增益，断开时增益为 20。因此用不到大的增益，电容就不要接了，不光省了成本，还会带来好处——噪音减少。

②PCB 设计时，所有外围元件尽可能靠近 LM386；地线尽可能粗一些；输入音频信号通路尽可能平行走线，输出亦如此。

③选好调节音量的电位器。质量太差的不要，否则受害的是耳朵；阻值不要太大，10kΩ 最合适，太大也会影响音质。

④尽可能采用双音频输入/输出。好处是："＋"、"－"输出端可以很好地抵消共模信号，故能有效抑制共模噪声。

⑤引脚 7（BYPASS）的旁路电容不可少。实际应用时，BYPASS 端必须外接一个电解电容到地，起滤除噪声的作用。工作稳定后，该管脚电压值约等于电源电压的一半。增大这个电容的容值，减缓直流基准电压的上升、下降速度，能有效抑制噪声。在器件上电、掉电时的噪声就是由该偏置电压的瞬间跳变所致，这个电容可千万别省啊！

⑥减少输出耦合电容。此电容的作用有隔直和耦合：隔断直流电压，直流电压过大有可能会损坏喇叭线圈；耦合音频的交流信号。它与扬声器负载构成了一阶高通滤波器。减小该电容值，可使噪声能量冲击的幅度变小、宽度变窄，太低还会使截止频率 $f_c = 1/(2\pi R_L C)$ 提高。通过分别测试，发现 $10\mu F$ 或 $4.7\mu F$ 最为合适。

6. 集成电路 NE555

555 定时器是一种中规模的集成定时器，应用非常广泛。通常只需外接几个阻容元件，就可以构成各种不同用途的脉冲电路，如多谐振荡器、单稳态触发器以及施密特触发器等。555 定时器有 TTL 集成定时器和 CMOS 集成定时器，它们的逻辑功能与外引线排列都完全相同。TTL 型号最后数码为 555，CMOS 型号最后数码为 7555。

（1）NE555 的电气参数

供应电压：4.5～18V；

供应电流：3～6mA；

输出电流：225mA(max)；

上升/下降时间：100ns。

（2）NE555 的引脚功能

NE555 的内部功能和引脚排列如图 2-13 所示。

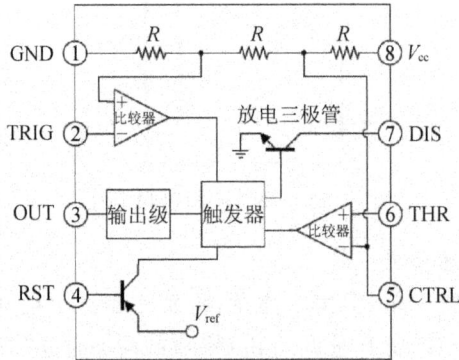

图 2-13　NE555 的内部功能和引脚排列

NE555 的引脚功能如表 2-6 所示。

表 2-6　NE555 的引脚功能

引脚	名称	功能
1	GND(地)	接地,作为低电平(0V)。
2	TRIG(触发)	当此引脚电压降至$(1/3)V_{cc}$(或由控制端决定的阈值电压)时输出端给出高电平。
3	OUT(输出)	输出高电平$(+V_{cc})$或低电平。
4	RST(复位)	当此引脚接高电平时定时器工作,当此引脚接地时芯片复位,输出低电平。
5	CTRL(控制)	控制芯片的阈值电压,当此引脚接空时默认两阈值电压为$(1/3)V_{cc}$与$(2/3)V_{cc}$。
6	THR(阈值)	当此引脚电压升至$(2/3)V_{cc}$(或由控制端决定的阈值电压)时输出端给出低电平。
7	DIS(放电)	内接 OC 门,用于给电容放电。
8	V_{cc}(供电)	提供高电平并给芯片供电。

（3）NE555 的逻辑功能

NE555 的内部电路逻辑如图 2-14 所示,其工作原理为:当引脚 6 电位高于$(2/3)V_{cc}$,引脚 2 高于$(1/3)V_{cc}$时,上比较器输出为高电平,下比较器输出为低电平,因而 R-S 触发器中的 Q 为低电平,引脚 3 输出为低电平。放电晶体管 T_D 导通,即使引脚 6 电位变低,此状态也一直保持不变,直到引脚 2 输入触发信号。

当引脚 6 电位低于$(2/3)V_{cc}$,引脚 2 低于$(1/3)V_{cc}$时,C_1 输出为低电平,C_2 输出为高电平。因而 Q 为高电平,引脚 3 输出为高电平,T_D 截止。

当引脚 6 电位低于$(2/3)V_{cc}$,引脚 2 高于$(1/3)V_{cc}$时,上比较器 C_1 输出为低电平,下比

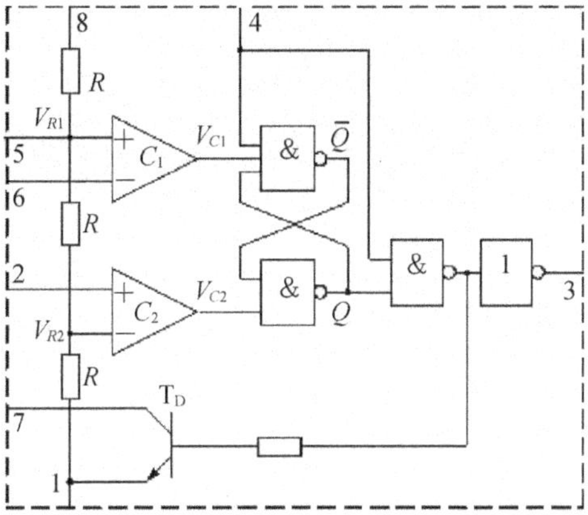

图 2-14 NE555 的内部电路逻辑

较器 C_2 输出为高电平,此时 Q 状态保持不变,引脚 3 输出及 T_D 状态也不变。

当引脚 6 电位高于 $(2/3)V_{CC}$,引脚 2 低于 $(1/3)V_{CC}$ 时,上比较器 C_1 输出为高电平,下比较器 C_2 输出也为高电平,此时引脚 3 输出低电平,T_D 导通。

NE555 的逻辑功能如表 2-7 所示。

表 2-7 NE555 的逻辑功能

输入			输出	
阈值输入(引脚 6)	阈值输入(引脚 2)	复位输入(引脚 4)	输出(引脚 3)	放电(引脚 7)
$\times$	$\times$	L	L	导通
$<(2/3)V_{CC}$	$<(1/3)V_{CC}$	H	H	截止
$>(2/3)V_{CC}$	$>(1/3)V_{CC}$	H	L	导通
$<(2/3)V_{CC}$	$>(1/3)V_{CC}$	H	不变	不变
$>(2/3)V_{CC}$	$<(1/3)V_{CC}$	H	L	导通

知识链接

一、振动式防盗报警器的工作原理

振动式防盗报警器的电路原理如图 2-15 所示。白天,光敏电阻 R_8 受到光照其亮电阻很小,使 555 定时器 U_1 的引脚 4 为低电平,定时器 555 复位,引脚 3 输出为低电平,报警器不工作。晚上,光敏电阻 R_8 无光照其阻值很大,使 U_1 的引脚 4 为高电平,压电陶瓷片 HTD 接收到经地面传来的人脚踏地面的振动信号,经场效应管 Q_3、集成放大器 U_2 放大,二极管 D_2、D_1、电容器 C_3、C_4 组成的倍压整流电路整流滤波,其直流电压加于三极管 Q_1 基极,使 Q_1 导通,触发单稳态电路翻转进入暂稳态,U_1 的引脚 3 由原来的低电平变为高电平,经 R_7 限流,使 Q_2 导通,蜂鸣器发生报警声音。暂稳态时间 $T=1.1R_4C_8$。暂稳态过后,U_1 的引脚 3 输出低电平,Q_2 截止,蜂鸣器停止发音,如果来人在 1 分钟后仍未离开监测区,并且不断地走动,则报警声音始终不停,直至来人离开监测范围,保持宁静1分钟后,报警声才停止。

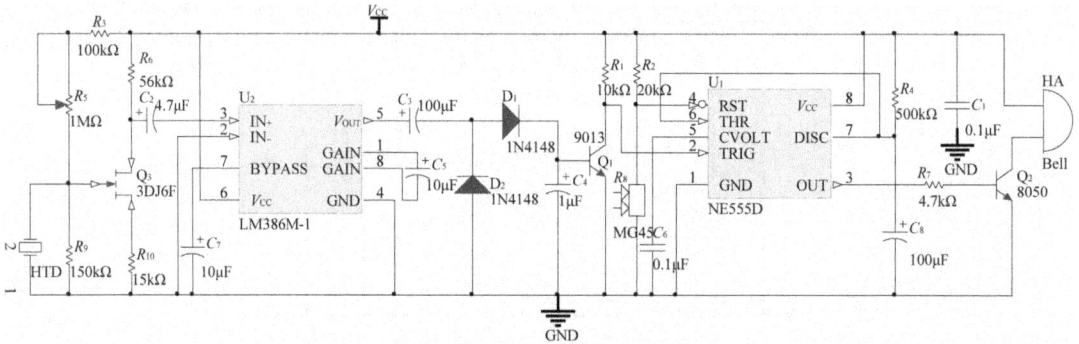

图 2-15　振动式防盗报警器的电路原理

二、焊接技术

焊接技术是电子技术实训课中最基本的技能,焊接分为手工焊接和自动焊接。手工焊接是传统的焊接方法,虽然批量电子产品生产已较少采用手工焊接了,但对电子产品的维修、调试中不可避免地还会用到手工焊接。焊接质量的好坏也直接影响维修效果。手工焊接是一项实践性很强的技能,在了解一般方法后,要多实践,才能有较好的焊接质量。

1. 焊接工具

（1）电烙铁

电烙铁是最常用的焊接工具,其结构如图 2-16 所示。一般使用 35W 以内的内热式电烙铁。

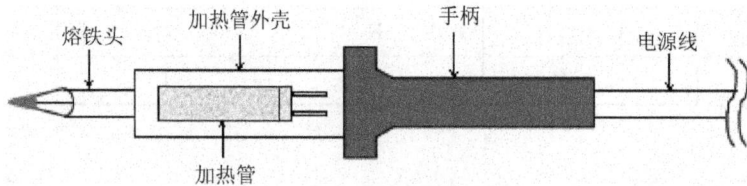

图 2-16　电烙铁的结构

新烙铁使用前,应用细砂纸将烙铁头打光亮,通电烧热,蘸上松香后用烙铁头刃面接触焊锡丝,在烙铁头上均匀地镀上一层锡。这样做,可以便于焊接和防止烙铁头表面氧化。旧的烙铁头如严重氧化而发黑,可用钢锉锉去表层氧化物,使其露出金属光泽后,重新镀锡,才能使用。

（2）焊锡和助焊剂

①焊锡:焊接电子元件,一般采用有松香芯的焊锡丝。这种焊锡丝熔点较低,而且内含松香助焊剂,使用极为方便。

②助焊剂:常用的助焊剂是松香或松香水（将松香溶于酒精中）。使用助焊剂,可以帮助清除金属表面的氧化物,既利于焊接,又可保护烙铁头。焊接较大元件或导线时,也可采用焊锡膏。但它有一定腐蚀性,焊接后应及时清除残留物。

（3）辅助工具

为了方便焊接操作，常采用尖嘴钳、偏口钳、镊子和小刀等作为辅助工具。

烙铁头清洗的原理：水分适量时，在烙铁头接触的瞬间，水会沸腾波动，达到清洗的目的。烙铁头清洗时海绵用水过量，烙铁温度会急速下降，锡渣就不容易落掉，水量不足时海绵会被烧掉。

2. 焊锡及烙铁头手握法

为了得到良好的焊锡结果，必须要有正确的姿势。常用的锡丝握法如图 2-17 所示，常用的烙铁握法如图 2-18 所示。

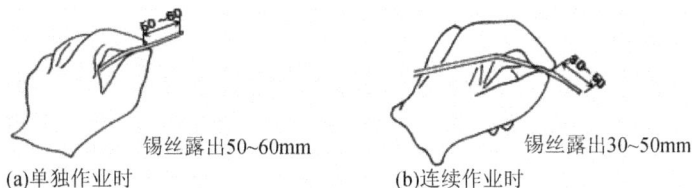

锡丝露出50~60mm   锡丝露出30~50mm

(a)单独作业时   (b)连续作业时

图 2-17 常用的锡丝握法

(a)PCB单独作业时   (b)盘子排线作业（小物体）   (c)盘子排线作业（大物体）

图 2-18 常用的烙铁握法

3. 手工焊接步骤

（1）手工焊接一般采用五步法，如图 2-19 所示。

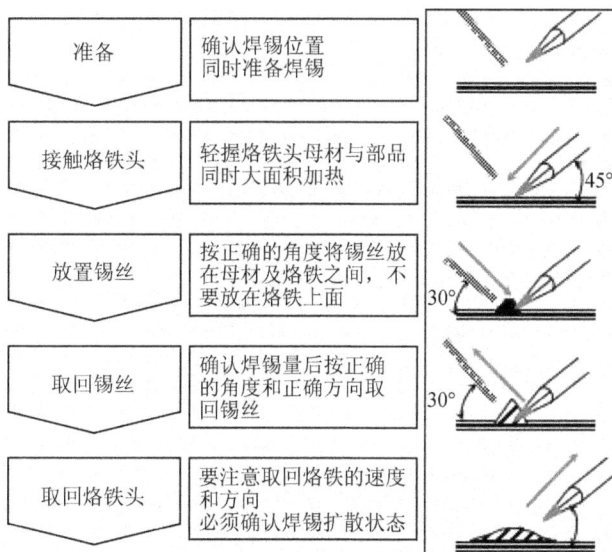

准备	确认焊锡位置同时准备焊锡
接触烙铁头	轻握烙铁头母材与部品同时大面积加热
放置锡丝	按正确的角度将锡丝放在母材及烙铁之间，不要放在烙铁上面
取回锡丝	确认焊锡量后按正确的角度和正确方向取回锡丝
取回烙铁头	要注意取回烙铁的速度和方向必须确认焊锡扩散状态

图 2-19 手工五步焊接法

①准备焊接：清洁被焊元件处的积尘及油污,再将被焊元器件周围的元器件左右掰一掰,让电烙铁头可以触到被焊元器件的焊锡处,以免烙铁头伸向焊接处时烫坏其他元器件。焊接新的元器件时,应对元器件的引线镀锡。

②加热焊接：将沾有少许焊锡和松香的电烙铁头接触被焊元器件约几秒钟。如果要拆下印刷板上的元器件,则待烙铁头加热后,用手或镊子轻轻拉动元器件,看是否可以取下。

③清理焊接面：若所焊部位焊锡过多,可将烙铁头上的焊锡甩掉(注意不要烫伤皮肤,也不要甩到印刷电路板上),用光烙锡头"沾"些焊锡出来。若焊点焊锡过少、不圆滑时,可以用电烙铁头"沾"些焊锡对焊点进行补焊。

④检查焊点：看焊点是否圆润、光亮、牢固,是否有与周围元器件连焊的现象。

（2）错误的焊接方法

错误的焊接方法如图 2-20 所示,主要有烙铁头不清洗就使用、锡丝放到烙铁头前面、锡丝直接接触烙铁头、烙铁头上有余锡、刮动烙铁头、烙铁头连续不断地取与放等。

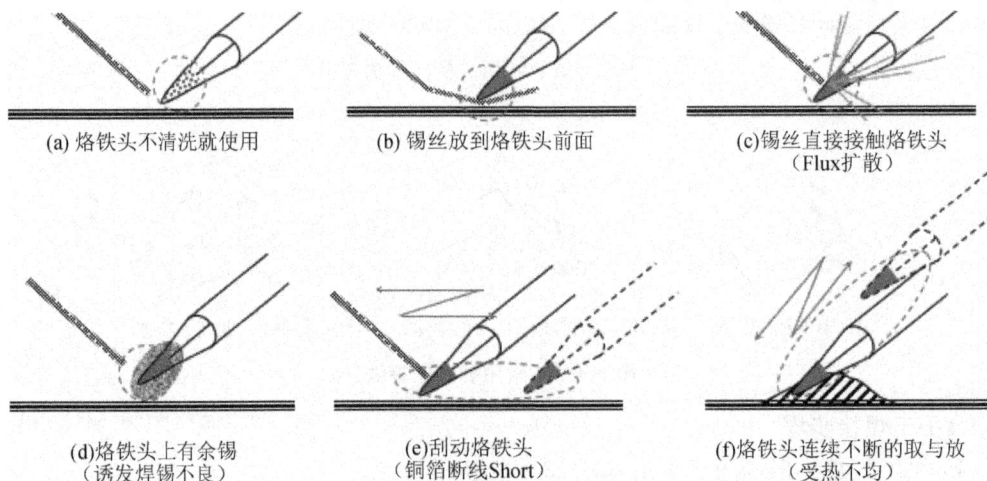

图 2-20　错误的焊接方法

4. 直插元器件的焊接方法

在焊接直插元器件时必须将铜箔和焊接部位同时加热,还要注意烙铁头和焊锡的投入及取出角度。图 2-21(c)与图 2-21(d)的加热方法是正确的。而图 2-21(a)中只加热了焊接部位,图 2-21(b)中只加热了铜箔,所以是错误的。

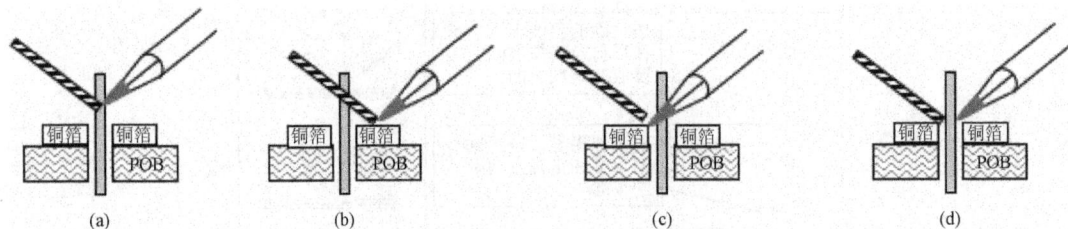

图 2-21　直插元器件的焊接方法

若加热方法、加热时间、焊锡投入方法不好,焊接部位污染,会发生焊接不良,如图 2-22所示。

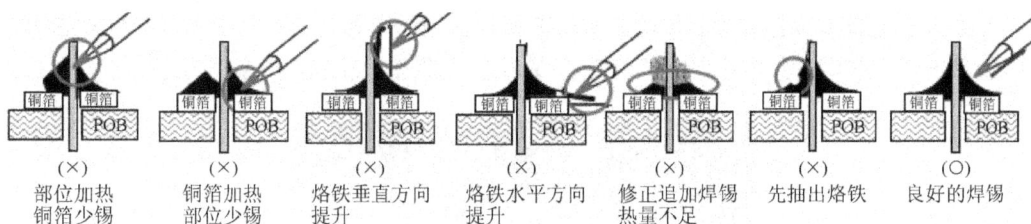

图 2-22 焊接不良的情况

5. 贴片元器件的手工焊接

贴片元器件的焊接部位应在铜箔上焊锡,贴片元件不能受热,所以烙铁不能直接接触而应在铜箔上加热,避免发生破损、裂纹,如图 2-23 所示。图 2-23(a)中铜箔和器件一起加热,图 2-23(b)中只加热器件,所以是错误的。而图 2-23(c)中只加热铜箔,所以是正确的。

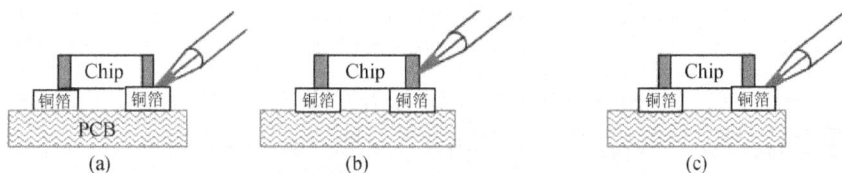

图 2-23 贴片元器件的焊接

当直接接触焊接部位时热气传到对面使受热不均,造成电极部产生裂纹,如图 2-24(a)所示。当用力移动时,锡量少的部位被锡量多的部位拉动产生裂纹,如图 2-24(b)所示。加热方式正确、锡料适中、用力均匀时,良好的焊接如图 2-24(c)所示。

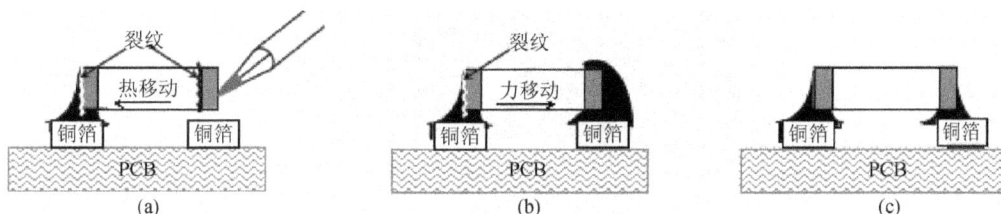

图 2-24 贴片元器件的焊接质量

6. 贴片集成电路 IC 的手工焊接

(1) 密引脚集成电路 IC(引脚间距不超过 0.5mm)焊接

第一步:用镊子夹着芯片,对准焊盘,如图 2-25 所示。

图 2-25 焊接第一步

第二步：用拇指按住芯片，如图 2-26 所示。注意：在进行下一步之前，一定要确认芯片已经对准焊盘了，不然下一步做了以后再发现芯片没有对准就比较麻烦了。

图 2-26　焊接第二步

第三步，用镊子夹取一小块松香放在 IC 芯片引脚的旁边，如图 2-27 所示。注意：这里用的是松香，而不是那种稠的助焊剂（那种助焊剂没法固定住芯片）。

图 2-27　焊接第三步

第四步：用烙铁将松香化开了，如图 2-28 所示。松香在这里有两个作用：一是用来将芯片固定在 PCB 板上；另一个就是助焊。熔化松香的时候，要尽可能地将松香化开，均匀地分布在一排焊盘上。

图 2-28　焊接第四步

第五步：同样用松香固定住集成电路 IC 另外一侧的引脚，做完这步 IC 就牢固地固定在 PCB 上，所以之前要检查芯片是不是准确地对准了焊盘，不然等两边的松香都上好后就不是很好取了。

第六步：剪一小截焊锡放在左边的焊盘上（如果你用左手使烙铁，就放右边了），如图 2-29 所示，图中的焊锡直径为 0.5mm，其实直径大小无所谓，重要的是选多少量。如果你拿不准放多少上去，建议先少放一些，如果不够再加焊锡。如果你不小心一下子放多了，也不是没有解决办法，如果只是多一点儿，可以左右拖动使多余的锡均分到每个焊盘上来解决；如果多很多，就需要用别的方法了，建议使用吸锡带将多余的焊锡弄出来。

图 2-29　焊接第六步

第七步：用烙铁将焊锡熔化开，紧接着就将烙铁沿着引脚与焊盘的接触点向右拖动，一直拖到最右边的那个引脚，如图 2-30 所示。这样 IC 一个边上的引脚就都焊接好了，另一边继续用相同的方法就可以焊接好了。

图 2-30　焊接第七步

（2）稀引脚 IC（引脚间距超过 0.5mm）焊接

第一步：在芯片焊盘最外边的焊点处化点焊锡，如图 2-31 所示。

图 2-31　焊接第一步

第二步：用镊子把芯片对准焊盘,如图 2-32 所示,这时候焊盘上有锡的那个引脚就被顶起来一点了,找好感觉,把芯片对上去。

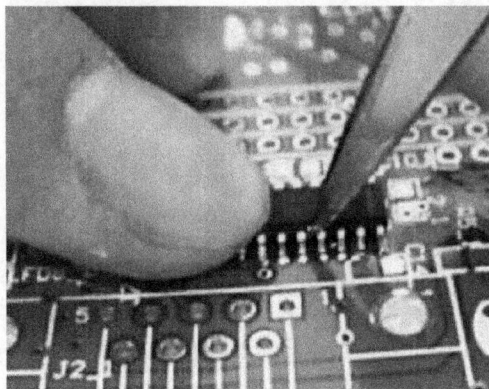

图 2-32　焊接第二步

第三步：用烙铁化开焊盘上的焊锡,如图 2-33 所示,压住芯片的手指稍稍使点力,让芯片能紧密地贴着 PCB,这个引脚也就焊接好了。向下压的时候别太用力,特别是别在焊锡完全化开之前太用力,不然引脚会弯掉的。

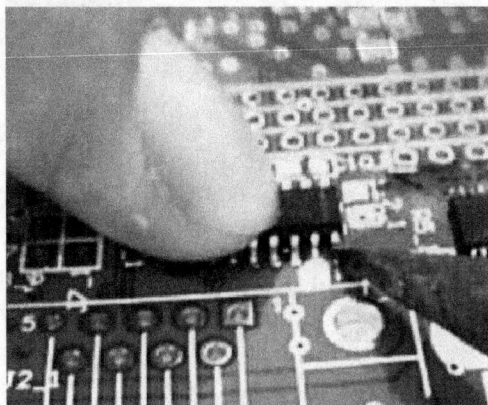

图 2-33　焊接第三步

第四步：焊接芯片对角线另一端的那个引脚,固定住芯片,如图 2-34 所示。

图 2-34　焊接第四步

第五步：一个脚一个脚地焊接剩下的引脚。这样 IC 也就焊完了,这次不用洗板了,因为我们没有用松香(其实焊锡丝里面含一定量的助焊剂)。

7. 手工焊接不良分析

手工焊接常见的不良形状如图 2-35 所示。图 2-35(a)为冷焊,原因为焊锡流动性扩散不良(炭化);热不足;母材(铜箔,元件)的氧化;焊锡的氧化烙铁头不良(氧化);焊锡流动性活性力弱。图 2-35(b)为引脚脱离,原因为焊锡流动产生的气体飞出;加热方法(热不足);设计不良(孔大、孔和铜箔偏位);母材(铜箔,元件)的氧化。图 2-35(c)为锡渣,原因为焊锡的氧化;锡量过多;锡投入方法(直接放在烙铁上);烙铁取出角度错误;烙铁取出速度太快;烙铁头未清洗。图 2-35(d)为锡角,原因为热过大;烙铁抽取速度大。图 2-35(e)为冷焊,原因为热不足;追加焊锡及修整时原焊锡没有完全熔化。图 2-35(f)为裂纹,原因为热不足;母材(铜箔,元件)的氧化;凝固时移动;凝固时振动;冷却不充分;焊锡中有不纯物。

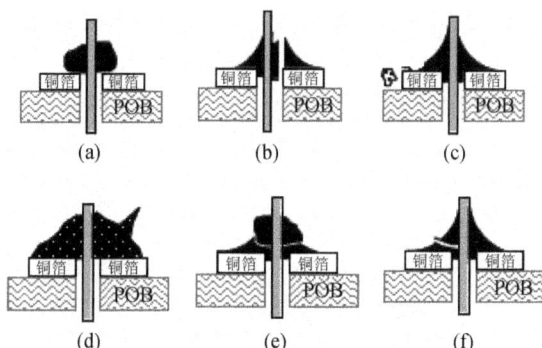

图 2-35　手工焊接常见的不良形状

三、示波器的使用

示波器是实验室和生产现场最常用的一种测量仪器。它是一种能把随时间变化的电过程用图像显示出来的测量仪器,主要用来观察电信号的波形,测量电信号波形(周期)、频率等参数。这里以 YB4320A 为例说明示波器的使用。

1. 概述

YB4320A 是双踪示波器,有两组完全相同的 Y 轴放大器,所以,能实现双通道同时工作,对两个不同的信号(但是这两个信号必须有公共的接地端)同时进行定性、定量的测量,可以把两个被测波形同时在屏幕上显示,也可以使两个被测信号叠加显示,还可以选择某一通道独立工作,进行单踪显示。其主要指标性能如下。

(1) 垂直系统

频带宽度:DC 0～20MHz,AC 10Hz～20MHz。

CH1 和 CH2 的灵敏度:5mV/div(div 表示分格),按 1—2—5 进位分 10 挡。

精度:×1 为±5％,×5 为±10％。

可微调的垂直灵敏度:大于所标明的灵敏度的 2.5 倍。

输入阻抗:1MΩ/25pF。

最大输入电压:300V。

(2) 水平系统

输入阻抗:1MΩ/20pF。

扫描时基:0.1～0.2μs/div,误差不超过±3％,按 1—2—5 进位分 20 挡。

扫描扩展:20ns/div～40ms/div。

(3) 触发系统

触发方式:自动、常态、TV－V、TV－H。

触发信号源:INT、CH2、电源、外接。

触发极性:＋,－。

触发灵敏度:内 2div,外 300mV。

(4) 校准信号

波形:方波。

频率:1kHz×(1±2％)。

幅度:0.5V×(1±2％)。

(5) 其他

屏幕有效工作面:8div×10div(1div＝6mm)。

电源:AC 220V×(1±10％)。

消耗功率:约 35W。

质量:约 7.2kg。

2. 面板主要开关和旋钮

YB4320A 双踪示波器面板如图 2－36 所示。

(1) 电源和显示部分

仪器使用交流电源 220V,在电源插座下端装有 1A 熔丝。

电源开关(POWER)1:将电源开关按键按下即接通电源。

电源指示灯 2:电源接通时指示灯亮。

亮度旋钮(INTENSITY)3:调节显示亮度,顺时针调节增加亮度。

聚焦旋钮(FOCUS)4:用亮度控制钮将亮度调节至合适的亮度,然后,调节聚焦控制钮直至轨迹达到最清晰的程度。

光迹旋转钮(TRACE ROTATION)5:由于磁场的作用,当光迹在水平方向轻微倾斜时,该旋钮用于调节光迹与水平刻度线平行。

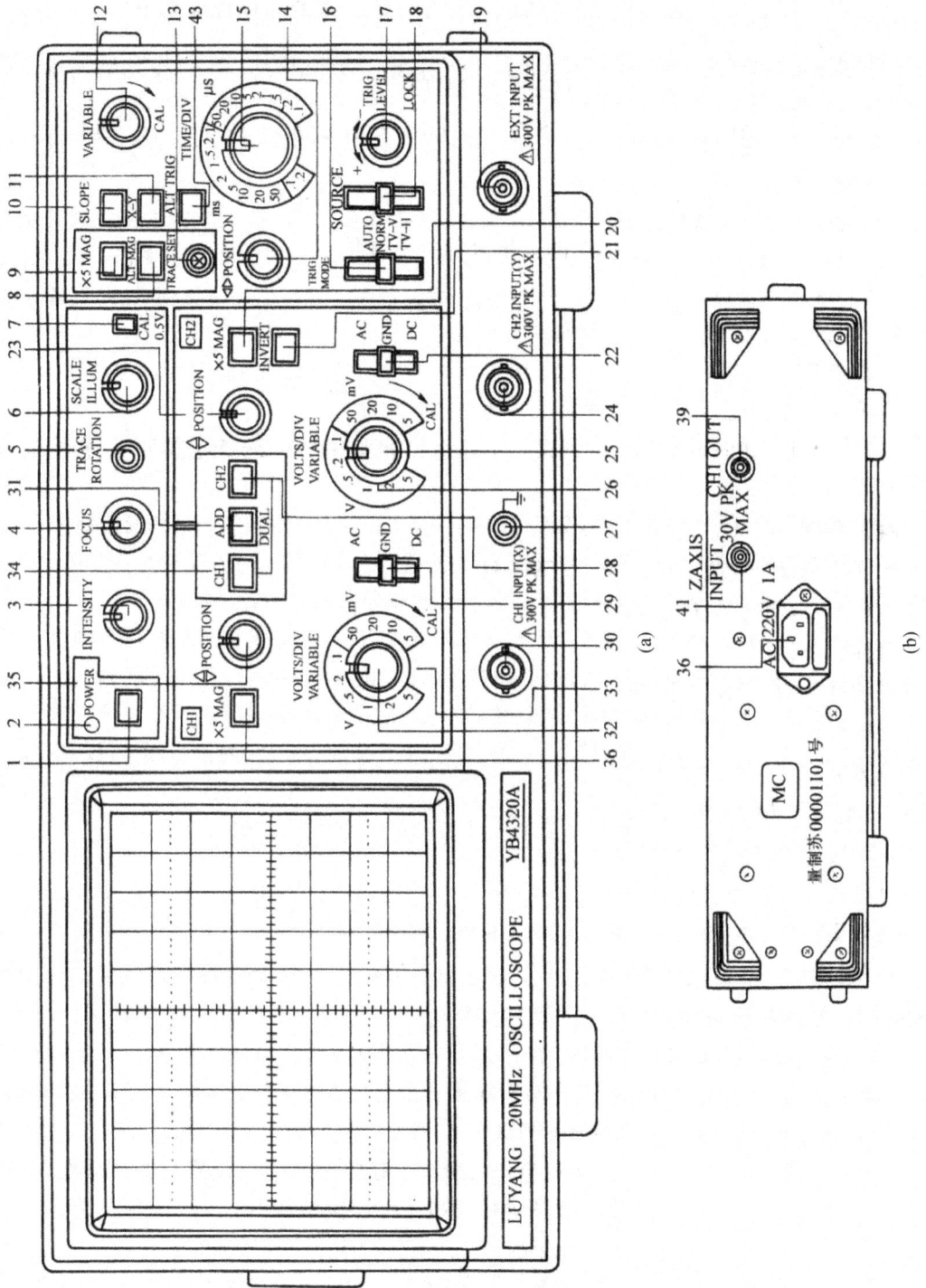

图 2-36 YB4320A 双踪示波器面板

刻度照明控制钮(SCALE ILLUM)6：该旋钮用于调节屏幕刻度亮度。顺时针方向旋转时亮度增加,该功能用于黑暗环境或拍照时的操作。

(2) 垂直方向部分

通道1输入端[CH1 INPUT(X)]30：用于垂直方向的输入。在 X-Y 方式时输入端的信号成为 X 轴信号。

通道2输入端[CH2 INPUT(Y)]24：和通道1一样,但在 X-Y 方式时输入端的信号为 Y 轴信号。

通道输入耦合方式选择开关[(AC-GND-DC)]29：两个输入通道都设有输入耦合方式开关,选择垂直放大器的耦合方式。AC 指垂直放大器输入端由电容器耦合,输入信号经电容耦合输入,只能通过交流信号;DC 指垂直放大器输入端与信号直接耦合,可以输入直流信号和交流信号;⊥指 Y 轴放大器输入端被接地。

衰减开关(VOLTS/DIV)26,33：用于选择垂直偏转灵敏度的调节,5mV/div～5V/div 共 10 挡。如果使用的是 10∶1 的探头计算时应将幅度×10。

垂直微调旋钮(VARIABLE)25,32：用于连续改变电压偏转灵敏度,顺时针旋到底为校准位置。

输入扩展按钮(CH1×5MAG,GH2×5MAG)20,36：按下此按钮,对应的通道信号 CH1 或 CH2 的幅度扩展到原来的 5 倍,因此,示波器的最高灵敏度可由 5mV/div 升高为 1mV/div。

垂直移位旋钮(POSITION)23,35：调节光迹在屏幕中的垂直位置。

垂直方式工作按钮(VERTICAL MODE)34,28,31：选择垂直方向的工作方式。按下 CH1 按钮 34,屏幕上仅显示 CH1 的信号;按下 CH2 按钮 28,屏幕上仅显示 CH2 的信号;同时按下 CH1 和 CH2 按钮,即 DUAL 方式,屏幕上会出现双踪并自动以断续或交替方式同时显示 CH1 和 CH2 上的信号;按下 ADD 按钮 31 为叠加方式,屏幕上显示 CH1 和 CH2 输入电压的代数和。

CH2 极性开关(INVERT)21：按下此开关时 CH2 显示反相电压波形。

(3) 水平方向部分

扫描时间选择开关(TIME/DIV)15：共 20 挡,在 0.1～0.2μs/div 范围内选择扫描速率。

扫描微调控制键(VARIABLE)12：扫描时间因数的微调,此旋钮顺时针方向旋转到底时处于校准位置,扫描由 TIME/DIV 开关指示。

水平移位旋钮(POSITION)14：用于调节光迹在水平方向移动。

水平扩展键(×5MAG)9：按下此键,屏幕上看到的波形水平方向扩展为原来的 5 倍,此时,扫描时间是 TIME/DIV 开关指示值的 1/5,例如 100μs/div 变为 20μs/div。

交替扩展按钮(ALT-MAG)8：按下此键,未扩展与已扩展的波形同时显示。扩展以后的光迹可用十字工具旋转光迹分离控制旋钮 TRACE SET 13,移位 1.5div 或更远的地方。同时使用双踪方式和 ALT-MAG 键可在屏幕上同时显示四条光迹。

X-Y 控制键 11：按下此键,示波器为 X-Y 工作方式,垂直偏转信号输入 CH2 端,水平偏转信号输入 CH1 端。

(4) 触发(TRIG)部分

触发源选择开关(SOURCE)18：选择触发信号源。

内触发(INT)：CH1 或 CH2 上的输入信号是触发信号。

通道 2 触发(CH2)：CH2 上的输入信号作为触发信号。

电源触发(LINE)：电源频率成为触发信号。

外触发(EXT)：X 轴的触发信号是由 EXT INPUT 端子 19 输入的外部信号。

交替触发(ALT TRIG)43：在双踪交替显示时，触发信号交替来于两个通道,此方式可用于同时观察两路不相关信号。

触发电平旋钮(TRIG LEVEL)17：用于调节被测信号在某一电平触发同步。

触发极性按钮(SLOPE)10：触发极性选择,用于选择信号的上升沿或下降沿触发。

触发方式选择(TRIG MODE)16：选择触发方式。

自动(AUTO)：在自动扫描方式时扫描电路自动进行扫描。在没有信号输入或输入信号没有被触发同步时,屏幕上仍然可以显示扫描基线。

常态(NORM)：有触发信号才能扫描,否则,屏幕上无扫描线显示。当输入信号的频率低于 20Hz 时,用常态触发方式。

TV - H：用于观察电视信号中的行信号波形。

TV - V：用于观察电视信号中的场信号波形。

注意：仅在触发信号为负同步信号时,TV - V 和 TV - H 同步。

(5) 其他

Z 轴输入端(后面板)(Z AXIS INPUT)41：Z 轴输入端。加入正信号时,辉度降低;加入负信号时,辉度增加。常态下 5V(峰-峰值)的信号就能产生明显的调辉。

通道 1 输出端(CH1 OUT)39：通道 1 信号输出端,可用于频率计数器输入信号。

校准信号(CAL)7：输出电压幅度为 0.5V(峰-峰值)频率为 1kHz 的方波信号。

3. 基本操作方法

打开电源开关前先检查输入的电压,将电源线插入后面板上的交流插孔,按表 2 - 8 设置主要开关和旋钮。

表 2 - 8　主要开关和旋钮的设置

主要开关和旋钮名称	作用位置
亮度(INTENSITY)	顺时针方向旋转
聚焦(FOCUS)	中间
AC - GND - DC	GND
垂直位移(POSITION)	中间,×5MAG 键弹出
垂直工作方式(MODE)	CH1
触发方式(TRIG MODE)	AUTO
触发源(SOURCE)	INT
触发电平(TRIG LEVEL)	中间
TIMR/DIV	0.5ms/div
水平位移(POSITION)	中间,×5MAG 和 ALT MAG 键均弹出

主要开关和旋钮完成如上设定后,打开电源。当亮度旋钮顺时针方向旋转时,轨迹就会在大约 15 秒后出现,调节聚焦到轨迹最清晰。如果电源打开后暂时不用示波器,应将亮度旋钮逆时针方向旋转以减弱亮度。

在一般情况下,应将水平与垂直微调旋钮设定到"校准"位置,即顺时针旋到底,以便读取波形的电压和时间的数值。改变 CH1 移位旋钮,将扫描线移动到屏幕的中间。如果光迹在水平方向略微倾斜,调节前面板上的光迹旋转旋钮使其与水平刻度线相平行。

(1)屏幕上显示信号波形

如果选择通道 1,设定如下主要开关和旋钮:

垂直方式开关——CH1;

触发方式开关——AUTO;

触发源开关——INT。

完成这些设定之后,频率高于 20Hz 的大多数重复信号可通过调节触发电平旋钮进行同步。由于触发方式为自动,即使没有信号,屏幕上也会出现光迹。

如果输入耦合方式开关设定为 DC,则可以测量信号中的直流成分。

如果输入的信号低于 20Hz,则应该把触发方式开关设为常态(NORM),然后调节触发电平控制键使波形稳定。

如果使用 CH2 通道输入,则 Y 轴方式开关和触发源开关都应该设定为 CH2。

(2)观察两个波形

同时按下 CH1 和 CH2 按钮,将垂直工作方式设定为双踪(DU－AL),这时可以很方便地显示两个波形。如果改变了 TIME/DIV 范围,系统会自动选择交替或断续方式,以获得最好的显示效果。

如果要测量相位差,带有超前相位的信号应该是触发信号。

(3)显示 X-Y 图形

当按下 X-Y 开关时,示波器 CH1 为 X 轴输入,CH2 为 Y 轴输入,垂直方式×5MAG 扩展开关断开(弹出状态)。

(4)叠加的使用

当垂直工作方式开关设定为 ADD(叠加),可显示两个波形的代数和。

4. 测量应用操作

(1)测量前的检查和调整

为了得到较高的测量精度、减少测量误差,在测量前应对有关项目进行检查和调整。

光迹旋转:当光迹在水平方向轻微倾斜时,可以调节光迹旋转旋钮(TRACE ROTATION)5,使光迹与水平刻度线平行。

探头补偿:进行信号测量时,一般使用探头作为信号输入线,本机使用 10∶1 与 1∶1 可转换探头。为减少探头对被测信号的影响,一般使用 10∶1 探头(即将探头衰减开关拨到×10位置),探头 1∶1(即将探头衰减开关拨到×1 位置)用于观察低频小信号。

对探头的调整可用于补偿由于示波器输入特性的差异而产生的误差,将探头(10∶1)输入插座并与本机校正信号连接,荧光屏上获得如图 2－37(a)所示波形则为补偿适当,如波形有过冲(见图 2－37(b))或下塌(见图 2－37(c))现象则为过补偿或欠补偿,可调节探头微调器对补偿电容值进行调整(见图 2－37(d)),使波形适当。

(a)补偿适当　　　　　　　　(b)过补偿　　　　　　　　(c)欠补偿

(d)调整方法

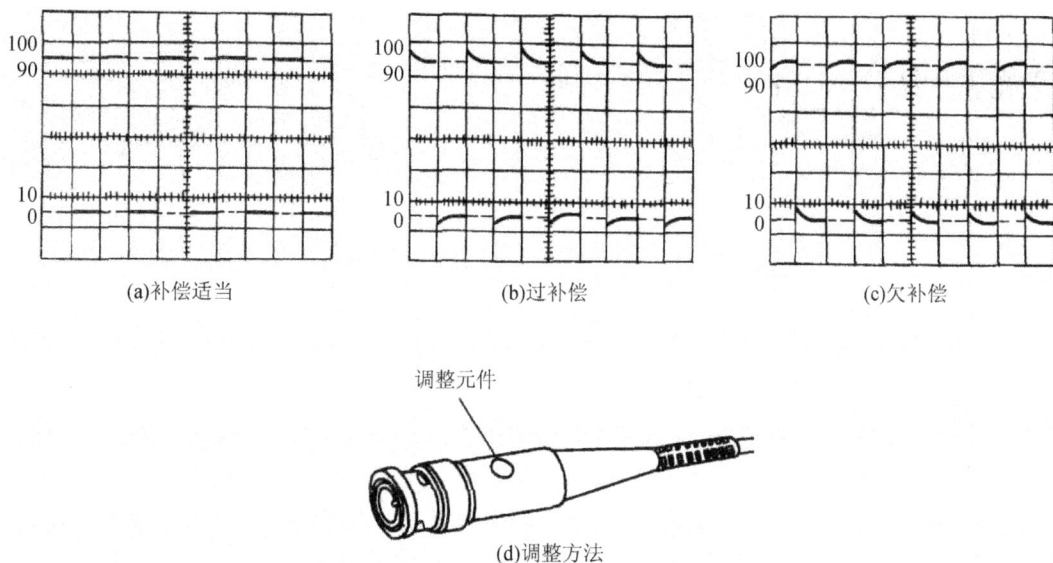

图 2-37　探头的调整

（2）直流电压的测量

当测量被测信号为直流或含直流成分的电压时，应先将 Y 轴耦合方式的输入开关"AC-GND-DC"置于"GND"位置，调节 Y 轴移位旋钮使扫描基线与某一水平刻度线重合，即将零电平参考基准线定位到屏幕的最佳位置。将 VOLTS/DIV 开关设定到合适的位置，将耦合方式开关转换到"DC"位置，并从通道 1(CH1)或通道 2(CH2)输入端加上被测直流电压。此时，直流信号将会产生偏移，直流电压值等于扫描线在 Y 轴方向的位移（相对于零电平参考基线）格数与 VOLTS/DIV 开关所指示值相乘，如图 2-38 所示。如果使用的探头置于10∶1位置，由于信号经过探头输入示波器时已经衰减为原来的 1/10，则实际的信号值应将该值乘以 10。

（3）交流电压的测量

测量交流电压与测量直流电压一样，将零电平参考基准线定位到屏幕的最佳位置。如果交流电压信号被重叠在一个直流电压上，此时，应将 Y 轴输入耦合方式开关置"AC"位置，隔开信号的直流部分，仅耦合交流电压信号部分。从通道 1(CH1)或通道 2(CH2)的输入端加入被测信号电压，把 Y 轴微调旋钮置于校准位置，调节 VOLTS/DIV 开关，使波形在屏幕中的显示幅度适中，调节"电平"旋钮使波形稳定，调节 Y 轴位移，使波形显示值方便读取，如图 2-39 所示。根据 VOLTS/DIV 开关的指示值和波形在垂直方向显示的坐标格数，可以求得波形的峰-峰值。图 2-39 中的电压波形幅度为 4.6 格，如果 Y 轴 VOLTS/DIV 开关指示在 2V/div，则波形的峰-峰值为：

$$4.6 格 \times 2V/格 = 9.2V$$

由此可求得波形的峰值为：

$$9.2V/2 = 4.6V$$

与直流电压的测量相同，如果使用的探头置于 10∶1 位置，则实际的信号值应乘以 10。

V/div: 0.5V   V=3.8×0.5=1.9(V)

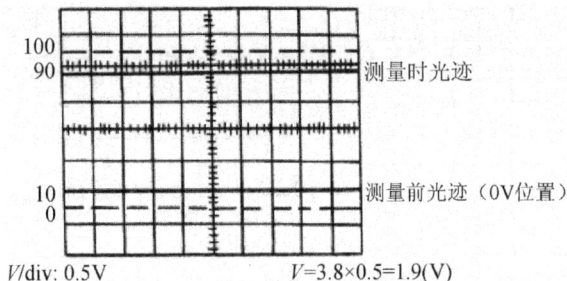

图 2-38   直流电压的测量

V/div: 2V V_{P-P}=4.6×2=9.2(V)

图 2-39   交流电压的测量

（4）周期（或频率）和时间间隔的测量

对某信号的周期或该信号任意两点时间间隔的测量,可先输入被测信号,与上面测量交流电压一样使波形稳定后,根据该信号周期或需测量的两点间的水平方向距离乘以"TIME/DIV"指示值,如图 2-40 所示。图 2-40 中正弦波电压的周期就是 AB 两点之间的距离,如果测定为 8 格,TIME/DIV 开关的设定位置是 2ms/div,则周期为:

$$8 格 × 2ms/格 = 16ms$$

如果运用×5 扩展,那么 TIME/DIV 则为指示值的 1/5。

（5）上升或下降时间的测量

脉冲波形的上升（或下降）时间的测量方法和时间间隔的测量方式一样,只不过是测量被测波形满幅度的 10% 和 90% 两点间的水平轴距离,如图 2-41 所示。测量步骤如下:送入被测信号;调整 Y 衰减器的微调,使波形的显示幅度为 5 格,调整 TIME/DIV 开关,使屏幕上能清晰地显示上升沿或下降沿;调整垂直移位,使波形的顶部和底部分别位于 100% 和 0 的刻度线上,测量 10% 和 90% 两点间的水平距离,就可得出波形的上升时间或下降时间。

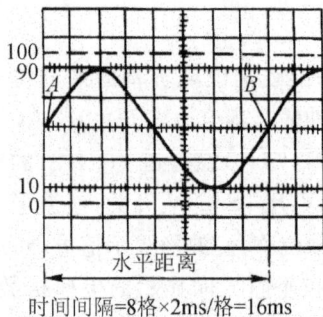

时间间隔=8格×2ms/格=16ms

图 2-40   周期和时间间隔的测量

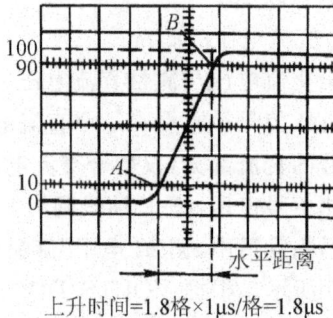

上升时间=1.8格×1μs/格=1.8μs

图 2-41   上升时间的测量

（6）相位的测量

相位的测量通常是指两个同频率交流信号之间相位差的测量。将被测信号 Y1 和 Y2 分别从通道 1（CH1）和通道 2（CH2）输入,调节 TIME/DIV 开关、扫描微调旋钮和触发电平旋钮等使两个被测信号波形稳定。如使被测信号的一个周期在水平方向占 A 格（例如为 8 格）,因此,水平方向每一格所表示的相位度数为 360°/A（如 360°/8＝45°）。若两个信号同相位点的水平方向相差 T 格,则两者相位差 $\varphi=\dfrac{360}{A}T$。在图 2 - 42 中,$\varphi=\dfrac{360°}{8}×1.5=67.5°$。

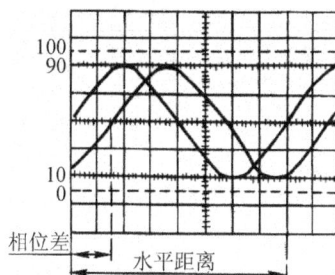

图 2 - 42 相位差的测量

四、国际部分集成电路型号的命名

1. 日本东芝

日本东芝(TOSHIBA)集成电路的型号命名由三部分组成,各部分的含义如表 2 - 9 所示。

第一部分用字母表示电路类型。

第二部分用数字表示电路型号数。

第三部分用字母表示电路封装形式。

表 2 - 9 日本东芝集成电路的型号命名及含义

第一部分:电路类型		第二部分:电路型号数		第三部分:封装形式	
字母	含义	数字	含义	字母	含义
TA	双极线性集成电路	4××× 7×××	CMOS 4000 系列 视听系列	A	改进型
TC	COMS 集成电路			C	陶瓷封装
TD	双极数字集成电路			M	金属封装
				P	塑料封装
TH	混合型集成电路			P - LB	塑料单列直插弯折式封装
TM	MOS 集成电路			D,F	扁平封装

2. 日本日立

日本日立(HITACHI)集成电路的型号命名由五部分组成,各部分的含义如表 2 - 10 所示。

第一部分用字母表示电路类型。

第二部分用数字表示应用范围。

第三部分用数字表示电路型号数。

第四部分用字母表示电路封装形式或是改进型。

表 2-10　日本日立集成电路的型号命名及含义

第一部分：电路类型		第二部分：应用范围		第三部分：电路型号数	第四部分：封装形式或是改进型	
字母	含义	数字	含义		字母	含义
HA	模拟集成电路	11	高频	用两位数字表示电路型号数	P	塑料封装
					C	陶瓷封装
HD	数字集成电路	12			F	双列扁平封装
					R	引脚排列相反
HM	RAM 存储器	13	音频用		W	四列扁平封装
					G	陶瓷浸渍
		14			NT	缩小型双列直插式封装
HN	ROM 存储器				NO	陶瓷双列直插式封装
		17	工业用		F(FP)	塑料扁平直插式封装
					AP	改进型

3. 日本三菱

日本三菱(MITSUBISH)集成电路的型号命名由五部分组成,各部分的含义如表 2-11 所示。

表 2-11　日本三菱集成电路的型号命名及含义

第一部分：应用领域		第二部分：电路类型		第三部分：电路型号数	第四部分：规格	第五部分：封装形式	
字母与数字	含义	数字	含义			字母	含义
M5	工业、商业用产品	0	CMOS 电路	用数字表示电路型号数	用字母表示电路的不同规格	B	树脂封口陶瓷双列直插式封装
		1,2	线性电路				
		3	TTL 电路			FP	注塑扁平封装
		9	DTL 电路			K	玻璃封口陶瓷封装
		01～09	CMOS 电路			L	注塑单列直插式
M9	军用产品	10～19	线性电路			P	注塑双列直插式
		32,33	TTL 电路			R,Y	金属壳玻璃封装
		81,85	PMOS 电路			S	金属封口陶瓷封装
		84,89	CMOS 电路			SP	注塑扁形双列直插式封装
		87	NMOS 电路			T	塑料单列直插式

第一部分用字母"M"和数字混合表示电路的应用领域,"M"指三菱公司产品。

第二部分用数字表示电路的类型。

第三部分用数字表示电路型号数。

第四部分用字母表示电路的规格。

第五部分用字母表示电路的封装形式。

4. 日本索尼

日本索尼(SONY)集成电路的型号命名由三部分组成,各部分的含义如表 2-12 所示。

第一部分用字母表示电路类型。

第二部分用数字表示电路型号数。

第三部分用字母表示电路的封装形式或是改进型。

表 2-12　日本索尼集成电路的型号命名及含义

第一部分:电路类型		第二部分:电路型号数	第三部分:封装形式或是改进型	
字母	含义		字母	含义
CXA	双极型集成电路		A	改进型
CXB	双极型数字集成电路		D	双列直插式陶瓷封装
CXD	MOS 集成电路	用两位或三位数字表示电路的型号数	L	单列直插式封装
CXK	存储器		M	小型扁平封装
BX	混合型集成电路		K	无引线芯片载体
L	CCD 集成电路		Q	四列扁平封装
PQ	微处理器		S	缩小型双列直插式封装
			P	双列直插式塑料封装

5. 美国国家半导体公司

美国国家半导体公司(National Semiconductor)集成电路的型号命名由四部分组成,各部分的含义如表 2-13 所示。

表 2-13　美国国家半导体公司集成电路的型号命名及含义

第一部分:电路类型		第二部分:电路型号数	第三部分:封装形式或是改进型		第四部分:温度范围	
字母	含义		字母	含义	数字	含义
LM	单片线性电路		A	改进型		
LF	双极-场效应线性电路		D	玻璃/金属双列直插封装	1,7	−55～125℃ (军用)
TCA TDA TBA	线性电路		F	玻璃/金属扁平封装		
LH	混合电路	用数字表示电路型号数	N	标准双列直插式封装		
LP	低功耗电路		F00 F01 F06 F07	玻璃/金属扁平封装, 标准引线	2	−25～85℃ (工业用)
LX	传感电路					
ADC	模/数转换电路		W00 W01 W06	陶瓷扁平封装,标准引线	3,8	0～75℃

第一部分用字母表示电路类型。

第二部分用数字表示电路型号数。

第三部分用字母或字母与数字混合表示电路封装形式。

第四部分用数字表示电路的温度范围。

任务实施

一、元器件的来料检测

1. 场效应管的来料检测

场效应管的来料检测内容如表 2-14 所示。

表 2-14　场效应管的来料检测内容

名称	电路标号	型号	引脚排列	g_m 值	类型	R_{GS}	R_{DS}	R_{SG}	封装尺寸	封装类型	检测结果

2. 压电陶瓷片的来料检测

压电陶瓷片的来料检测内容如表 2-15 所示。

表 2-15　压电陶瓷片的来料检测内容

名称	电路标号	型号	振动频率	动态电阻	按压电压	封装尺寸	封装类型	检测结果

3. 蜂鸣器的来料检测

蜂鸣器的来料检测内容如表 2-16 所示。

表 2-16　蜂鸣器的来料检测内容

名称	电路标号	型号	频率	类型	工作电压	封装尺寸	封装类型	检测结果

4. 集成电路的来料检测

集成电路的来料检测内容如表 2-17 所示。

表 2-17 集成电路的来料检测内容

名称	电路标号	型号	在线检测	不在线电阻值	工作电压	封装尺寸	封装类型	检测结果

5. 电阻器、电容器、二极管类和三极管的来料检测

请读者参考前面章节中元器件的来料检测内容,在此不再重画表格。

6. 来料检测汇总表

振动式防盗报警器电路的来料检测汇总表如表 2-18 所示。

表 2-18 振动式防盗报警器电路的来料检测汇总表

来料名称	来料数量	检测仪表	检测值	检测人员	检测结论

二、振动式防盗报警器电路的安装工艺及步骤

(1) 对照元器件明细表清点数量。

(2) 识读电路原理图,对每只元件进行识别、检测。

(3) 了解各元器件的功能、用途。

(4) 对 PCB 印刷板按图进行线路检查和外观检查,除去 PCB 板表面及元件引脚上的氧化层,并上锡。

(5) 采用 PCB 板装配时,元件整形后按图排列,注意每只元件的高度。相同规格的元件高度一致,排列整齐。

(6) 焊接时间要短,以防印刷电路铜箔脱落,焊接完毕后检查是否漏焊、虚焊、错焊。

(7) 通电前仔细检查线路,无误后通知指导老师,方可通电测量。

(8) 正确使用测量仪器、仪表。

(9) 完成实验、实训报告。

(10) 整理工位并进行复习。

振动式防盗报警器电路的安装工艺检测内容如表 2-19 所示。

表 2-19　振动式防盗报警器电路的安装工艺检测内容

项目	检测要求	检测记录
电子线路安装工艺	(1) 正确识别元器件。 (2) 元器件整形。 (3) 元器件布局合理、整齐、规范。 (4) 焊点光亮、圆滑适中。 (5) 连线平直、无交叉。	
安装正确性	(1) 按图正确装接。 (2) 电路功能完整。	

三、示波器的使用

用示波器测量信号的频率、幅值和相位,其操作内容如表 2-20 所示。

表 2-20　示波器的操作内容

项目	调试、检测要求	操作记录
仪器仪表结构	(1) 各功能开关或旋钮的作用与调整。 (2) 示波器的校准。	
参数测试	(1) 测试信号的频率。 (2) 测试信号的峰-峰值、最大值和有效值。 (3) 测试信号的相位。	
安全文明生产	(1) 穿戴好劳保用品,工具齐全。 (2) 遵守用电操作规程。 (3) 正确使用仪表。 (4) 工具摆放整齐。	

四、振动式防盗报警器电路的调试、检测技能

该制作的关键是声音振动传感器探头 HTD,为了提高监控范围和灵敏度,HTD 可以使用 10 只,每 5 只一组并联,每只之间相隔 50cm,用屏蔽线连接,屏蔽层与电路地相接,每只 HTD 均用质地较好的塑料薄膜包封,密封要严,不能有丝毫的漏透水现象,以免损坏 HTD 影响使用寿命。做好的 HTD 埋于大门道前路两侧 10cm 深处。埋好后即可通电调试。一人在任一只 HTD 前 1m 左右的地方走动,调节 R_5 使蜂鸣器报警,此时灵敏度最高,固定 R_5 不动,至此调试结束。

振动式防盗报警器电路的调试、检测内容如表 2-21 所示。

表 2-21　振动式防盗报警器电路的调试、检测内容

项目	调试、检测要求	调试、检测记录
仪器仪表与参数测量	(1) 正确使用仪器仪表。 (2) 检测关键点的电位、电流、波形。	

续 表

项目	调试、检测要求	调试、检测记录
功能调试、检测	(1) 检测灵敏度。 (2) 报警响应时间。 (3) 报警持续时间。 (4) 工作时段设定。	
安全文明生产	(1) 穿戴好劳保用品,工具齐全。 (2) 遵守用电操作规程。 (3) 正确使用仪表。 (4) 工具摆放整齐。	

技能训练

(1) 完成来料检测;

(2) 完成振动式防盗报警器电路的安装;

(3) 完成振动式防盗报警器电路的调试、检测。

振动式防盗报警器技能训练内容评分表如表 2-22 所示。

表 2-22 振动式防盗报警器技能训练内容评分表

项目	技术要求	配分	评分细则	扣分	得分
电子线路安装工艺	(1) 检测元器件。 (2) 元器件布局合理、整齐、规范。 (3) 焊点光亮、圆滑适中。 (4) 连线平直、无交叉。	30	(1) 元器件检测错误,每件扣2分。 (2) 元器件排版不合理,插件不规范、不整齐,扣10分。 (3) 焊接不好,每处扣1分,最多不超过15分。 (4) 连线不平直、交叉,扣2~5分。		
安装正确性	(1) 按图正确装接。 (2) 电路功能完整。	30	(1) 未按图装接,扣10分。 (2) 电路功能不完整,扣20分。 (3) 在额定时限内允许返修一次,扣10分。		
仪器仪表与参数测量	(1) 正确使用仪表。 (2) 检测电位、电流、波形。 (3) 检测灵敏度。 (4) 报警响应时间。 (5) 报警持续时间。 (6) 工作时段设定。	30	(1) 仪表使用不规范,扣10分。 (2) 测量电压、电流、波形有错,每处扣3分。 (3) 电路功能错误,每处扣10分。		
安全文明生产	(1) 穿戴好劳保用品,工具齐全。 (2) 遵守用电操作规程。 (3) 正确使用仪表。 (4) 工具摆放整齐。	10	(1) 穿戴不合要求,工具不齐全,扣5分。 (2) 通、断电操作违规,扣5分。 (3) 损坏设备、仪表,扣10分。 (4) 不整理器材、场地,扣5分。		
评分记录				得分	

思考与讨论

（1）场效应管在电路中起什么作用？

（2）倍压整流电路由哪些元器件构成？它们是如何工作的？

（3）NE555 在电路中起什么作用？

（4）用 LM386 接成三种不同的应用电路。

（5）用 NE555 接成多谐振荡电路、单稳态电路、触发电路。

（6）修改电路，让报警器全天可以设防。

项目三　家用恒温箱控制器

实训目的

1. 熟悉家用恒温箱控制器电路的工作原理。
2. 掌握家用恒温箱控制器电路的安装工艺及方法。
3. 掌握家用恒温箱控制器电路的故障检修技能。
4. 掌握来料检测的知识与技能。

来料检测

一、集成运放

（一）集成运放概述

集成运算放大电路（简称集成运放）是一种直接耦合的多级放大电路，它是利用半导体的集成工艺，实现电路、电路系统和元件三者结合的产物。由于采用集成工艺，可以使相邻元器件参数的一致性好，且采用多晶体管的复杂电路，使之性能做得十分优越。集成运算放大器的型号各异，但用得最为普遍的是通用型集成运放，其内部电路一般为差分放大电路输入级、中间放大级和互补输出级，并带有各种各样的偏置电流源，如图 3-1 所示。输入级采用差分放大电路以消除零点漂移和抑制干扰；中间级一般采用共发射极电路，以获得足够高的电压增益；输出级一般采用互补对称功放电路，以输出足够大的电压和电流，其输出电阻小，负载能力强。常用的集成运放型号有 741、OP07、LM324 和 LM358 等。集成运放的电路符号如图 3-2 所示。

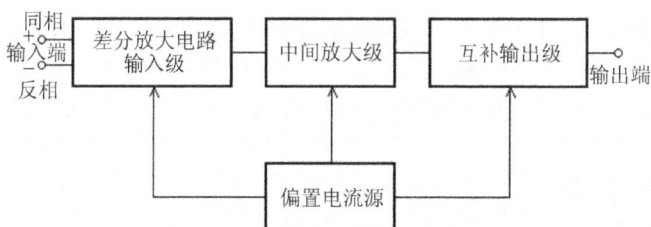

图 3-1　集成运放的组成

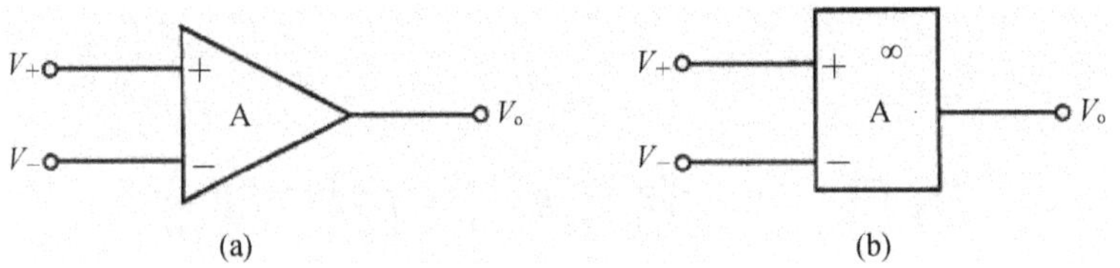

图 3-2 集成运放的电路符号

（二）集成运放的分类

1. 通用型运算放大器

通用型运算放大器就是以通用为目的而设计的。这类器件的主要特点是价格低廉、产品量大面广，其性能指标能适合于一般性使用。例如 μA741（单运放）、LM358（双运放）、LM324（四运放）及以场效应管为输入级的 LF356 都属于此种。它们是目前应用最为广泛的集成运算放大器。

2. 高阻型运算放大器

这类集成运算放大器的特点是差模输入阻抗非常高，输入偏置电流非常小，一般 rid＞$(10^9 \sim 10^{12})\Omega$，$I_{IB}$ 为几皮安至几十皮安。实现这些指标的主要措施是利用场效应管高输入阻抗的特点，用场效应管组成运算放大器的差分输入级。用 FET 作为输入级，不仅输入阻抗高，输入偏置电流低，而且具有高速、宽带和低噪声等优点，但输入失调电压较大。常见的集成器件有 LF356、LF355、LF347（四运放）及更高输入阻抗的 CA3130、CA3140 等。

3. 低温漂型运算放大器

在精密仪器、弱信号检测等自动控制仪表中，总是希望运算放大器的失调电压要小且不随温度的变化而变化。低温漂型运算放大器就是为此而设计的。目前常用的高精度、低温漂运算放大器有 OP-07、OP-27、AD508 及由 MOSFET 组成的斩波稳零型低漂移器件 ICL7650 等。

4. 高速型运算放大器

在快速 A/D 和 D/A 转换器、视频放大器中，要求集成运算放大器的转换速率 SR 一定要高，单位增益带宽 BWG 一定要足够大，像通用型集成运放是不能适合于高速应用的场合的。高速型运算放大器的主要特点是具有高的转换速率和宽的频率响应。常见的运放有 LM318、mA715 等，其 SR＝$50 \sim 70$V/ms，BWG＞20MHz。

5. 低功耗型运算放大器

由于电子电路集成化的最大优点是能使复杂电路小型轻便，所以随着便携式仪器应用范围的扩大，必须使用低供电电压和低功率消耗的运算放大器。常用的运算放大器有 TL-022C、TL-060C 等，其工作电压为 ±2～±18V，消耗电流为 50～250mA。目前有的产品功耗已达微瓦级，例如 ICL7600 的供电电压为 1.5V，功耗为 10mW，可采用单节电池供电。

6. 高压大功率型运算放大器

运算放大器的输出电压主要受供电电源的限制。在普通的运算放大器中，输出电压的最大值一般仅几十伏，输出电流仅几十毫安。若要提高输出电压或增大输出电流，集成运放外部必须要加辅助电路。高压大电流集成运算放大器外部不需附加任何电路，即可输出高电压和大电流。例如 D41 集成运放的电源电压可达±150V，μA791 集成运放的输出电流可达 1A。

（三）集成运放的主要参数

表征集成运算放大器性能的参数有 30 多个，常用的有以下 10 种。

（1）开环差模电压放大倍数：简称开环增益，表示运算放大器本身的放大能力，一般为 50000～200000 倍。

（2）输入失调电压：表示静态时输出端电压偏离预定值的程度，一般为 2～10mV（折合到输入端）。

（3）单位增益带宽：表示差模电压放大倍数下降到 1 时的频率，一般在 1MHz 左右。

（4）转换速率（又称压摆率）：表示运算放大器对突变信号的适应能力，一般在 0.5V/μs 左右。

（5）输出电压和电流：表示运放的输出能力。一般输出电压正峰值至负峰值要比电源电压低 1～3V，短路电流在 25mA 左右。

（6）静态功耗：表示无信号条件下运放的耗电程度。当电源电压为±15V 时，静态功耗双极型晶体管一般为 50～100mW，场效应管一般为 1mW。

（7）输入失调电压温度系数：表示温度变化对失调电压的影响，一般 3～5μV/℃（折合到输入端）。

（8）输入偏置电流：表示输入端向外界索取电流的程度。双极型晶体管一般为 80～500nA，场效应管一般为 1nA。

（9）输入失调电流：表示流经两个输入端电流的差别。双极型晶体管一般为 20～200nA，场效应管一般小于 1nA。

（10）共模抑制比：表示运放对差模信号的放大倍数和对共模信号放大倍数之比，一般为 70～90dB。

（四）集成运放的选用

集成运算放大器是模拟集成电路中应用最广泛的一种器件。在由运算放大器组成的各种系统中，由于应用要求不一样，对运算放大器的性能要求也不一样。

在没有特殊要求的场合，尽量选用通用型集成运放，这样既可降低成本，又容易保证货源。当一个系统中使用多个运放时，尽可能选用多运放集成电路，例如 LM324、LF347 等都是将 4 个运放封装在一起的集成电路。

评价集成运放性能的优劣，应看其综合性能。一般用优值系数 K 来衡量集成运放的优良程度，其定义式为：

$$K = \frac{SR}{I_{IB} \cdot V_{IO}} \tag{3-1}$$

式中，SR 为转换率，单位为 V/ms，其值越大，表明运放的交流特性越好；I_{IB} 为运放的输入偏置电流，单位是 nA；V_{IO} 为输入失调电压，单位是 mV。I_{IB} 和 V_{IO} 值越小，表明运放的直流特性越好。所以，对于放大音频、视频等交流信号的电路，选 SR（转换速率）大的运放比较合适；对于处理微弱的直流信号的电路，选用精度比较高的运放比较合适（即失调电流、失调电压及温漂均比较小）。

实际选择集成运放时,除了要考虑优值系数之外,还应考虑其他因素。例如信号源的性质,是电压源还是电流源;负载的性质,集成运放输出电压和电流是否满足要求;环境条件,集成运放允许工作范围、工作电压范围、功耗与体积等因素是否满足要求。

(五) 集成运放的使用要点

1. 集成运放的电源供给方式

集成运放有两个电源接线端$+V_{CC}$和$-V_{EE}$,但有不同的电源供给方式。不同的电源供给方式对输入信号的要求是不同的。

(1) 对称双电源供电方式:运算放大器多采用这种方式供电。相对于公共端(地)的正电源($+E$)与负电源($-E$)分别接于运放的$+V_{CC}$和$-V_{EE}$引脚上。在这种方式下,可把信号源直接接到运放的输入脚上,而输出电压的振幅可达正负对称电源电压。

(2) 单电源供电方式:单电源供电是将运放的$-V_{EE}$引脚连接到地上。此时为了保证运放内部单元电路具有合适的静态工作点,在运放输入端一定要加入一直流电位,如图3-3所示。此时运放的输出是在某一直流电位基础上随输入信号变化。对于如图3-3所示的交流放大器,静态时,运算放大器的输出电压近似为$V_+/2$,为了隔离掉输出中的直流成分接入电容C_o。

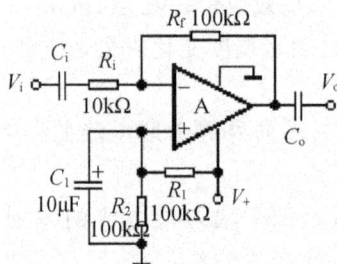

图3-3 运算放大器单电源供电电路

2. 集成运放的调零问题

由于集成运放的输入失调电压和输入失调电流的影响,当运算放大器组成的线性电路输入信号为零时,输出往往不等于零。为了提高电路的运算精度,要求对失调电压和失调电流造成的误差进行补偿,这就是运算放大器的调零。常用的调零方法有内部调零和外部调零,内部调零如图3-4所示,RP为调零电位器;而对于没有内部调零端子的集成运放LM324,要采用外部调零方法,如图3-5所示,电位器RP为调零电位器。

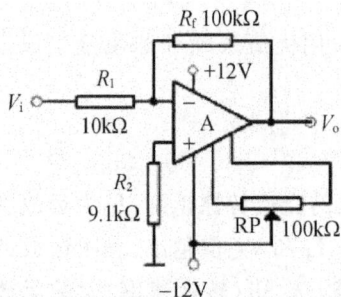

图3-4 内部调零电路　　　　图3-5 外部调零电路

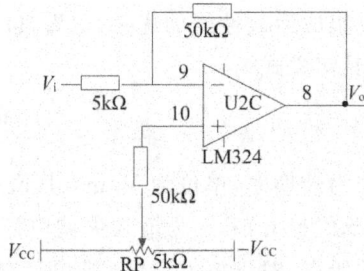

3. 集成运放的自激振荡问题

运算放大器是一个高放大倍数的多级放大器,在构成深度负反馈条件下,很容易产生自激振荡。为使放大器能稳定地工作,就需外加一定的频率补偿网络,以消除自激振荡。如图 3-6 所示,C 为频率补偿电容。

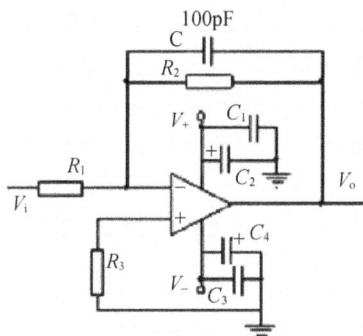

图 3-6 消除自激电路

另外,防止通过电源内阻造成低频振荡或高频振荡的措施是在集成运放的正、负供电电源的输入端对地一定要分别加入一电解电容(10μF)和一高频滤波电容($0.01\sim0.1\mu$F),如图 3-6 中的 C_1、C_2、C_3 和 C_4 所示。

4. 集成运放的保护问题

集成运放的安全保护有三个方面:电源保护、输入保护和输出保护。

(1)电源保护:电源的常见故障是电源极性接反和电压跳变。电源反接保护和电源电压突变保护电路如图 3-7 所示,图中二极管 D_1、D_2 为电源保护二极管。

(2)输入保护:集成运放的输入差模电压过高或者输入共模电压过高(超出该集成运放的极限参数范围),集成运放也会损坏。图 3-8 是典型的输入保护电路,输入电压被限制在 ±0.7V 之间。

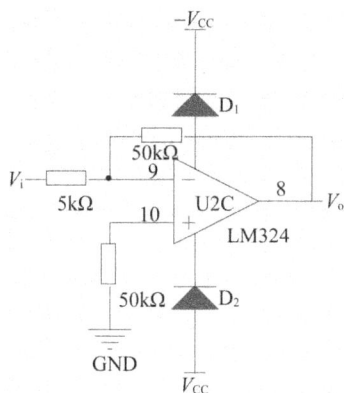

图 3-7 集成运放的电源保护

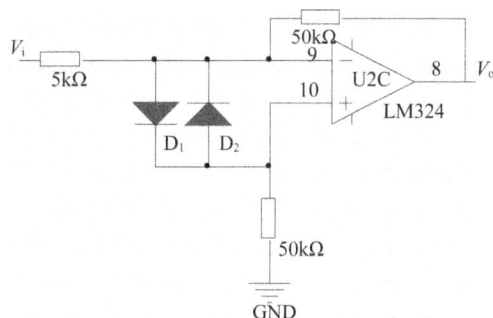

图 3-8 集成运放的输入保护

(3)输出保护:当集成运放过载或输出端短路时,若没有保护电路,该运放就会损坏。但有些集成运放内部设置了限流保护或短路保护,使用这些器件就不需再加输出保护。对于内部没有限流或短路保护的集成运放,可以采用如图 3-9 所示的输出保护电路。在

图 3-9 中,当输出保护时,电阻 R 起限流保护作用。

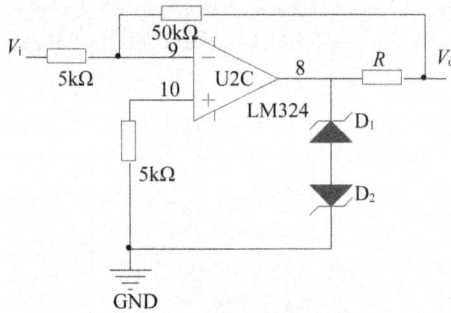

图 3-9　集成运放的输出保护

(六) 集成运放的检测

集成运放属于集成电路的一种,因此,在项目二中所讲的集成电路的检测方法都适用于集成运放的检测,如在线测量法、非在线测量法和代换法。

集成运放的特殊检测方法如下:

(1) 给集成运算放大器接正、负直流电源(注意用万用表分别测量两路电源为 ±12V,经检查无误方可接通 ±12V 电源)。

(2) 同相端悬空,反相端接地,或同相端接地,反相端悬空,检测输出电压 V_o 是否为 V_{om} 值(电源电压为 ±12V 时,$V_{om}=\pm12V$),若是,则该器件基本良好,否则说明器件已损坏。

(3) 将运放的两个输入端短路接地,测量运放的输出端对地电位应为零,对正电源端电压应为 −12V,对负电源端电压应为 +12V,若数值偏差大,则说明该集成运放已不能正常工作或已损坏。

(七) LM324 介绍

1. LM324 概述

LM324 系列是低成本的四路运算放大器,具有真正的差分输入。在单电源应用中,它与标准运算放大器类型相比具有几个明显的优势。该四路放大器可以工作于低至 3V 或高达 32V 的电源电压,静态电流是 MC1741 的 1/5 左右(每个放大器)。共模输入范围包括负电源,因此在众多应用中不需要外部偏置元器件。输出电压范围也包括负电源电压。LM324 的引脚排列如图 3-10 所示。

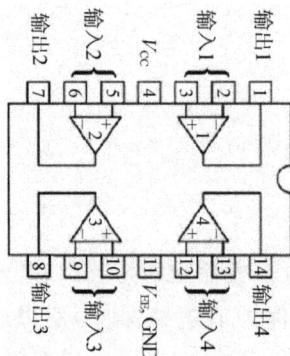

图 3-10　LM324 的引脚排列

2．LM324 的极限参数

LM324 的极限参数如表 3－1 所示。

表 3－1　LM324 的极限参数

参　数	符　号	数　值	单　位
电源电压	V_{CC}	±16 或 32	V
差动输入电压	$V_{I(DIFF)}$	32	V
输入电压	V_I	－0.3～＋32	V
输出对地短路电流 $V_{CC}{\leqslant}15V$（一只运放）		连续	
工作温度范围	T_{OPR}	0～＋70	℃
贮存温度范围	T_{STG}	－65～＋150	℃

3．LM324 的电参数

LM324 的电参数如表 3－2 所示，测试环境温度为 25℃。

表 3－2　LM324 的电参数

参数	符号	测试条件	最小值	典型值	最大值	单位
输入失调电压	V_{IO}	$V_{CM}=0V$ 至 $V_{CC}-1.5V$ $V_{O(P)}=1.4V$，$R_S=0\Omega$		2.9	7.0	mV
输入失调电流	I_{IO}			5	50	nA
输入偏置电流	I_{BIAS}			45	250	nA
输入共模电压范围 电源电流	$V_{I(R)}$	$V_{CC}=30V$	0		$V_{CC}-1.5$	V
	I_{CC}	$R_L=\infty$，$V_{CC}=30V$		0.8	2.0	mA
		$R_L=\infty$，全温度范围内		0.5	1.2	mA
大信号电压增益	G_V	$V_{CC}=15V$，$R_L{\geqslant}2k\Omega$ $V_{O(P)}=1\sim11V$	25	100		V/mV
输出电压摆幅	V_{OH}	$V_{CC}=30V$，$R_L=2k\Omega$	26			V
		$V_{CC}=30V$，$R_L=10k\Omega$	27	28		
	$V_{O(L)}$	$V_{CC}=5V$，$R_L{\geqslant}10k\Omega$		5	20	mV
共模抑制比	CMRR		65	80		dB
电源电压抑制比	PSRR		65	100		dB
通道隔离度	CS	$f=1\sim20kHz$		120		dB
对地短路电流	I_{SC}			40	60	mA
输出电流	I_{SOURCE}	$V_{I(+)}=1V$，$V_{I(-)}=0V$ $V_{CC}=15V$，$V_{O(P)}=2V$	10	30		mA
	I_{SINK}	$V_{I(+)}=0V$，$V_{I(-)}=1V$ $V_{CC}=15V$，$V_{O(P)}=2V$	10	15		mA
		$V_{I(+)}=0V$，$V_{I(-)}=1V$ $V_{CC}=15V$，$V_{O(P)}=2V$	12	100		mA

续　表

参数	符号	测试条件	最小值	典型值	最大值	单位
差模输入电压	$V_{I(DIFF)}$				V_{CC}	V
带宽增益积	G_{BW}			1		MHz
压摆率	SR			0.3		V/μs
噪声电压	V_{NOISE}	$f=1kHz$		40		nV/$\sqrt{Hz}$
输出失调电压	V_{os}	$R_S=0$		±2	±3	mV

二、三端稳压器

集成稳压器又叫集成稳压电路,是将不稳定的直流电压转换成稳定的直流电压的集成电路。由分立元件组成的稳压电源,具有固有输出功率大、适应性较广的优点,但因体积大、焊点多、可靠性差而使其应用范围受到限制。近年来,集成稳压电源已得到广泛应用,其中小功率的稳压电源以三端式串联型稳压器应用最为普遍。

（一）集成稳压器的分类

集成稳压器一般分为线性集成稳压器和开关集成稳压器两类。线性集成稳压器又分为低压差集成稳压器和一般压差集成稳压器;开关集成稳压器分为降压型集成稳压器、升压型集成稳压器和输入与输出极性相反集成稳压器。电路中常用的集成稳压器主要有 78×× 系列、79×× 系列、可调集成稳压器、精密电压基准集成稳压器等。集成稳压器的外形如图 3-11 所示,电路符号如图 3-12 所示。

图 3-11　集成稳压器的外形

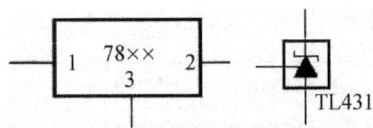

图 3-12　集成稳压器的电路符号

（二）固定输出 78 和 79 系列三端稳压器

1. 78 和 79 系列概述

三端稳压器的通用产品有 78 系列（正电源）和 79 系列（负电源）,输出电压由具体型号中的后面两个数字代表,有 5V,6V,8V,9V,12V,15V,18V,24V 等档次。输出电流以 78（或 79）后面加字母来区分,L 表示 0.1A,AM 表示 0.5A,无字母表示 1.5A,如 78L05 表示输出 5V,0.1A。78 和 79 系列三端稳压器的封装和引脚排列如图 3-13 所示。

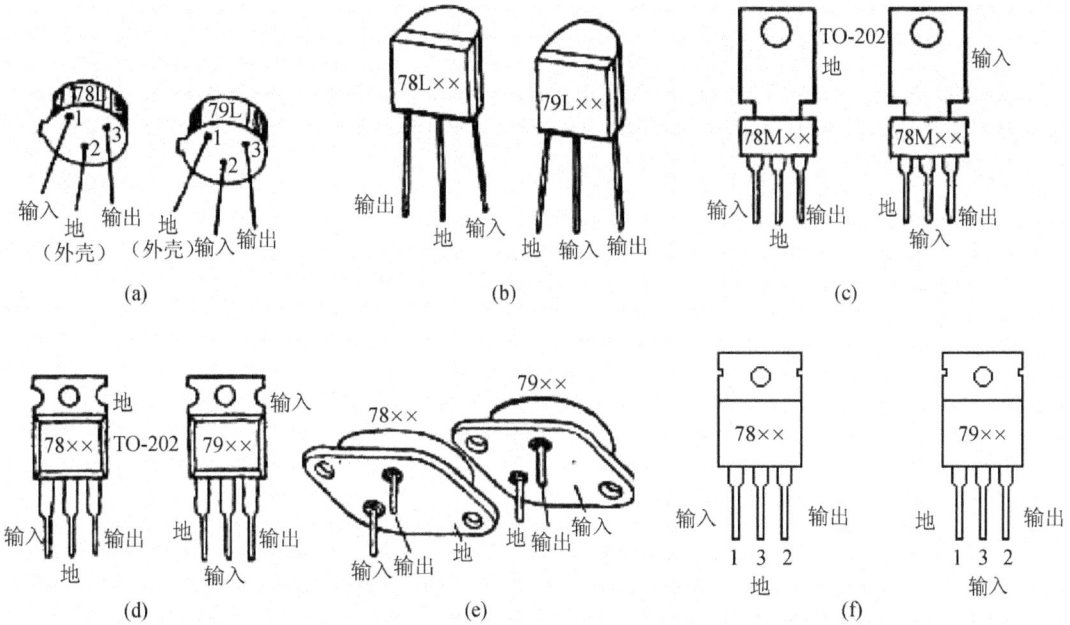

图 3-13　78 和 79 系列三端稳压器的封装和引脚排列

78 系列的稳压集成块的极限输入电压是 36V,最低输入电压比输出电压高 3～4V。还要考虑输出与输入间压差带来的功率损耗,如 7805 一般输入电压为 8～10V。

2. 典型应用电路

78 和 79 系列三端稳压器典型应用电路如图 3-14 所示。

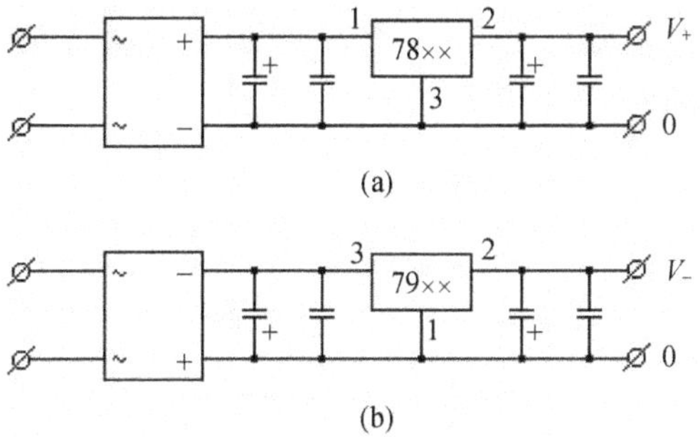

图 3-14　78 和 79 系列三端稳压器应用电路

3. 使用注意事项

散热片总是和最低电位的中间脚相连。这样在 78××系列中,散热片和引脚 3(地)连接,而在 79××系列中,散热片却和引脚 3(输入端)连接。

输入、输出压差不能太大,太大则转换效率急速降低,而且容易击穿损坏。最高输入电压不能超过 35V;输出电流不能太大,1.5A 是其极限值。大电流的输出,散热片的尺寸要足够大,否则会导致高温保护或热击穿。输入输出压差也不能太小,低于 2V 稳压效率急速下降。

(三)可调输出三端稳压器

1. LM317 和 LM337 概述

LM317 是应用最为广泛的电源集成电路之一,它不但具有固定式三端稳压电路的最简单形式,而且具备输出电压可调的特点。此外,还具有调压范围宽、稳压性能好、噪声低、纹波抑制比高等优点。LM317 是可调三端正电压稳压器,在输出电压范围 1.2～37V 能够提供超过 1.5A 的电流,此稳压器非常易于使用。

LM337 的输出电压范围是－1.2～－37V,负载电流最大为 0.4～2.2A。它的使用非常简单,仅需两个外接电阻来设置输出电压。此外,它的线性调整率和负载调整率也比标准的固定稳压器好。LM337 内置有过载保护、安全区保护等多种保护电路。

LM317 和 LM337 的常用封装和引脚排列如图 3-15 所示。

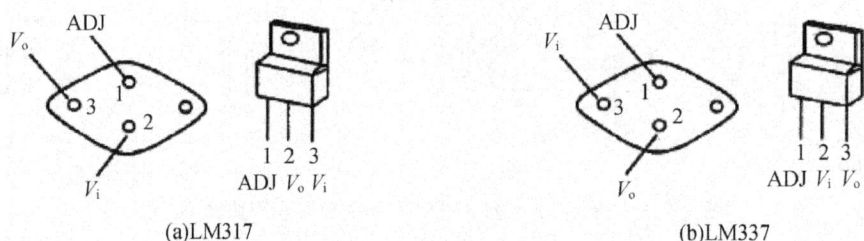

图 3-15　LM317 和 LM337 的常用封装和引脚排列

2. LM317 和 LM337 的主要参数

(1) LM317 的主要参数。输出电压:1.25～37V;输出电流:5mA～1.5A;最大输入、输出电压差:40V;最小输入、输出电压差:3V。

(2) LM337 的主要参数。输出电压:－1.2～－37V;输出电流最大值:1.5A;输入偏置电流典型值:3.5mA;输入电压最大值:－40V。

3. 典型应用电路

LM317 典型应用电路如图 3-16 所示。

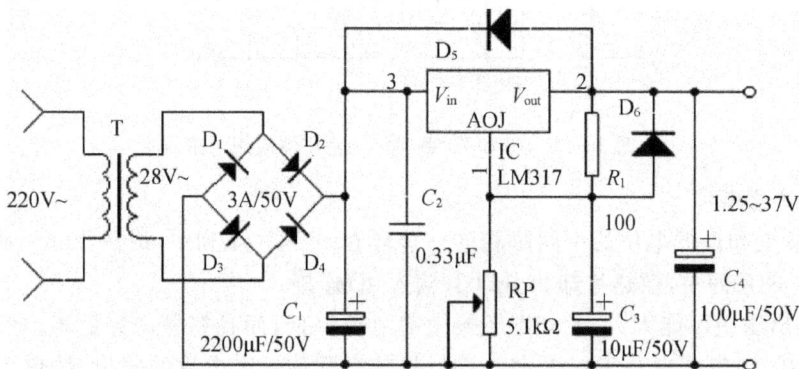

图 3-16　LM317 典型应用电路

LM337 典型应用电路如图 3 - 17 所示。

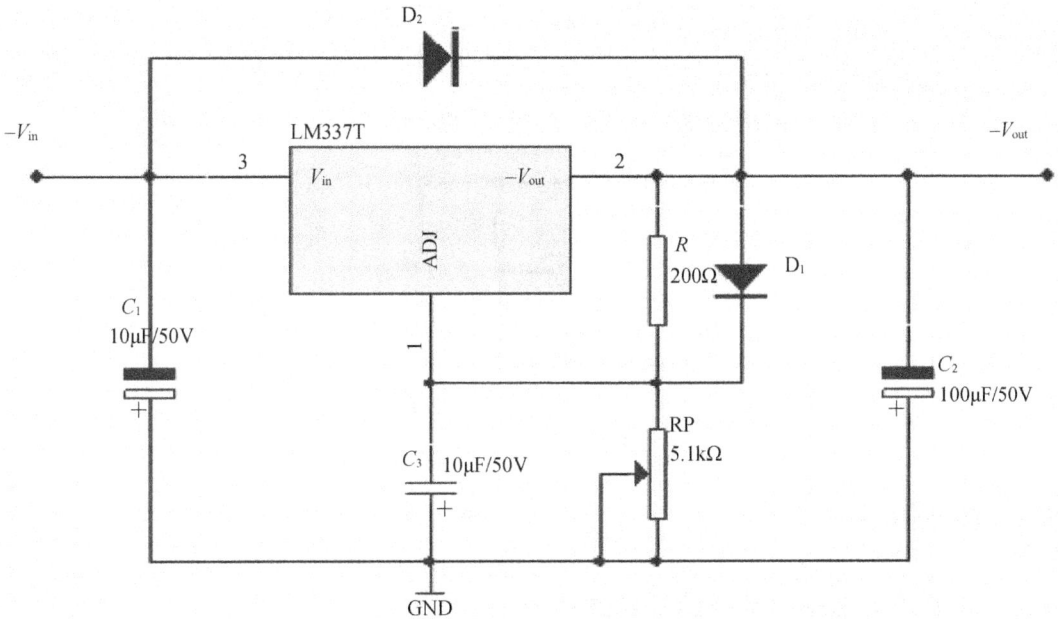

图 3 - 17　LM337 典型应用电路

（四）可调精密稳压电源 TL431

1. TL431 概述

TL431 是可控精密稳压源。它的输出电压用两个电阻就可以设置从 V_{erf}(2.5V)到 36V 范围内的任何值。该器件的典型动态阻抗为 0.2Ω,在很多应用中可以代替稳压二极管,常用于数字电压表、运放电路、可调压电源、开关电源等电路中。

TL431 的封装形式有 TO - 92、SOT - 89、SOT - 23,其封装与引脚排列如图 3 - 18 所示。

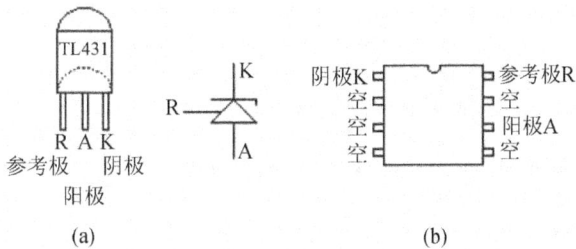

图 3 - 18　TL431 的封装与引脚排列

2. TL431 的主要参数和特点

（1）TL431 的主要参数。可编程输出电压:2.5～36V;电压参考误差:±0.4%(温度 25℃);低动态输出阻抗:0.22Ω(典型值);负载电流:1.0～100mA;全温度范围内温度特性平坦,典型值为 50 ppm/℃;最大输入电压:37V;最大工作电流:150mA;内基准电压:2.495V(温度 25℃)。

（2）TL431 的特点。输出电压最高到 40V；动态输出阻抗低，典型值为 0.2Ω；阴极电流能力为 0.1～100mA；全温度范围内温度特性平坦，典型值为 50ppm/℃；噪声输出电压低；快速开态响应；ESD 电压为 2000V。

3. 典型应用电路

TL431 的典型应用电路如图 3-19 所示，输出电压为：$V_o = 2.5(1 + R_2/R_3)$。

图 3-19　TL431 的典型应用电路

知识链接

一、家用恒温箱控制器的工作原理

家用恒温箱控制器的电路原理如图 3-20 所示，D_3、D_5 两只硅二极管作为温度传感器。硅管 PN 结的正向电流一定时，温度每升高 1℃，其正向压降下降约 2mV。这种传感器具有较好的线性，可以工作在 -50～150℃ 范围内。

（一）测温电桥的工作原理

在图 3-20 中，U1A 起缓冲隔离作用，U1B 等组成差分放大器电路，控制温度通过 RP_1 来调节，D_3、D_5、R_5、R_2、R_{10} 等组成测温电桥，其输出信号由 U1B 放大后送 U1D 的反相输入端。

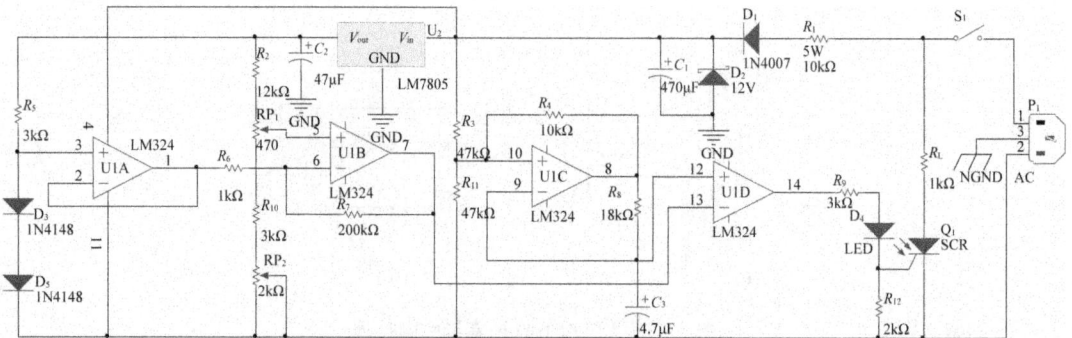

图 3-20　家用恒温箱控制器的电路原理

（二）三角波发生器电路的工作原理

在图 3-20 中，U1C、R_3、R_4、R_8、R_{11} 和 C_3 组成三角波发生器，其实质上是一个方波发生器，U1C 输出端输出方波。因 C_3 上的充电波形近似于三角波，故取其信号而将此电路作为三角波形电路。C_3 上的三角波信号送至 U1D 的同相输入端。

（三）PWM 调制电路的工作原理

电压比较器 U1D 用作脉宽调制器，其输出矩形波的脉冲宽度受温差信号电压的调制。当 U1D 输出高电平时，Q_1 触发导通，加热器 R_L 通电加热。在恒温暖箱内温度高于控制值时，U1D 输出的矩形波的脉冲宽度减少，加热时间随之减少，使温度下降；反之，过程正好相反，因此可达到恒温的目的。

由于 Q_1 为单向晶闸管，加热器 R_L 中通过的是半波交流电，因此加热功率为加热器标称功率的一半，即 300W 的加热器实际加热功率为 150W，这样做有利于延长加热器的使用寿命。

（四）220V 降压电路的工作原理

控制器的 12V 电源电路由 R_1、D_1、D_2、C_1 等组成，其中 R_1 为降压电阻，D_2 为 12V 稳压二极管。U_2 为三端稳压器（LM7805），给测温电桥提供 5V 稳定电压。

二、电子元器件组装工艺

（一）元器件安装的技术要求

（1）元器件安装应遵循先小后大、先低后高、先里后外、先易后难、先一般元器件后特殊元器件的基本原则。

（2）对于电容器、三极管等立式插装元件，应保留适当长的引线。引线太短会造成元件焊接时因过热而损坏；太长会降低元器件的稳定性或者引起短路。一般要求离电路板面 2mm。插装过程中，应注意元器件的电极极性，有时还需要在不同电极套上相应的套管。

（3）元器件引线穿过焊盘后应保留 2～3mm 的长度，以便沿着印制导线方向将其打弯固定。为使元器件在焊接过程中不浮起和脱落，同时又便于拆焊，引线弯的角度最好为 45°～60°。

（4）安装水平插装的元器件时，标记号应向上，且方向一致，以便观察。功率小于 1W 的元器件可贴近印制电路板平面插装，功率较大的元器件要求元件体距离印制电路板平面 2mm，便于元件散热。

（5）插装体积、重量较大的大容量电解电容器时，应采用胶粘剂将其底部粘在印制电路板上或用加橡胶衬垫的办法，以防止其歪斜、引线折断或焊点、焊盘损坏。

（6）插装 CMOS 集成电路、场效应晶体管时，操作人员必须戴防静电腕套进行操作。已经插装好这类元器件的印制电路板，应在接地良好的流水线上传递，以防止元器件被静电击穿。

（7）元器件的引线直径与印制板焊盘孔径应有 0.2～0.3mm 的间隙。太大了，焊接不牢，机械强度差；太小了，元件难以插装。对于多引线的集成电路，可将两边的焊盘孔径间隙做成 0.2mm，中间的做成 0.3mm，这样既便于插装，又有一定的机械强度。

（二）元器件在印制电路板上的插装

电子元器件种类繁多，结构不同，引出线也多种多样，因此元器件的插装形式也就有差异，必须根据产品的要求、结构特点、装配密度及使用方法来决定。

焊接在印制电路板上的一般元器件，以板面为基准，装配方法通常有直立式和水平式装配两种。直立式装配又称为垂直装配,是将元器件垂直装配在印制电路板上,其特点是装配密度大、便于拆卸,但机械强度较差,元器件的一端在焊接时受热较多,直立式装配如图 3-21 所示。

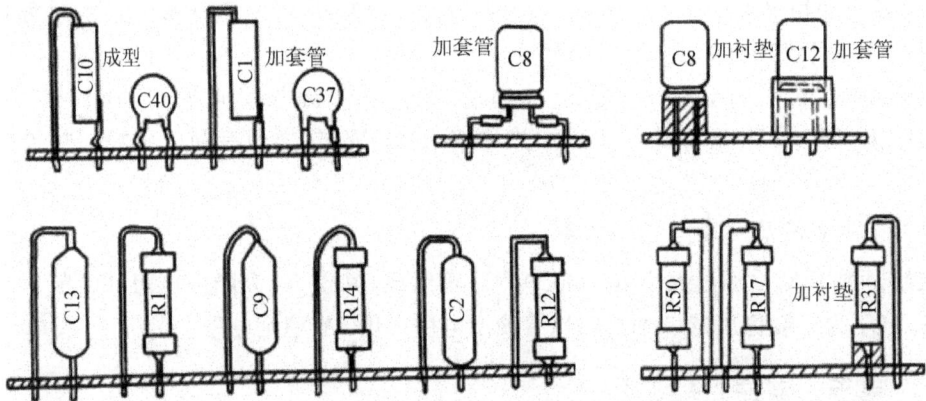

图 3-21 直立式装配

水平式装配也称卧式,其优点是机械强度高,元器件的标记字迹清楚,便于检测维修,适用于结构比较宽裕或者装配高度受到一定限制的地方,缺点是占据印制电路板的面积大。水平式装配又分为有间隙和无间隙两种。

图 3-22(a)和图 3-22(b)为有间隙的水平式装配,安装距离一般在 3~8mm 范围内。该装配适用于大功率电阻、三极管以及双面印制电路板等,在装置元器件时与印制电路板留有一定间隙,以免元器件与印制电路板的金属层相碰造成短路,同时也便于双面焊接及散热。

图 3-22(c)为无间隙的水平式装配,在装配时元器件可紧贴在印制电路板上,小功率电阻(<0.5W)、单面印制电路板一般采用这种方法装配。

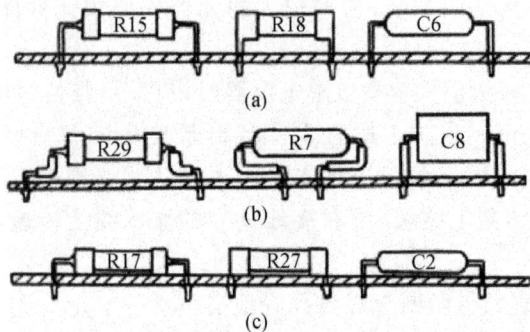

图 3-22 水平式装配

(三)晶体管的装配方法

1. 二极管的装配方法

装配二极管时可采用如图 3-23 所示的方法。对于玻璃壳体的二极管,其根部受力容易开裂,在装配时,可将引线绕 1~2 圈成为螺旋形,以增加引线长度。对于金属壳体的二极管,不要从根部折弯,以防止点焊处开脱。装配二极管时必须注意极性,正负极一定不能装错。

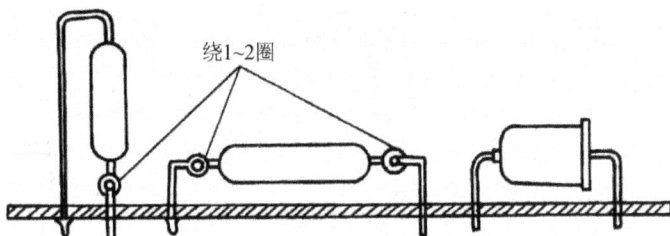

图 3 - 23　二极管的装配方法

2. 小功率三极管的装配方法

小功率三极管有正装、倒装、卧装及横装等几种方式,应根据需要及安装条件来选择,其装配方法如图 3 - 24 所示。

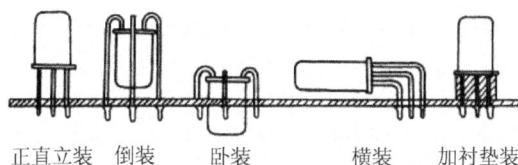

正直立装　倒装　卧装　横装　加衬垫装

图 3 - 24　小功率三极管的装配方法

(四) 集成电路的装配方法

常用集成电路的外形有晶体管式和扁平式两类,其装配方法如图 3 - 25 所示。

晶体管式器件与晶体管相似,但引线较多,例如运算放大器的装置方法与小功率三极管直立装配法相同,其引线从器件外壳凸出部分开始等距离排列。晶体管式器件装配方法如图 3 - 25(a)所示。

扁平式器件有两种触片外形。一种是轴向式,应先将触片成形,然后直接焊在印制电路板的接点上;另一种是径向式,可直接插入印制电路板焊接。扁平式器件装配方法如图 3 - 25(b)所示。

(a)　　　　　　　　　(b)

图 3 - 25　集成电路的装配方法

三、整机装配工艺过程

整机装配工艺过程即整机的装接工序安排,就是以设计文件为依据,按照工艺文件的工艺规程和具体要求,把各种电子元器件、机电元件及结构件装连在印制电路板、机壳、面板等指定位置上,构成具有一定功能的完整的电子产品的过程。

整机装配工艺过程根据产品的复杂程度、产量大小等方面的不同而有所区别,但总体来看,有装配准备、部件装配、整件调试、整机检验、包装入库等几个环节,如图 3-26 所示。

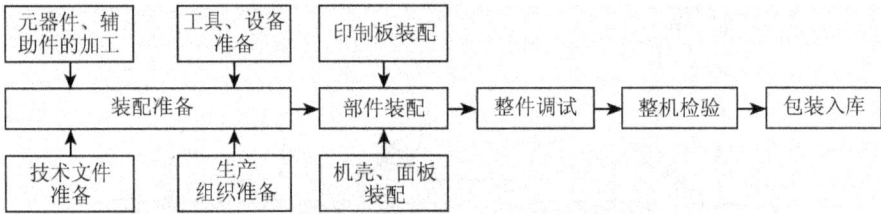

图 3-26　整机装配工艺过程

(一)流水线作业法

通常电子整机的装配是在流水线上通过流水作业的方式完成的。为了提高生产效率,确保流水线连续均衡地移动,应合理编制工艺流程,使每道工序的操作时间(称节拍)相等。

流水线作业虽带有一定的强制性,但由于工作内容简单,动作单纯,记忆方便,故能减少差错,提高功效,保证产品质量。

(二)整机装配的顺序和基本要求

1. 整机装配顺序与原则

按组装级别来分,整机装配按元件级,插件级,插箱板级和箱、柜级顺序进行,如图 3-27 所示。

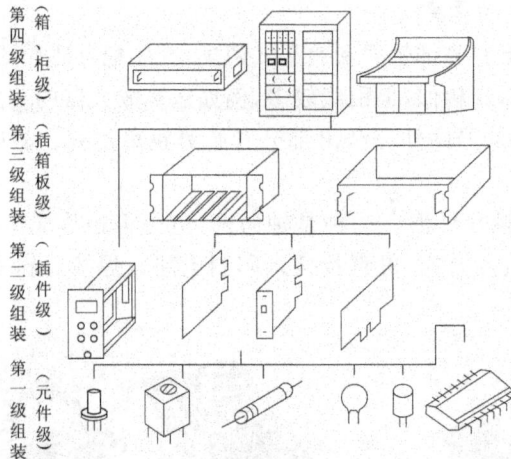

图 3-27　整机装配顺序

（1）元件级:是最低的组装级别,其特点是结构不可分割。

（2）插件级:用于组装和互连电子元器件。

（3）插箱板级:用于安装和互连的插件或印制电路板部件。

（4）箱、柜级:它主要通过电缆及连接器互连插件和插箱,并通过电源电缆送电构成独立的有一定功能的电子仪器、设备和系统。

整机装配的一般原则是:先轻后重,先小后大,先铆后装,先装后焊,先里后外,先下后上,先平后高,易碎易损坏后装,上道工序不得影响下道工序。

2. 整机装配的基本要求

(1) 未经检验合格的装配件(零、部、整件)不得安装,已检验合格的装配件必须保持清洁。

(2) 认真阅读工艺文件和设计文件,严格遵守工艺规程。装配完成后的整机应符合图纸和工艺文件的要求。

(3) 严格遵守装配的一般顺序,防止前后顺序颠倒,注意前后工序的衔接。

(4) 装配过程中不要损坏元器件,避免碰坏机箱和元器件上的涂覆层,以免损坏绝缘性能。

(5) 熟练掌握操作技能,保证质量,严格执行三检(自检、互检和专职检验)制度。

3. 整机装配的特点及方法

(1) 组装特点

电子设备的组装在电气上是以印制电路板为支撑主体的电子元器件的电路连接,在结构上是以组成产品的钣金硬件和模型壳体,通过紧固件由内到外按一定顺序的安装。电子产品属于技术密集型产品,组装电子产品的主要特点是:组装工作是由多种基本技术构成的;装配操作质量难以分析。在多种情况下,都难以进行质量分析,如焊接质量的好坏通常以目测判断,刻度盘、旋钮等的装配质量多以手感鉴定等;必须对进行装配工作的人员进行训练和挑选,不可随便上岗。

(2) 组装方法

组装在生产过程中要占据大量时间,因为对于给定的应用和生产条件,必须研究几种可能的方案,并在其中选取最佳方案。目前,电子设备的组装方法从组装原理上可以分为以下三种。

① 功能法:这种方法是将电子设备的一部分放在一个完整的结构部件内,该部件能完成变换或形成信号的局部任务(某种功能)。

② 组件法:这种方法是制造出一些外形尺寸和安装尺寸上都统一的部件,这时部件的功能完整退居次要地位。

③ 功能组件法:这是兼顾功能法和组件法的特点,制造出既有功能完整性又有规范化的结构尺寸和组件。

四、电子整机装配前的准备工艺

(一) 搪锡技术

搪锡就是预先在元器件的引线、导线端头和各类线端子上挂上一层薄而均匀的焊锡,以便整机装配时顺利进行焊接工作。

1. 搪锡方法

导线端头和元器件引线的搪锡方法有电烙铁搪锡、搪锡槽搪锡和超声波搪锡,三种方法的搪锡温度和搪锡时间见表 3-3 所示。

表 3-3 搪锡温度和搪锡时间

方式	温度/℃	时间/s
电烙铁搪锡	300±10	1
搪锡槽搪锡	≤290	1~2
超声波搪锡	240~260	1~2

（1）电烙铁搪锡：电烙铁搪锡适用于少量元器件和导线焊接前的搪锡，如图 3-28 所示。搪锡前应先去除元器件引线和导线端头表面的氧化层，清洁烙铁头的工作面，然后加热引线和导线端头，在接触处加入适量有焊剂芯的焊锡丝，烙铁头带动融化的焊锡来回移动，完成搪锡。

（2）搪锡槽搪锡：搪锡槽搪锡如图 3-29 所示。搪锡前应刮除焊料表面的氧化层，将导线或引线沾少量焊剂，垂直插入搪锡槽焊料中来回移动，搪锡后垂直取出。对温度敏感的元器件引线，应采取散热措施，以防元器件过热损坏。

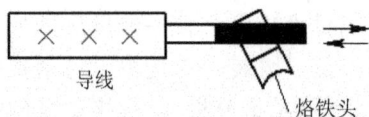

图 3-28　电烙铁搪锡　　　　图 3-29　搪锡槽搪锡

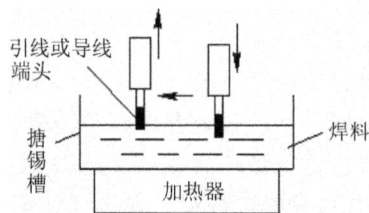

（3）超声波搪锡：超声波搪锡机发出的超声波在熔融的焊料中传播，在变幅杆端面产生强烈的空化作用，从而破坏引线表面的氧化层，净化引线表面。因此事先可不必刮除表面氧化层，就能使引线被顺利地搪上锡。把待搪锡的引线沿变幅杆的端面插入焊料槽焊料中，并在规定的时间内垂直取出即完成搪锡。

2. 搪锡的质量要求及操作注意事项

（1）搪锡的质量要求

经过搪锡的元器件引线和导线端头，其根部与离搪锡处应留有一定的距离，导线留 1mm 以上，元器件留 2mm 以上。

（2）搪锡操作的注意事项

①通过搪锡操作，熟悉并严格控制搪锡的温度和时间。

②当元器件引线去除氧化层且导线剥去绝缘层后，应立即搪锡，以免再次氧化或沾污。

③对轴向引线的元器件搪锡时，一端引线搪锡后，要等元器件充分冷却后才能进行另一端引线的搪锡；部分元器件，如非密封继电器、波段开关等，一般不宜用搪锡槽搪锡，可采用电烙铁搪锡。搪锡时严防焊料和焊剂渗入元器件内部。

④在规定的时间内若搪锡质量不好，可待搪锡件冷却后，再进行第二次搪锡。若质量依旧不好，应立即停止操作并找出原因。

⑤经搪锡处理的元器件和导线要及时使用，一般不得超过三天，并需妥善保存。

⑥搪锡场地应通风良好，及时排除污染气体。

（二）元器件引线的成形和屏蔽导线的端头处理

1. 元器件引线的成形

为了便于安装和焊接，提高装配质量和效率，加强电子设备的防震性和可靠性，在安装前，根据安装位置的特点及技术方面的要求，要预先把元器件引线弯曲成一定的形状。

手工操作时，为了保证成形质量和成形的一致性，也可应用简便的专用工具，如图 3-30 所示。图 3-30(a)为模具，图 3-30(b)为卡尺，它们均可方便地把元器件引线成形为如图

3-30(c)所示的形状。

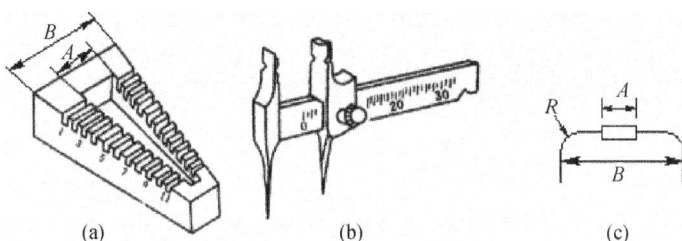

图 3-30　元器件成形工具

2. 引线成形的技术要求

引线成形后,元器件本体不应产生破裂,表面封装不应损坏,引线弯曲部分不允许出现模印、压痕和裂纹。引线成形后,其直径的减小或变形不应超过 10%,其表面镀层剥落长度不应大于引线直径的 1/10。若引线上有熔接点,则在熔接点和元器件本体之间不允许有弯曲点,熔接点到弯曲点之间应保持 2mm 的间距。引线成形尺寸应符合安装要求,如图 3-31～图 3-33 所示。

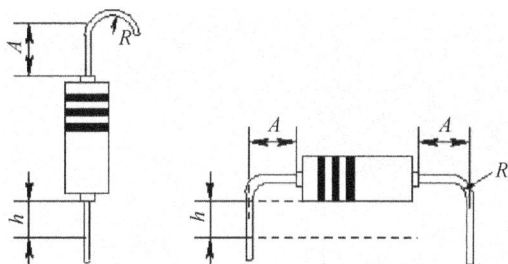

图 3-31　元器件成形参数

弯曲点到元器件端面的最小距离 A 不应小于 2mm,弯曲半径 R 应大于或等于 2 倍的引线直径,如图 3-31 所示。在图 3-31 中,$A \geqslant 2$mm;$R \geqslant 2d$(d 为引线直径);h 在垂直安装时大于等于 2mm,在水平安装时为 0～2mm。

半导体三极管和圆形外壳集成电路的引线成形要求如图 3-32 所示。图 3-32 中除角度外,单位均为 mm。

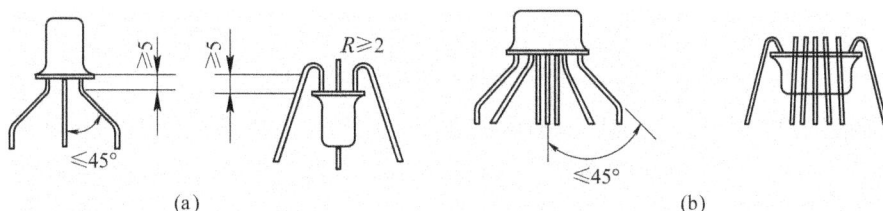

图 3-32　半导体三极管的圆形外壳集成电路的引线成形要求

扁平封装集成电路的引线成形要求如图 3-33 所示。在图 3-33 中,W 为带状引线厚度,$R \geqslant 2W$,带状引线弯曲点到引线根部的距离应大于等于 1mm。

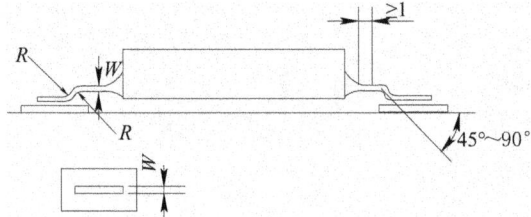

图 3 - 33　扁平封装集成电路的引线成形要求

最后,引线成形后的元器件应放在专门的容器中保存,元器件的型号、规格和标志应向上。

3. 屏蔽导线的端头处理

为了防止导线周围的电场或磁场干扰电路正常工作而在导线外加上金属屏蔽层,即构成了屏蔽导线。在对屏蔽导线进行端头处理时应注意去除的屏蔽层不宜太多,否则会影响屏蔽效果。屏蔽线是两端接地还是一端接地要根据设计要求来定,一般短的屏蔽线均采用一端接地。

屏蔽导线端头去除屏蔽层的长度如图 3 - 34 所示。具体长度应根据导线的工作电压而定,通常可按表 3 - 4 中的数据选取。

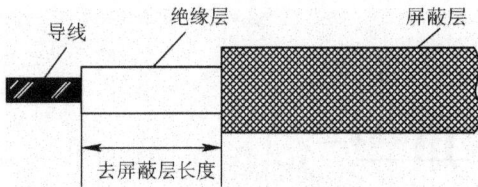

图 3 - 34　屏蔽导线端头去除屏蔽层的长度

表 3 - 4　屏蔽导线端头去除屏蔽层的长度

工作电压/V	去屏蔽层长度/mm
600 以下	10～20
600～3000	20～30
3000～10000	30～60

通常应在屏蔽导线端部剥落一段屏蔽层,并做好接地焊接的准备,有时还要加接导线及进行其他的处理。现分述于下:

剥落屏蔽层并整形搪锡:如图 3 - 35(a)所示,在屏蔽导线端部附近把屏蔽层开个小孔,挑出绝缘导线,并按图 3 - 35(b)把剥落的屏蔽层编织线整形并搪好一段锡。

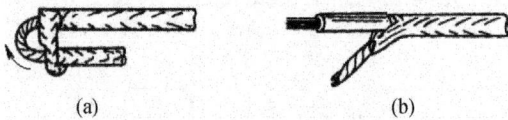

(a)　　　　　(b)

图 3 - 35　剥落屏蔽层并整形搪锡

在屏蔽层上加接导线:有时剥落的屏蔽层长度不够,需加焊接地导线,如图 3 - 36 所示,把一段直径为 0.5～0.8mm 的镀银铜线的一端绕在已剥落的并经过整形搪锡处理的屏蔽层上,绕约 2～3 圈并焊牢。

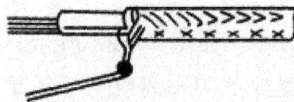

图 3 - 36　在屏蔽层上加接导线

（三）电缆的加工

1. 棉织线套低频电缆的端头绑扎

棉织线套多股电缆一般用作经常移动的器件的连线,如电话线、航空帽上的耳机线及送话器线等。绑扎端头时,根据工艺要求,先剪去适当长度的棉织线套,然后用棉线绑扎线套端,缠绕宽度 4～8mm,缠绕方法如图 3－37 所示。拉紧绑线后,将多余绑线剪掉,在绑线上涂以清漆 Q98－1 胶。

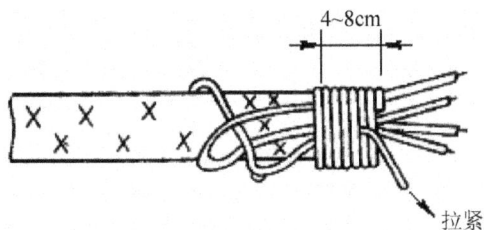

图 3－37　棉织线套多股电缆的加工

2. 绝缘同轴射频电缆的加工

对绝缘同轴射频电缆进行加工时,应特别注意芯线与金属屏蔽层间的径向距离。如果芯线不在屏蔽层的中心位置,则会造成特性阻抗不准确,信号传输受到损耗。焊接在射频电缆上的插头或插座要与射频电缆相匹配,如 50Ω 的射频电缆应焊接在 50Ω 的射频插头上。焊接处芯线应与插头同心。

3. 扁电缆的加工

扁电缆又称带状电缆,是由许多根导线结合在一起,相互之间绝缘,整体对外绝缘的一种扁平带状多路导线的软电缆。这种电缆造价低、重量轻、韧性强、使用范围广,可用作插座间的连接线、印制电路板之间的连接线及各种信息传递的输入/输出柔性连接。

剥去扁电缆绝缘层需要专门的工具和技术。最普通的方法是使用摩擦轮剥皮器的剥离法。如图 3－38 所示,两个胶木轮向相反方向旋转,对电缆的绝缘层产生摩擦而熔化绝缘层,然后绝缘层熔化物被抛光刷刷掉。如果摩擦轮的间距正确,就能整齐、清洁地剥去需要剥离的绝缘层。

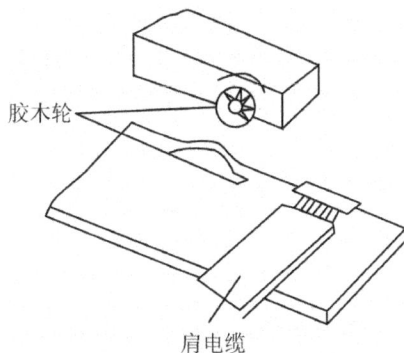

图 3－38　摩擦轮剥皮器

五、印制电路板组装的工艺流程

1. 手工方式

在产品的样机试制阶段或小批量试生产时,印制板装配主要靠手工操作,即操作者把散装的元器件逐个装接到印制基板上。其操作顺序是:待装元件→引线整形→插件→调整位置→剪切引线→固定位置→焊接→检验。对于这种操作方式,每个操作者都要从头装到结束,效率低,而且容易出差错。对于设计稳定、大批量生产的产品,印制板装配工作量大,宜采用流水线装配。这种方式可大大提高生产效率,减少差错,提高产品合格率。流水操作是把一次复杂的工作分成若干道简单的工序,每个操作者在规定的时间内完成指定的工作量(一般限定每人约 6 个元器件插件的工作量)。每拍元件(约 6 个)插入→全部元器件插入→一次性切割引线→一次性锡焊→检查。引线切割一般用专用设备——割头机一次切割完成,锡焊通常用波峰焊机完成。

2. 自动装配工艺流程

手工装配使用灵活方便,广泛应用于各道工序或各种场合,但速度慢,易出差错,效率低,不适应现代化生产的需要。尤其是对于设计稳定、产量大和装配工作量大而元器件又不需要选配的产品,宜采用自动装配方式。

(1)自动装配工艺过程。自动装配工艺过程如图 3-39 所示。经过处理的元器件装在专用的传输带上,间断地向前移动,保证每一次有一个元器件进到自动装配机的装插头的夹具里。

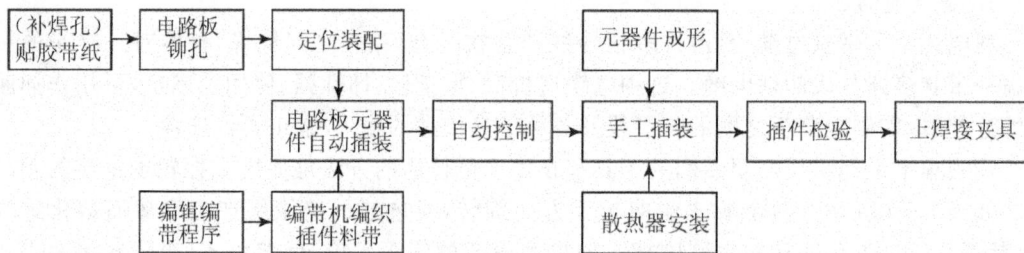

图 3-39　自动装配工艺过程

(2)自动装配对元器件的工艺要求。自动插装是在自动装配机上完成的,对元器件装配的一系列工艺措施都必须适合于自动装配的一些特殊要求,并不是所有的元器件都可以进行自动装配,在这里最重要的是采用标准元器件和尺寸。

六、整机调试与老化

(一)整机调试的内容和程序

1. 调试工作的主要内容

调试一般包括调整和测试两部分工作。整机内有电感线圈磁芯、电位器、微调可变电容器等可调元件,也有与电气指标有关的机械传动部分、调谐系统部分等可调部件。

调试的主要内容如下:熟悉产品的调试目的和要求;正确合理地选择和使用调试所需要的仪器仪表;严格按照调试工艺指导卡,对单元电路板或整机进行调试。调试完毕,用封蜡、点漆的方法固定元器件的调整部位;运用电路和元器件的基础理论知识分析和排除调试中出现的故障,对调试数据进行正确处理和分析。

2. 整机调试的一般程序

电子整机因为各自的单元电路的种类和数量不同,所以在具体的调试程序上也不尽相同。通常调试的一般程序是:接线通电、调试电源、调试电路、全参数测量、温度环境试验、整机参数复调。

(1)接线通电:按调试工艺规定的接线图正确接线,检查测试设备、测试仪器仪表和被调试设备的功能选择开关、量程挡位及有关附件是否处于正确的位置。经检查无误后,方可开始通电调试。

(2)调试电源:调试电源分三个步骤进行。第一步,电源的空载初调;第二步,等效负载下的细调;第三步,真实负载下的精调。

(3)调试电路:电路的调试通常按各单元电路的顺序进行。

(4)全参数测试:经过单元电路的调试并锁定各可调元件后,应对产品进行全参数的测试。

(5)温度环境试验:温度环境试验用来考验电子整机在指定的环境下正常工作的能力,通常分低温试验和高温试验两类。

(6)整机参数复调:在整机调试的全过程中,设备的各项技术参数还会有一定程度的变化,通常在交付使用前应对整机参数再进行复核调整,以保证整机设备处于最佳的技术状态。

(二)整机的加电老化

1. 加电老化的目的

整机产品总装调试完毕后,通常要按一定的技术规定对整机实施较长时间的连续通电考验,即加电老化试验。加电老化的目的是通过老化发现并剔除早期失效的电子元器件,提高电子设备工作可靠性及使用寿命,同时稳定整机参数,保证调试质量。

2. 加电老化的技术要求

整机加电老化的技术要求有温度、循环周期、积累时间、测试次数和测试间隔时间等几个方面。

(1)温度:整机加电老化通常在常温下进行。有时需对整机中的单板、组合件进行部分的高温加电老化试验,一般分三级:$40\pm2℃$、$55\pm2℃$和$70\pm2℃$。

(2)循环周期:每个循环连续加电时间一般为 4 小时,断电时间通常为 0.5 小时。

(3)积累时间:加电老化时间累计计算,积累时间通常为 200 小时,也可根据电子整机设备的特殊需要适当缩短或加长。

(4)测试次数:加电老化期间,要进行全参数或部分参数的测试,老化期间的测试次数应根据产品技术设计要求来确定。

(5)测试间隔时间:测试间隔时间通常设定为 8 小时、12 小时和 24 小时几种,也可根据需要另定。

任务实施

一、元器件的来料检测

1. 三端稳压器的来料检测

三端稳压器的来料检测内容如表3-5所示。

表3-5　三端稳压器的来料检测内容

名称	电路标号	型号	稳压值	电压调整率	纹波系数	电流调整率	封装尺寸	封装类型	检测结果

2. 集成运放的来料检测

集成运放的来料检测内容如表3-6所示。

表3-6　集成运放的来料检测内容

名称	电路标号	型号	正、反向非在线电阻	供电电压	失调电压	失调电流	封装尺寸	封装类型	检测结果

3. 电阻器、电容器、二极管类、晶闸管和光敏电阻等的来料检测

请读者参考前面章节中元器件的来料检测内容,在此不再重画表格。

4. 来料检测汇总表

家用恒温箱控制器电路的来料检测汇总表如表3-7所示。

表3-7　家用恒温箱控制器电路的来料检测汇总表

来料名称	来料数量	检测仪表	检测值	检测人员	检测结论

二、家用恒温箱控制器电路的安装工艺及步骤

（1）对照元器件明细表清点数量。

（2）识读电路原理图，对每只元件进行识别、检测。

（3）了解各元器件的功能、用途。

（4）对 PCB 印刷板按图进行线路检查和外观检查，除去 PCB 板表面及元件引脚上的氧化层，并上锡。

（5）采用 PCB 板装配时，元件整形后按图排列，注意每只元件的高度。相同规格的元件高度一致，排列整齐。

（6）焊接时间要短，以防印刷电路铜箔脱落，焊接完毕后检查是否漏焊、虚焊、错焊。

（7）通电前仔细检查线路，无误后通知指导老师，方可通电测量。

（8）正确使用测量仪器、仪表。

（9）完成实验、实训报告。

（10）整理工位并进行复习。

家用恒温箱控制器电路的安装工艺检测内容如表 3-8 所示。

表 3-8　家用恒温箱控制器电路的安装工艺检测内容

项目	检测要求	检测记录
电子线路安装工艺	（1）正确识别元器件。 （2）元器件整形。 （3）元器件布局合理、整齐、规范。 （4）焊点光亮、圆滑适中。 （5）连线平直、无交叉。	
安装正确性	（1）按图正确装接。 （2）电路功能完整。	

三、家用恒温箱控制器电路的调试、检测技能

调试时，先将可调电位器 RP_1 逆时针旋到底，即调节到图 3-19 中可调电位器 RP_1 的上端，然后将温度计放在恒温箱中适当的位置，接通电源，调节 RP_2 使温度指示稳定于 30℃。然后再将 RP_1 顺时针旋转，直至温度指示稳定于 60℃，这时在 RP_1 的刻度盘上做好记号，将 30～60℃划分成 6 等分，即温度指示刻度盘。家用恒温箱控制器电路的调试、检测内容如表 3-9 所示。

表 3-9　家用恒温箱控制器电路的调试、检测内容

项目	调试、检测要求	调试、检测记录
仪器仪表与参数测量	（1）正确使用仪器仪表。 （2）检测关键点的电位、电流、波形。	

续 表

项目	调试、检测要求	调试、检测记录
功能 调试、 检测	(1) 温度调节灵敏度。 (2) 温度调节范围。 (3) 恒温箱控制器的效率。	
安全文 明生产	(1) 穿戴好劳保用品,工具齐全。 (2) 遵守用电操作规程。 (3) 正确使用仪表。 (4) 工具摆放整齐。	

技能训练

(1) 完成来料检测;

(2) 完成家用恒温箱控制器电路的安装;

(3) 完成家用恒温箱控制器电路的调试、检测。

家用恒温箱控制器技能训练内容评分表如表 3-10 所示。

表 3-10　家用恒温箱控制器技能训练内容评分表

项目	技术要求	配分	评分细则	扣分	得分
电子线 路安装 工艺	(1) 检测元器件。 (2) 元器件布局合理、整齐、 规范。 (3) 焊点光亮、圆滑适中。 (4) 连线平直、无交叉。	30	(1) 元器件检测错误,每件扣 2 分。 (2) 元器件排版不合理,插件不规范、 不整齐,扣 10 分。 (3) 焊接不好,每处扣 1 分,最多不超 过 15 分。 (4) 连线不平直、交叉,扣 2～5 分。		
安装 正确性	(1) 按图正确装接。 (2) 电路功能完整。	30	(1) 未按图装接,扣 10 分。 (2) 电路功能不完整,扣 20 分。 (3) 在额定时限内允许返修一次,扣 10 分。		
仪器仪 表与参 数测量	(1) 正确使用仪表。 (2) 检测电位、电流、波形。 (3) 温度调节灵敏度。 (4) 温度调节范围。 (5) 恒温箱控制器的效率。	30	(1) 仪表使用不规范,扣 10 分。 (2) 测量电压、电流、波形有错,每处扣 3 分。 (3) 电路功能错误,每处扣 10 分。		
安全文 明生产	(1) 穿戴好劳保用品,工具 齐全。 (2) 遵守用电操作规程。 (3) 正确使用仪表。 (4) 工具摆放整齐。	10	(1) 穿戴不合要求,工具不齐全,扣 5 分。 (2) 通、断电操作违规,扣 5 分。 (3) 损坏设备、仪表,扣 10 分。 (4) 不整理器材、场地,扣 5 分。		
评分 记录				得分	

思考与讨论

（1）二极管 D_3、D_5 的作用是什么？

（2）PWM 脉宽控制电路由哪些元器件构成？

（3）在如图 3-20 所示的电路中，电源电路有什么缺点？应如何改进？

（4）在实际应用中，如何选择集成运放？

（5）TL431 的最大输出电流是多少？如果需要扩大电流输出应采取什么措施？并请画出相应的电路图。

（6）二极管作为温度传感器使用时有什么好处？应注意什么？

（7）画出用 LM317、LM337 实现 $\pm 12V$ 可调的直流稳压电源电路。

项目四　简易脉搏计

实训目的

1. 熟悉简易脉搏计电路的工作原理。
2. 掌握简易脉搏计电路的安装工艺及方法。
3. 掌握简易脉搏计电路的故障检修技能。
4. 掌握来料检测的知识与技能。

来料检测

一、红外线发射管

（一）红外线发射管概述

红外线发射管（IR LED）也称红外线发射二极管，属于二极管类。它是可以将电能直接转换成近红外光（不可见光）并能辐射出去的发光器件，主要应用于各种光电开关、触摸屏及遥控发射电路中。红外线发射管的结构、原理与普通发光二极管相近，只是使用的半导体材料不同。红外线发射管通常使用砷化镓（GaAs）、砷铝化镓（GaAlAs）等材料，采用全透明或浅蓝色、黑色的树脂封装，外形如图 4-1 所示，电路符号如图 4-2 所示。

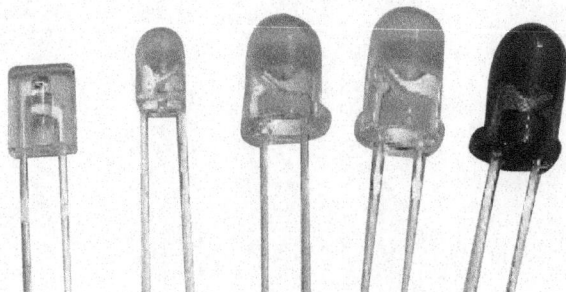

图 4-1　红外线发射管的外形

阳极 ————▷|———— 阴极

图 4-2　红外线发射管的电路符号

红外线发射管的物理参数有发射距离、发射角度（15 度、30 度、45 度、60 度、90 度、120 度、180 度）、发射的光强度、波长,其电性能参数:市场上常用的直径 3mm、5mm 的红外线发射管为小功率发射管,直径 8mm、10mm 的红外线发射管为中功率及大功率发射管。小功率发射管为正向电压 1.1~1.5V,电流 20mA;中功率发射管为正向电压 1.4~1.65V,电流 50~100mA;大功率发射管为正向电压 1.5~1.9V,电流 200~350mA。

（二）高亮度 LED、红外 LED、光电三极管的区别

高亮度 LED、红外 LED、光电三极管的外形是一样的,非常容易搞混,因此需要通过简易测试将它们区分出来。用指针式万用表（$R\times1k$ 挡）黑表笔接阳极、红表笔接阴极（应采用带夹子的表笔）测得正向电阻在 20~40kΩ;黑表笔接阴极、红表笔接阳极测得反向电阻大于 500kΩ 以上者是红外发光二极管。透明树脂封装的可用目测法:有圆形浅盘的极是负极。若正向电阻在 200kΩ 以上（或指针微动）,反向电阻接近∞者是普通发光二极管。若黑表笔接短脚,红表笔接长脚,遮住光线时电阻大于 200kΩ,有光照射时阻值随光线强弱而变化（光线强时,电阻小）,这是光电三极管。

（三）红外发光二极管的判别

红外发光二极管的好坏,可以按照测试普通硅二极管正、反向电阻的办法进行测试。测量红外发光二极管正向电阻将万用表置于 $R\times10k$ 挡,黑表笔接红外发光二极管正极,红表笔接负极,测量红外发光二极管的正、反向电阻。正常时,正向电阻值约为 15~40kΩ（此值越小越好）,反向电阻大于 500kΩ。若测得正、反向电阻值均接近零,则说明该红外发光二极管内部被击穿损坏;若测得正、反向电阻值均为无穷大,则说明该红外发光二极管开路损坏;若测得反向电阻值远远小于 500kΩ,则说明该红外发光二极管漏电损坏。

（四）使用红外发光二极管的注意事项

（1）红外发射管封装材料的硬度较低,耐高温性能不是很好,为避免损坏,焊点应当远离引脚的根部,焊接温度也不能太高,焊接时间不宜过长,最好用金属镊子夹住引脚的根部,以帮助散热。另外引脚弯折定形应当在焊接之前完成,焊接期间管体与引脚均不得受力。

（2）极限参数包括允许功耗 P_m、最大瞬间电流 I_{FP}、最大正向电流 I_{FM}、最大反向电压 V_{Rm}、工作温度 t_{opm}。红外发射管在工作过程中其各项参数均不得超过极限值,因此在代换选型时应当注意原装管子的型号和参数,不可随意更换。另外,也不可任意变更红外发射管的限流电阻。

（3）红外线发射管前端的球面形发射部分不能存在污染物,更不能受到摩擦损伤,否则,发出的红外光将产生反射及散射现象,直接影响红外光的辐射,可能会降低遥控的灵敏度和遥控距离,也有可能完全失效,红外发射应保持清洁、完好状态。

二、红外接收二极管

红外接收二极管是将红外线光信号变成电信号的半导体器件,它的核心部件是一个特殊材料的 PN 结。和普通二极管相比,红外接收二极管在结构上采取了大的改变,为了更多、更大面积地接收光线,电流则随之增大,外形如图 4-3 所示,电路符号如图 4-4 所示。

图 4-3　红外接收二极管的外形

图 4-4　红外接收二极管的电路符号

红外接收二极管的检测方法如下：

（1）将万用表置于 $R \times 1k$ 挡，测量红外接收二极管正、反向电阻，根据正、反向电阻值的大小，即可初步判定红外接收二极管的好坏。若正向电阻为 $3 \sim 4k\Omega$，反向电阻大于 $500k\Omega$，则表明被测红外接收二极管是好的；若被测管子的正、反向电阻值均为零或无穷大，则表明被测红外接收二极管已被击穿或开路。

（2）将万用表的挡位置于 DC $50\mu A$（或 $0.1mA$）位置上，让红表笔接红外接收二极管的正极，黑表笔接负极，然后让被测红外接收二极管的受光窗口对准灯光或阳光，此时万用表的指针应向右摆动，而且向右摆动的幅度越大，表明被测红外接收二极管的性能越好。如果万用表的指针根本就不摆动，说明管子性能不良。

三、一体化红外接收头

红外信号收发系统的典型电路如图 4-5 所示，红外接收电路通常被厂家集成在一个元件中，成为一体化红外接收头，如图 4-6 所示。内部电路包括红外接收二极管、放大器、限幅器、带通滤波器、积分电路、比较器等。红外接收二极管接收到红外信号，然后把信号送到放大器和限幅器，限幅器把脉冲幅度控制在一定的水平，而不论红外发射器和接收器的距离远近。交流信号进入带通滤波器，带通滤波器可以通过 $30 \sim 60kHz$ 的负载波，通过解调电路和积分电路进入比较器，比较器输出高低电平，还原出发射端的信号波形。注意，输出的高低电平和发射端是反相的，这样的目的是为了提高接收的灵敏度。

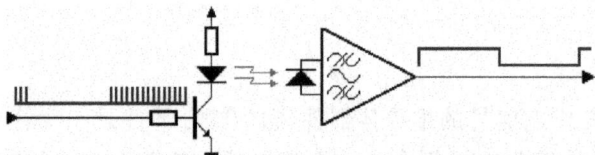

图 4-5　红外信号收发系统的典型电路

图 4-6　一体化红外接收头

红外接收头的种类很多,引脚排列也不相同,一般都有三个引脚,包括供电脚、接地和信号输出脚。根据发射端调制载波的不同应选用相应解调频率的接收头。

红外接收头内部放大器的增益很大,很容易引起干扰,因此在接收头的供电脚上须加上滤波电容,一般在 $22\mu F$ 以上。有的厂家建议在供电脚和电源之间接入 330Ω 电阻,进一步降低电源干扰。

四、光敏三极管

光敏三极管(phototransistor)和普通三极管相似,也有电流(current)放大作用,只是它的集电极电流不只是受基极电路和电流控制,同时也受光辐射的控制。光敏三极管的结构和电路符号如图 4-7 所示,通常基极不引出,但一些光敏三极管的基极有引出,用于温度补偿(temperature compensation)和附加控制等。光敏三极管又称光电三极管,它是一种光电转换器件,其基本原理是光照到 P-N 结上时,吸收光能并转变为电能。当光敏三极管加上反向电压时,管子中的反向电流随着光照强度的改变而改变,光照强度越大,反向电流越大,大多数都工作在这种状态。

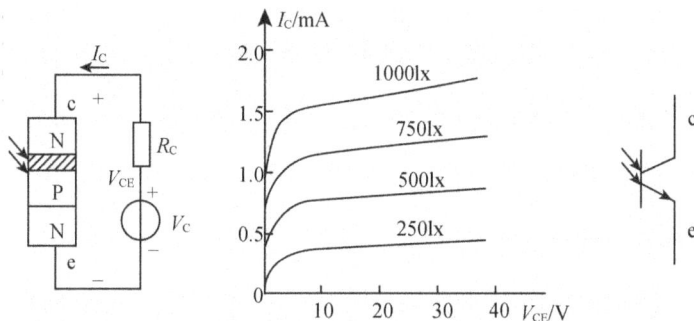

图 4-7 光敏三极管的结构和电路符号

(一)光敏三极管的测试

1. 电阻测量法(指针式万用表 $R\times 1k\Omega$ 挡)

黑表笔接 c 极,红表笔接 e 极,无光照时指针微动(接近∞),随着光照的增强电阻变小,光线较强时其阻值可降到几 $k\Omega\sim 1k\Omega$ 以下。再将黑表笔接 e 极,红表笔接 c 极,有无光照指针均为∞(或微动),这个管子就是好的。

2. 测电流法

工作电压 5V,电流表串接在电路中,c 极接正,e 极接负。无光照时小于 $0.3\mu A$;光照增加时电流增加,可达 $2\sim 5mA$。

若用数字式万用表 $R\times 20k\Omega$ 挡测试,红表笔接 c 极,黑表笔接 e 极,完全黑暗时显示 1,光线增强时阻值随之降低,最小可达 $1k\Omega$ 左右。

(二)常用光敏三极管的型号与参数

常用光敏三极管的型号与参数如表 4-1 所示。

表 4-1 常用光敏三极管的型号与参数

型号	反向击穿电压 V_{CE}/V	最高工作电压 V_{RM}/V	暗电流 $I_D/\mu A$	光电流 I_L/mA	峰值波长 λ_P /nm	最大功耗 P_M /mW	开关时间/μs t_τ	t_d	t_1	t_s	环境温度/℃
3DU11	≥15	≥10				30					
3DU12	≥45	≥30		0.5~1.0		50					
3DU13	≥75	≥50				100					
3DU21	≥15	≥10				30					
3DU22	≥45	≥30	≤0.3	1.0~2.0		50					−40~ +125
3DU23	≥75	≥50				100					
3DU31	≥15	≥10				30					
3DU32	≥45	≥30		>2.0		50					
3DU33	≥75	≥50			8800	100	≤3	≤2	≤3	≤1	
3DU51A	≥15	≥10		≥0.3							
3DU51											
3DU52	≥45	≥30	≤0.2	≥0.5		30					−55~ +125
3DU53	≥75	≥50									
3DU54	≥45	≥30		≥1.0							
3DU011	≥15	≥10				30					
3DU012	≥45	≥30		0.05~0.1		50					−40~ +85
3DU013	≥75	≥50	≤0.3			100					
3DU021	≥15	≥10		0.1~0.2		30					

五、LED 数码管

(一) LED 数码管概述

LED 数码管(LED segment displays)由多个发光二极管封装在一起组成"8"字形的器件,如图 4-8(a)所示。引线已在内部连接完成,只需引出它们的各个笔画、公共电极,如图 4-8(b)所示。数码管实际上是由 7 个发光管组成 8 字形的,加上小数点就是 8 个。这些段分别由字母 a、b、c、d、e、f、g、dp 来表示,如图 4-8(c)所示。

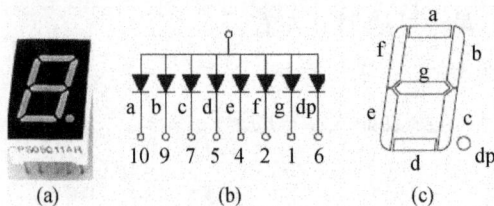

图 4-8 LED 数码管的外形、结构和各段分布

（二）共阳极和共阴极数码管

数码管（见图 4-9(a)）按照连接形式不同，可以分为共阳极型和共阴极型。共阳极就是把数码管的 8 个 LED 的正极都接到一起，如图 4-9(b)所示。共阴极就是把数码管的 8 个 LED 的负极都接到一起，如图 4-9(c)所示。

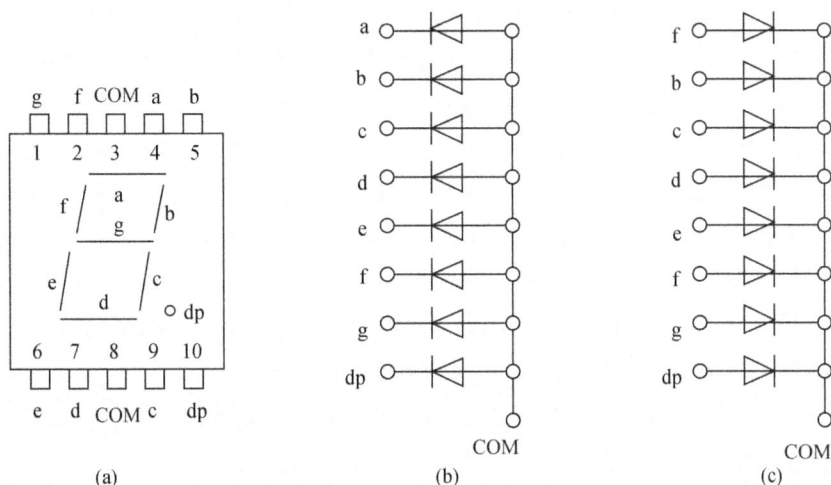

图 4-9 共阳极和共阴极数码管的结构

（三）数码管的驱动

LED 数码管要正常显示，就要用驱动电路来驱动数码管的各个段码，从而显示出我们要的数字，因此根据 LED 数码管驱动方式的不同，可以分为静态显示和动态显示两类。

1. 静态显示

静态驱动也称直流驱动。静态驱动是指每个数码管的每一个段码都由一个单片机的 I/O 端口进行驱动，或者使用如 BCD 码二至十进制译码器译码进行驱动。静态驱动的优点是编程简单，显示亮度高，缺点是占用 I/O 端口多，如驱动 5 个数码管静态显示则需要 5×8＝40 根 I/O 端口来驱动，要知道一个 89S51 单片机可用的 I/O 端口才 32 个，实际应用时必须增加译码驱动器进行驱动，增加了硬件电路的复杂性。

2. 动态显示

LED 数码管动态显示接口是单片机中应用最为广泛的显示方式之一，动态驱动是将所有数码管的 8 个显示笔画"a、b、c、d、e、f、g、dp"的同名端连在一起，另外为每个数码管的公共极（COM）增加位选通控制电路，COM 位选通由各自独立的 I/O 线控制，当单片机输出字形码到"a、b、c、d、e、f、g、dp"端且同时选通 COM 端时，该位就显示出字形，没有选通的数码管就不会亮。通过分时轮流控制各个数码管的 COM 端，就使各个数码管轮流受控显示，这就是动态驱动。在轮流显示过程中，每位数码管的点亮时间为 1~2ms，由于人的视觉暂留现象及发光二极管的余辉效应，尽管实际上各位数码管并非同时点亮，但只要扫描的速度足够快，给人的印象就是一组稳定的显示数据，不会有闪烁感，动态显示的效果和静态显示是一样的，能够节省大量的 I/O 端口，而且功耗更低。共阴极数码管的字形如表 4-2 所示，共阳极数码管的字形如表4-3所示。

表4-2 共阴极数码管的字形

输出									显示字形
a	b	c	d	e	f	g	dp	组合	
1	1	1	1	1	1	0	0	0xfc	0
0	1	1	0	0	0	0	0	0x60	1
1	1	0	1	1	0	1	0	0xda	2
1	1	1	1	0	0	1	0	0xf2	3
0	1	1	0	0	1	1	0	0x66	4
1	0	1	1	0	1	1	0	0xb6	5
0	0	1	1	1	1	1	0	0x3e	6
1	1	1	0	0	0	0	0	0xe0	7
1	1	1	1	1	1	1	0	0xf7	8
1	1	1	0	0	1	1	0	0xe6	9

表4-3 共阳极数码管的字形

输出									显示字形
a	b	c	d	e	f	g	dp	组合	
0	0	0	0	0	0	1	1	0x03	0
1	0	0	1	1	1	1	1	0x9f	1
0	0	1	0	0	1	0	1	0x25	2
0	0	0	0	1	1	0	1	0x0d	3
1	0	0	1	1	0	0	1	0x99	4
0	1	0	0	1	0	0	1	0x49	5
1	1	0	0	0	0	0	1	0xcl	6
0	0	0	1	1	1	1	1	0x1f	7
0	0	0	0	0	0	0	1	0x01	8
0	0	0	1	1	0	0	1	0x19	9

（四）数码管的检测

1. 找公共共阴和公共共阳

首先,我们找个电源(3～5V)和不同规格的电阻,电源正极(V_{cc})串接个电阻后和电源负极(GND)接在任意2个脚上,组合有很多,但总有一个LED会发光的,找到一个就够了。然后GND不动,用V_{cc}(串电阻)逐个碰剩下的脚,如果有多个LED发光(一般是8个),那它就是共阴的。相反V_{cc}不动,用GND逐个碰剩下的脚,如果有多个LED发光(一般是8个),那它就是共阳的。也可以直接用数字万用表测量,数字万用表的红表笔是电源的正极,黑表笔是电源的负极。

2. 测8个显示笔画"a、b、c、d、e、f、g、dp"

如果是共阳极型数码管,公共端接电源正极,用电源的负极去碰触其余引脚,每一个笔画应该发光,若不发光则不能用。如果是共阴极型数码管,公共端接电源负极,用电源的正极去碰触其余引脚,每一个笔画应该发光,若不发光则不能用。

六、数字集成电路

（一）数字集成电路概述

数字集成电路是基于数字逻辑(布尔代数)设计和运行的,用于处理数字信号的集成电路。根据集成电路的定义,也可以将数字集成电路定义为:将元器件和连线集成于同一半导体芯片上而制成的数字逻辑电路或系统。根据数字集成电路中包含的门电路或元器件数量,可将数字集成电路分为小规模集成(SSI)电路、中规模集成(MSI)电路、大规模集成(LSI)电路、超大规模集成(VLSI)电路、特大规模集成(ULSI)电路和巨大规模集成(giga scale integration,GSI)电路。

小规模集成电路包含的门电路在10个以内,或元器件数不超过10个;中规模集成电路包含的门电路为10～100个,或元器件数为100～1000个;大规模集成电路包含的门电路在100个以上,或元器件数为1,000～10,000个;超大规模集成电路包含的门电路在10,000个以上,或元器件数为100,000～1,000,000个;特大规模集成电路的门电路在100,000个以上,或元器件数为 $1,000,000 \sim 10,000,000$ 个。随着微电子工艺的进步,集成电路的规模越来越大,简单地以集成元件数目来划分类型已经没有多大的意义了,目前暂时以"巨大规模集成电路"来统称集成规模超过1亿个元器件的集成电路。

(二)数字集成电路的型号组成

数字集成电路的型号一般由前缀、编号、后缀三大部分组成,前缀代表制造厂商,编号包括产品系列号、器件系列号,后缀一般表示温度等级、封装形式等。TTL 74 系列数字集成电路型号的组成及意义如表 4-4 所示。

表 4-4　TTL 74 系列数字集成电路型号的组成及意义

型号	意义	型号	意义
74××	中速高速系列	74AS××	先进低功耗肖基特系列
74H××	肖基特系列	74LS××	先进肖基特系列
74S××	低功耗系列	74ALS××	高级低功耗肖基特系列
74L××	低功耗肖基特系列		

(三)类别说明

数字集成电路产品的种类很多,若按电路结构来分,可分成 TTL 和 MOS 两大系列。

TTL 数字集成电路是利用电子和空穴两种载流子导电的,所以又称为双极性电路。MOS 数字集成电路是只用一种载流子导电的电路,其中用电子导电的称为 NMOS 电路;用空穴导电的称为 PMOS 电路;如果是用 NMOS 及 PMOS 复合起来组成的电路,则称为 CMOS 电路。

CMOS 数字集成电路与 TTL 数字集成电路相比有许多优点,如工作电源电压范围宽、静态功耗低,抗干扰能力强,输入阻抗高,成本低,等等。因而,CMOS 数字集成电路得到了广泛的应用。

数字集成电路品种繁多,包括各种门电路、触发器、计数器、编译码器、存储器等数百种器件。国家标准型号的规定,是完全参照世界上通行的型号制定的。国家标准型号中的第一个字母"C"代表中国;第二个字母"T"代表 TTL,"C"代表 CMOS。CT 就是中国的 TTL 数字集成电路,CC 就是中国的 CMOS 数字集成电路。其后的部分与国际通用型号完全一致。

(四)数字电路的一般特性

1. TTL 电路的特性

(1)电源电压范围:TTL 电路的工作电源电压范围很窄。S,LS,F 系列为 $5V \pm 5\%$;AS,ALS 系列为 $5V \pm 10\%$。

(2)频率特性:TTL 电路的工作频率比 4000 系列的高。标准 TTL 电路的工作频率小于 35MHz;LS 系列 TTL 电路的工作频率小于 40MHz;ALS 系列电路的工作频率小于 70MHz;S 系列电路的工作频率小于 125MHz;AS 系列电路的工作频率小于 200MHz。

(3)TTL 电路的电压输出特性:当工作电压为 +5V 时,输出高电平大于 2.4V,输入高电平大于 2.0V;输出低电平小于 0.4V,输入低电平小于 0.8V。

(4)最小输出驱动电流:标准 TTL 电路为 16mA;LS-TTL 电路为 8mA;S-TTL 电

路为20mA;ALS－TTL电路为8mA;AS－TTL电路为20mA。大电流输出的TTL电路：标准TTL电路为48mA;LS－TTL电路为24mA;S－TTL电路为64mA;ALS－TTL电路为24或48mA;AS－TTL电路为48或64mA。

(5)扇出能力(以带动LS－TTL负载的个数为例)：标准TTL电路为40;LS－TTL电路为20;S－TTL电路为50;ALS－TTL电路为20;AS－TTL电路为50。大电流输出的TTL电路：标准TTL电路为120;LS－TTL电路为60;S－TTL电路为160;ALS－TTL电路为60或120;AS－TTL电路为120或160。

对于同一功能编号的各系列TTL集成电路，它们的引脚排列与逻辑功能完全相同。比如，7404,74LS04,74AS04,74F04,74ALS04等各集成电路的引脚图与逻辑功能完全一致，但它们在电路的速度和功耗方面存在明显的差别。

2. CMOS电路的特性

(1)电源电压范围：集成电路的工作电源电压范围为3～18V,74HC系列为2～6V。

(2)功耗：当电源电压$V_{DD}=5$V时,CMOS电路的静态功耗门电路类为2.5～5μW;缓冲器和触发器类为5～20μW;中规模集成电路类为25～100μW。

(3)输入阻抗：CMOS电路的输入阻抗只取决于输入端保护二极管的漏电流,因此输入阻抗极高,可达10^8～$10^{11}\Omega$以上。所以,CMOS电路几乎不消耗驱动电路的功率。

(4)抗干扰能力：因为它们的电源电压允许范围大,因此它们输出的高低电平摆幅也大,抗干扰能力就强,其噪声容限最大值为45%V_{DD},保证值可达30%V_{DD},电源电压越高,噪声容限值越大。

(5)逻辑摆幅：CMOS电路输出的逻辑高电平"1"非常接近电源电压V_{DD},逻辑低电平"0"接近电源V_{SS}(负电源),空载时,输出高电平$V_{OH}=V_{CC}-0.05$V,输出低电平$V_{OL}=0.05$V。因此,CMOS电路电源利用系数最高。

(6)扇出能力：在低频工作时,一个输出端可驱动50个以上CMOS器件。

(7)抗辐射能力：CMOS管是多数载流子受控导电器件,射线辐射对多数载流子浓度影响不大。因此,CMOS电路特别适用于航天、卫星和核试验条件下工作的装置。

CMOS集成电路功耗低,内部发热量小,集成度可大大提高。又因为电路本身的互补对称结构,当环境温度变化时,其参数有互相补偿作用,因而其温度稳定性好。

(五)使用数字电路的注意事项

(1)不允许在超过极限参数的条件下工作。电路在超过极限参数的条件下工作,就可能工作不正常,且容易引起损坏。TTL集成电路的电源电压允许变化范围比较窄,一般为4.5～5.5V,因此必须使用＋5V稳压电源;CMOS集成电路的工作电源电压范围比较宽,有较大的选择余地。选择电源电压时,除首先考虑到要避免超过极限电源电压外,还要注意到,电源电压的高低会影响电路的工作频率等性能。电源电压低,电路工作频率会下降或增加传输延迟时间。例如CMOS触发器,当电源电压由＋15V下降到＋3V时,其最高工作频率将从10MHz下降到几十千赫。

(2)电源电压的极性千万不能接反,电源正负极颠倒、接错,会因为过大电流而造成器件损坏。

(3)CMOS电路要求输入信号的幅度不能超过V_{DD}～V_{SS},即满足$V_{SS}=V_i=V_{DD}$。当

CMOS 电路输入端施加的电压过高(大于电源电压)或过低(小于 0V),或者电源电压突然变化时,电路电流可能会迅速增大,烧坏器件,这种现象称为可控硅效应。预防可控硅效应的措施主要有:输入端信号幅度不能大于 V_{DD} 和小于 0V;消除电源上的干扰;在条件允许的情况下,尽可能降低电源电压,如果电路的工作频率比较低,用＋5V 电源供电最好;对使用的电源加限流措施,使电源电流被限制在 30mA 以内。

(4) 对多余输入端的处理。对于 CMOS 电路,多余的输入端不能悬空,否则,静电感应产生的高压容易引起器件损坏,这些多余的输入端应该接 V_{DD} 或 V_{SS},或与其他正在使用的输入端并联。这三种处置方法应根据实际情况而定。

对于 TTL 电路,对多余的输入端允许悬空,悬空时,该端的逻辑输入状态一般都作为"1"对待,虽然悬空相当于高电平,并不影响与门、与非门的逻辑关系,但悬空容易受干扰,有时会造成电路误动作。因此,多余输入端要根据实际需要做适当处理。例如,与门、与非门的多余输入端可直接接到电源上;也可将不同的输入端共用一个电阻连接到电源上;或将多余的输入端并联使用。或门、或非门的多余输入端应直接接地。

(5) 多余的输出端应该悬空处理,决不允许直接接到 V_{DD} 或 V_{SS},否则会产生过大的短路电流而使器件损坏。不同逻辑功能的 CMOS 电路的输出端也不能直接连到一起,否则导通的 P 沟道 MOS 场效应管和导通的 N 沟道 MOS 场效应管形成低阻通路,造成电源短路而引起器件损坏。除三态门、集电极开路门外,TTL 集成电路的输出端不允许并联使用。如果将几个集电极开路门电路的输出端并联,实现"线与"功能时,应在输出端与电源之间接入上拉电阻。

(6) 由于 CMOS 电路输入阻抗高,容易受静电感应发生击穿,除电路内部设置保护电路外,在使用和存放时应注意静电屏蔽;焊接 CMOS 电路时,焊接工具应良好接地,焊接时间不宜过长,焊接温度不要太高。更不能在通电的情况下拆卸或拔、插集成电路。

(7) 多型号的数字电路之间可以直接互换使用,如国产的 CC4000 系列可与 CD4000 系列、MC14000 系列直接互换使用。但有些引脚功能、封装形式相同的 IC,电参数有一定差别,互换时应注意。

(8) 注意设计工艺,增强抗干扰措施。在设计印制线路板时,应避免引线过长,以防止信号之间的窜扰和对信号传输的延迟。此外要把电源线设计得宽一些,地线要进行大面积接地,这样可减少接地噪声干扰。在 CMOS 逻辑系统设计中,应尽量减少电容负载。电容负载会降低 CMOS 集成电路的工作速度和增加功耗。

知识链接

一、脉搏计的工作原理

(一)脉搏信号采集电路及工作原理

1. 脉搏信号采集电路

脉搏信号采集电路原理如图 4-10 所示,主要由光敏传感器、信号放大电路与比较电路构成。

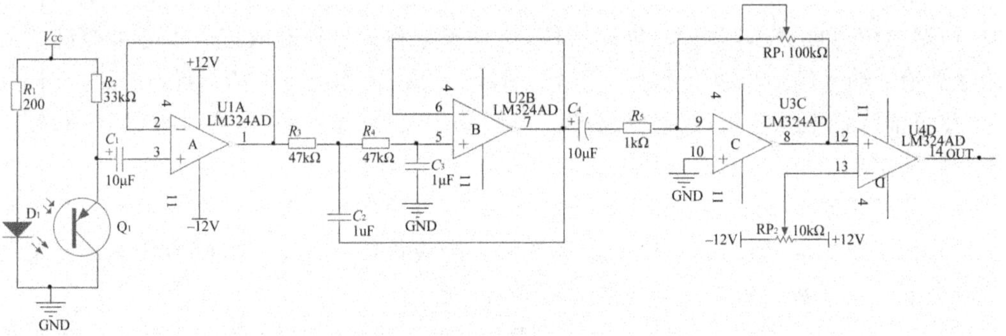

图 4 - 10　脉搏信号采集电路原理

2. 脉搏信号采集电路的工作原理

在图 4 - 10 中,D_1 发出的光线通过人手指照射在光敏三极管 Q_1 的感光窗口上,随着微血管脉压波动的变化,其透光度也变化,这样光敏三极管的电流也发生波动性变化,通过 U1A 进行跟随后送入后级。由于 U1A 的输出信号比较微弱,且存在 50Hz 及其他干扰信号,所以再经过 R_3、R_4、C_2、C_3 和 U2B 等组成的低通滤波器滤波,该低通滤波器的截止频率小于 10Hz。经过低通滤波器的微弱脉动信号,再经过 R_5、RP_1、U3C 组成的放大电路进行电压放大,送到 U4D 的同相端,经过比较后得到脉搏信号。

(二) 脉搏计计数显示电路及工作原理

1. 脉搏计计数显示电路

脉搏计计数显示电路如图 4 - 11 所示,主要由 1 分钟基准时钟电路、门控电路、十进制计数器和译码显示电路构成。

2. 脉搏计计数显示电路的工作原理

在图 4 - 11 中,U_{11} 产生的 1 分钟基准时钟信号加到与门 U10A 的引脚 2,脉搏信号加至 U10A 的引脚 1,在 1 分钟基准时钟内,门控电路开启,脉搏信号送到 U_9、U_8、U_7 组成的三位十进制计数器的 CLK 端进行计数,分别由 U_6、U_5、U_4 进行译码并驱动数码管显示脉搏数据。

二、扫频仪的使用

扫频仪也称频率特性测试仪。它是利用示波管直接显示被测设备的频率响应曲线的仪器,可用来测量高频放大器、高频调谐器、中频放大器、鉴频器等的幅频特性曲线以及增益等。扫频仪种类较多,下面以 BT3C RF 型宽带扫频仪为例进行说明。

(一) 主要技术指标

BT3C RF 宽带扫频仪是扫频信号源和显示系统组合的宽带扫频仪。该仪器可广泛用于 1～300MHz 范围内各种无线电网络接收和发射设备的扫频动态测试,如有源、无源四端网络、滤波器、放大器等传输特性和反射特性的测量。特别适用于我国目前日益普及的 VHF 广播电视和 300MHz 内的 CATV 系统测试。

1. 频率范围

(1) 全扫。1～300MHz,中心频率为 150MHz。

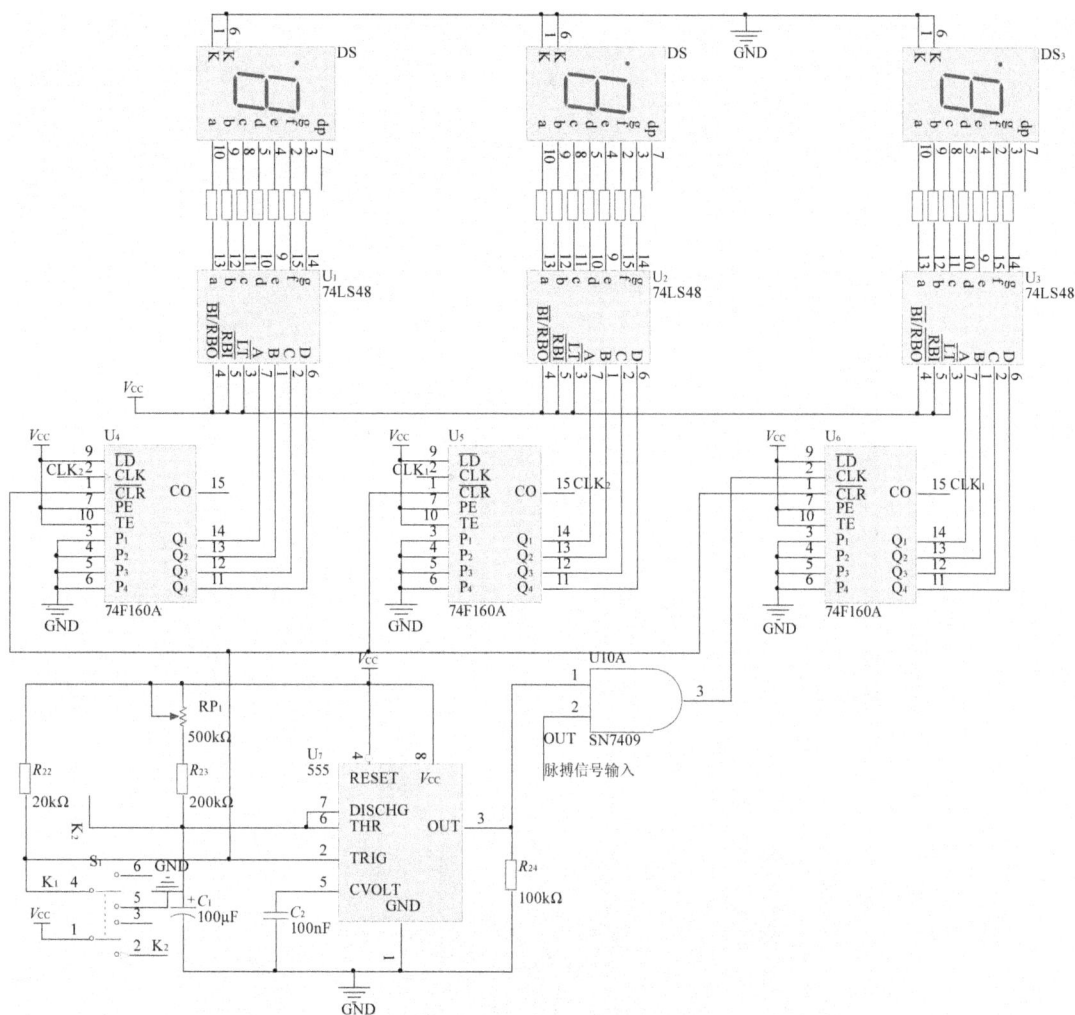

图 4-11　脉搏计计数显示电路

（2）窄扫。中心频率 1～300MHz，扫频宽度 1～40MHz 连续可调。

（3）点频（CW）。在 1～300MHz 范围内可调，输出正弦波。

2. 输出功率（电压）

在 1～300MHz 范围内，0dB 时 75Ω 负载上为 $0.5\text{V}\pm10\%$（3.33mW）。

3. 输出衰减

（1）粗衰减。10dB×7 步进，电控、数字显示。

（2）细衰减。1dB×9 步进，电控、数字显示。

4. 外频标

输入信号应大于 300mV（峰-峰值）。

5. 输出阻抗

输出阻抗为 75Ω。

6. 扫频仪面板结构

扫频仪面板结构如图 4-12 所示。

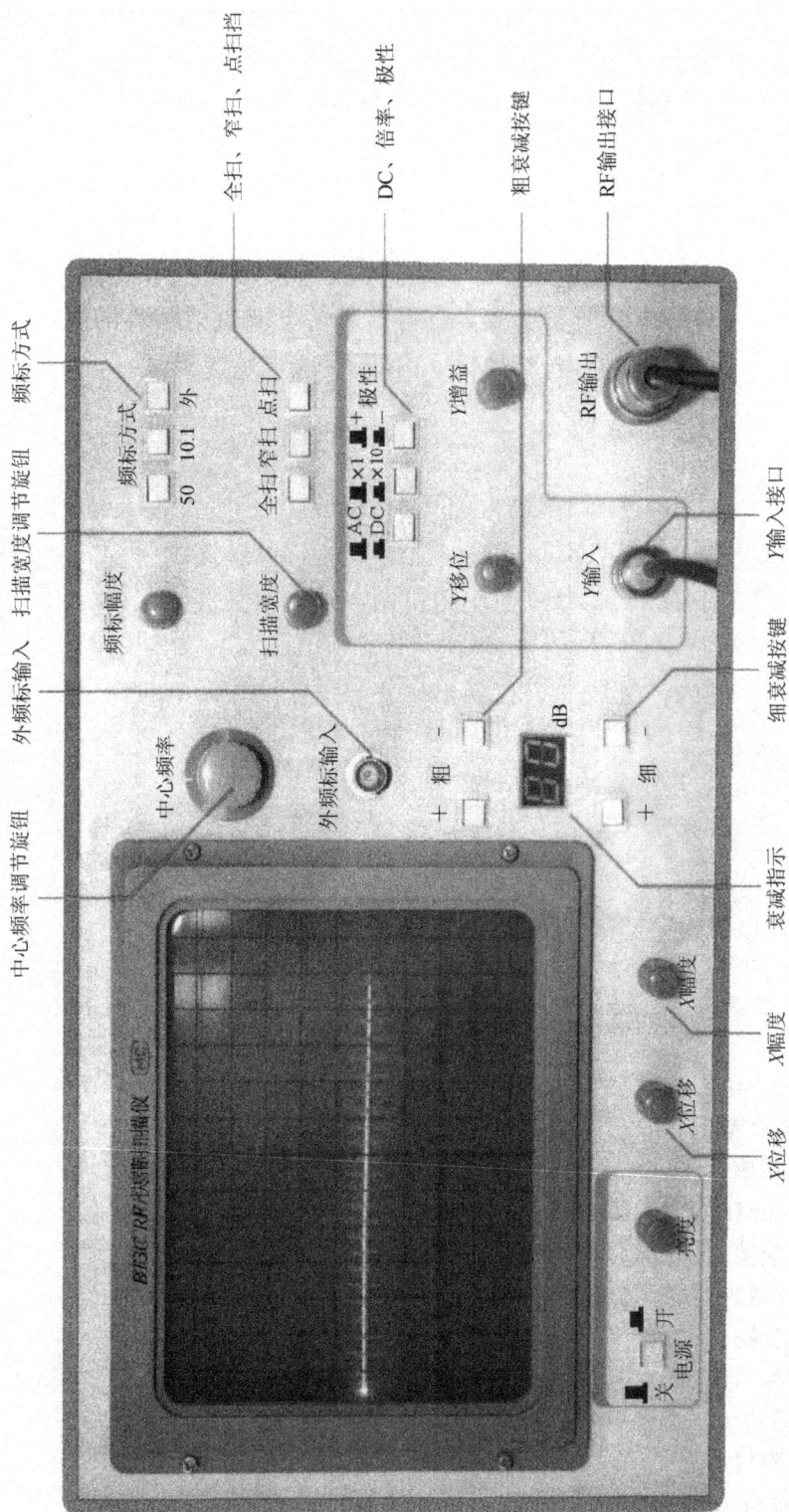

图 4-12　扫频仪面板结构

（二）仪器的使用

1. 使用前的调整

（1）插入电源开关。预热 15 分钟,调节亮度电位器以得到适当的辉度。

（2）频标的检查与识别。将中心频率调到起始位置,可观察到零频标,零频标较宽且两边不对称,如图 4 - 13(a)所示。按下 50MHz 键或 10.1MHz 键,扫描线上呈现出相应频标信号,如图 4 - 13(b)和图 4 - 13(c)所示。调节频标幅度可以均匀地调节标记幅度大小。

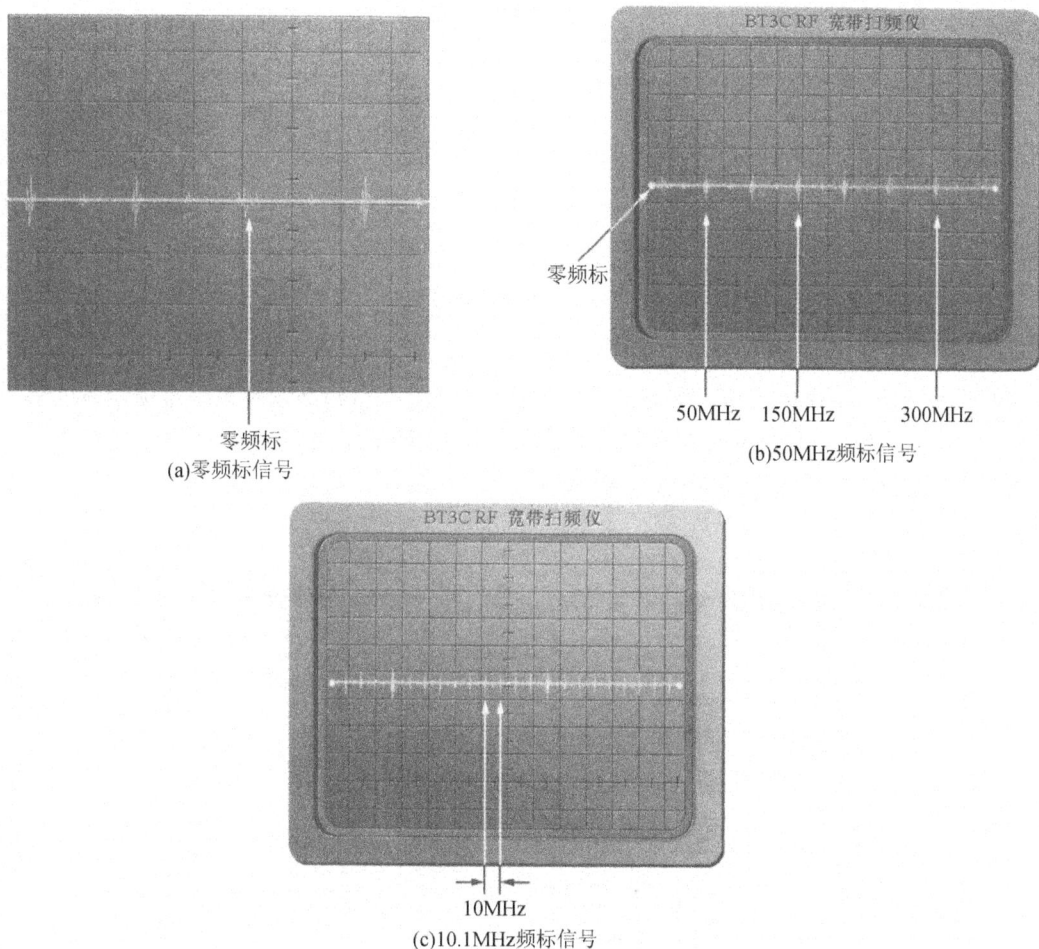

(a)零频标信号

(b)50MHz频标信号

(c)10.1MHz频标信号

图 4 - 13　频标的检查与识别

2. 无源滤波器的测量

测量接线方法如图 4 - 14 所示。将 RF 扫频输出口接滤波器输入端。滤波器输出端通过检波探头送至 Y 输入口,显示方式置于 DC,倍率×1,调 Y 位移使基线与底格重合,Y 增益调至 5DIV,适当选择扫描宽度进行测量。直读频标,确定滤波器带宽。当被测电路的衰减量>40dB 时要在扫频输出端与被测设备之间加宽带放大器来满足测试要求。这时应注意宽带放大器的增益 dB 值和平坦度。其他无源网络的测试方法类似。

图 4-14 测量接线方法

3. 有源网络的测量

测量接线方法同图 4-14。对有源网络的测量(见图 4-15)必须注意信号馈给时的隔直流问题,还需注意 RF 输出的大小应保证被测网络输出不失真、不饱和,同时,通过检波器的信号不可大于 100mW,以免损伤检波器。

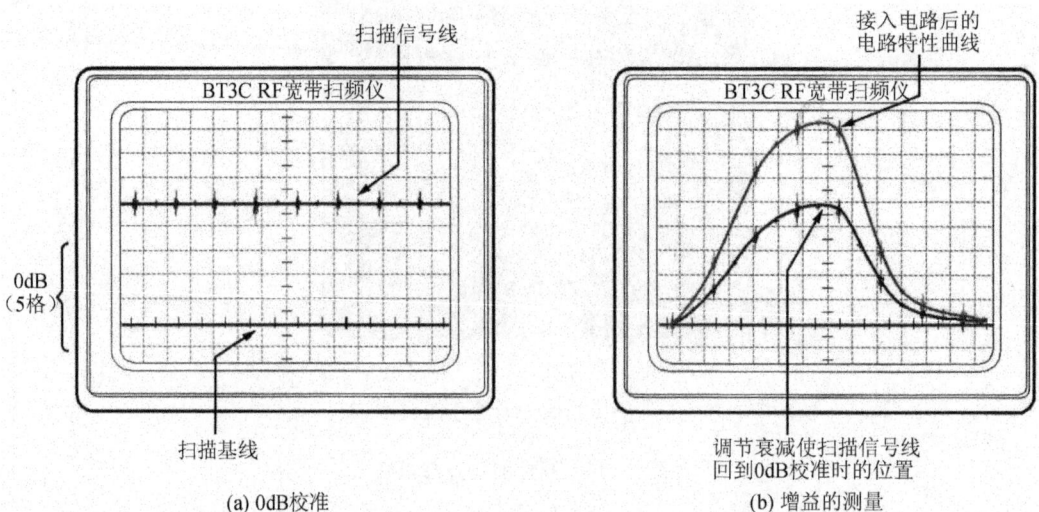

图 4-15 有源网络的测量

在显示幅频特性时,如果曲线有异常的起伏或出现突变点和饱和状态,则被测电路产生了自激振荡,这些现象在测试过程中应先予以彻底的消除。此时应认真检查电缆选用是否正确,接地是否正确牢靠,加强退耦电路,必要时在扫频仪的输出输入端接上 RC 电路,例如接上一只 1kΩ 的电阻再串联一只 0.01μF 的电容,然后接入测试电路。

（1）增益的测量。在测量电路增益前必须先进行 0dB 校准,将"Y 轴衰减"倍率拨到×1。调整"衰减按键"使衰减指示显示 0dB。再把输出匹配探极和输入检波探极连接在一起,调节"Y 轴增益"旋钮,使屏幕上的扫描基线和扫描信号线之间的距离为整刻度(一般取 5 格)。此时扫描信号线和扫描基线的距离为 0dB。

按图接好电路,由于有源网络的放大作用,屏幕上显示的扫描信号线将会很高,配合调节"Y 轴衰减"倍率和"衰减按键"使扫描信号线回到 0dB 校准时的位置,从衰减指示中显示的 dB 数就是被测电路的增益。

（2）3dB 带宽的测量。如图 4-16 所示,测出有源网络的增益后,设定被测设备所显示的包络图形 Y 轴最大幅度为 0dB 线,用仪器的细衰减 3dB 后,图形位置改变,此时曲线最大值下降为 3dB 线,该线与原曲线的交点即为该有源网络幅频特性上、下限频率点 f_H、f_L,用频标即可确定有源网络的 3dB 带宽。回扫基线应在同一位置,Y 增益和倍率不可动。

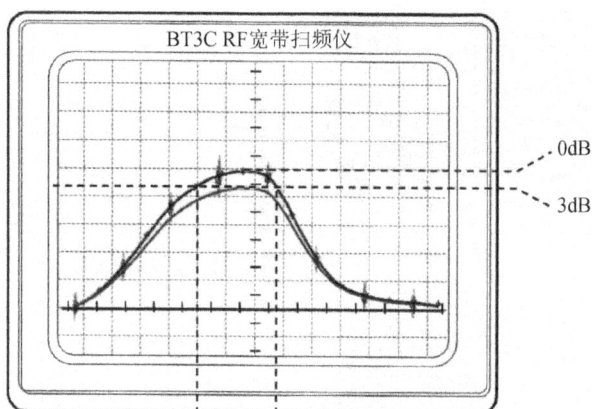

图 4-16 3dB 宽带测量

4. 注意事项

（1）为避免测试错误,必须保证接地牢靠。

（2）仪器的输出、输入端要保持清洁,与外接头相连时应对准接牢,以免出现误差。

（3）输出电缆和检波探头的地线要尽可能短,切忌在检波头上加长导线。

（4）75Ω RF 宽带检波器灵敏度较高,严禁大于 100mV 的高频电压,以免损伤。

（5）如被测设备的输出带有直流电位时,显示输入端应选择 AC 输入显示方式。

5. 举例:彩色电视机中放电路通频带的观察

BT3C 最典型的应用是对电视机的高频头、图像中放的幅频特性的测量。电路如图 4-17 所示。

（1）将 BT3C 的频标方式置为 10.1MHz,扫描方式置为窄扫,调节中频频率旋钮为 35MHz 左右。

（2）按"增益的测量"中的方式进行 0dB 校准,并保持 Y 轴增益旋钮不变。

（3）用 75Ω 同轴电缆将 BT3C 的 RF 输出接口输出的 RF 扫频信号送到电视机中放的输入端,由于被测中放输出端取在检波之后,所以用不带检波的输入电缆与 BT3C 的 Y 输入口相连(注意输入电缆信号端引出的部分一定要短)。

（4）调整扫频宽度使频带宽度合适,调整"衰减按键"使幅度曲线回到 0dB 位置,衰减指

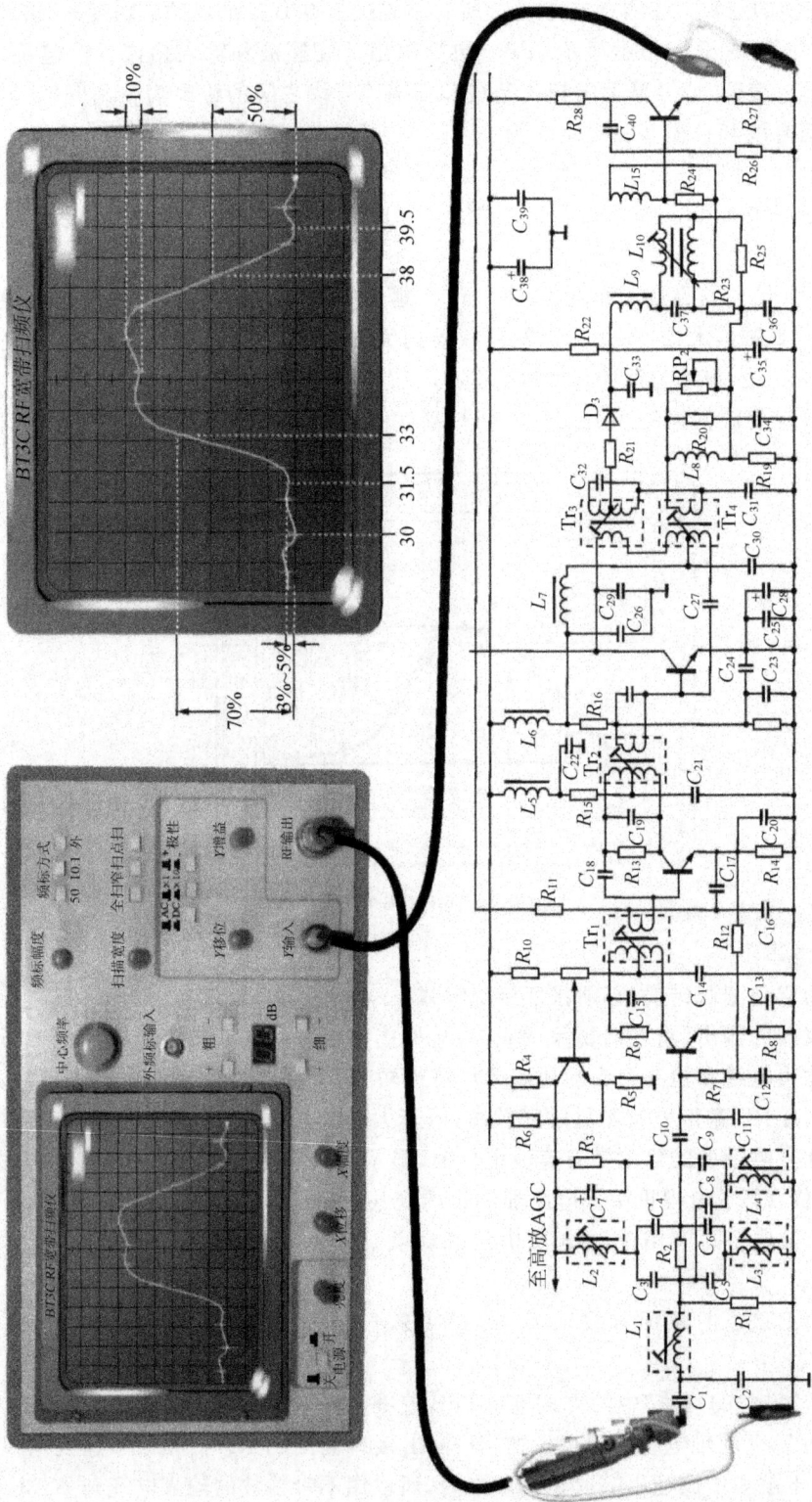

图 4-17 扫频仪在高频头电路中的测量应用

示的 dB 数就是中频放大器的增益。

任务实施

一、元器件的来料检测

1. 红外线发射管的来料检测

红外线发射管的来料检测内容如表 4-5 所示。

表 4-5　红外线发射管的来料检测内容

名称	电路标号	型号	正向电阻	反向电阻	正向电压	正向电流	封装尺寸	封装类型	检测结果

2. 红外接收二极管的来料检测

红外接收二极管的来料检测内容如表 4-6 所示。

表 4-6　红外接收二极管的来料检测内容

名称	电路标号	型号	正向电阻	反向电阻	正向电压	反向电流	封装尺寸	封装类型	检测结果

3. 一体化红外接收头的来料检测

一体化红外接收头的来料检测内容如表 4-7 所示。

表 4-7　一体化红外接收头的来料检测内容

名称	电路标号	型号	工作电压	中心频率	灵敏度	引脚排列	封装尺寸	封装类型	检测结果

4. LED 数码管的来料检测

LED 数码管的来料检测内容如表 4-8 所示。

表 4-8　LED 数码管的来料检测内容

名称	电路标号	型号	类型	引脚数量	引脚排列	封装尺寸	封装类型	检测结果

5. 光敏三极管的来料检测

光敏三极管的来料检测内容如表 4-9 所示。

表 4-9　光敏三极管的来料检测内容

名称	电路标号	型号	正向电阻	反向电阻	导通压降	导通电流	封装尺寸	封装类型	检测结果

6. 数字集成电路的来料检测

数字集成电路的来料检测内容如表 4-10 所示。

表 4-10　数字集成电路的来料检测内容

名称	电路标号	型号	正、反向非在线电阻	拉电流	工作电压	电路类型	灌电流	封装类型	检测结果

7. 电阻器、电容器、可调电位器等的来料检测

请读者参考前面章节中元器件的来料检测内容,在此不再重画表格。

8. 来料检测汇总表

简易脉搏计电路的来料检测汇总表如表 4-11 所示。

表 4-11　简易脉搏计电路的来料检测汇总表

来料名称	来料数量	检测仪表	检测值	检测人员	检测结论

二、简易脉搏计电路的安装工艺及步骤

(1) 对照元器件明细表清点数量。

(2) 识读电路原理图,对每只元件进行识别、检测。

(3) 了解各元器件的功能、用途。

(4) 对 PCB 印刷板按图进行线路检查和外观检查,除去 PCB 板表面及元件引脚上的氧化层,并上锡。

(5) 采用 PCB 板装配时,元件整形后按图排列,注意每只元件的高度。相同规格的元件

高度一致,排列整齐。

(6) 焊接时间要短,以防印刷电路铜箔脱落,焊接完毕后检查是否漏焊、虚焊、错焊。

(7) 通电前仔细检查线路,无误后通知指导老师,方可通电测量。

(8) 正确使用测量仪器、仪表。

(9) 完成实验、实训报告。

(10) 整理工位并进行复习。

简易脉搏计电路的安装工艺检测内容如表 4-12 所示。

表 4-12　简易脉搏计电路的安装工艺检测内容

项目	检测要求	检测记录
电子线路安装工艺	(1) 正确识别元器件。 (2) 元器件整形。 (3) 元器件布局合理、整齐、规范。 (4) 焊点光亮、圆滑适中。 (5) 连线平直、无交叉。	
安装正确性	(1) 按图正确装接。 (2) 电路功能完整。	

三、扫频仪的使用

用扫频仪测量电路的幅频特性,其操作内容如表 4-13 所示。

表 4-13　扫频仪的操作内容

项目	调试、检测要求	操作记录
仪器仪表结构	(1) 各功能开关或旋钮的作用与调整。 (2) 扫频仪的校准。	
参数测试	(1) 测量无源网络的幅频特性。 (2) 测量有源网络的幅频特性。	
安全文明生产	(1) 穿戴好劳保用品,工具齐全。 (2) 遵守用电操作规程。 (3) 正确使用仪表。 (4) 工具摆放整齐。	

四、简易脉搏计电路的调试、检测技能

(1) 将手指放在光电窗口,用示波器观察脉搏信号采集电路的输出端,看是否有标准的 TTL 电平信号。

(2) 用信号发生器输出 3Hz 的方波信号,调节图 4-11 中的 RP_1,数码管上应显示 180。

(3) 脉搏信号采集电路与计数显示电路相连接,测量人体脉搏频率。

简易脉搏计电路的调试、检测内容如表 4-14 所示。

表 4 – 14　简易脉搏计电路的调试、检测内容

项目	调试、检测要求	调试、检测记录
仪器仪表与参数测量	(1) 正确使用仪器仪表。 (2) 检测关键点的电位、电流、波形。	
功能调试、检测	(1) 采样灵敏度。 (2) 计数器计数误差。 (3) 脉搏计显示误差。	
安全文明生产	(1) 穿戴好劳保用品,工具齐全。 (2) 遵守用电操作规程。 (3) 正确使用仪表。 (4) 工具摆放整齐。	

技能训练

(1) 完成来料检测;

(2) 完成简易脉搏计电路的安装;

(3) 完成简易脉搏计电路的调试、检测。

简易脉搏计技能训练内容评分表如表 4 – 15 所示。

表 4 – 15　简易脉搏计技能训练内容评分表

项目	技术要求	配分	评分细则	扣分	得分
电子线路安装工艺	(1) 检测元器件。 (2) 元器件布局合理、整齐、规范。 (3) 焊点光亮、圆滑适中。 (4) 连线平直、无交叉。	35	(1) 元器件检测错误,每件扣 2 分。 (2) 元器件排版不合理,插件不规范、不整齐,扣 10 分。 (3) 焊接不好,每处扣 1 分,最多不超过 15 分。 (4) 连线不平直、交叉,扣 2～5 分。		
安装正确性	(1) 按图正确装接。 (2) 电路功能完整。	30	(1) 未按图装接,扣 10 分。 (2) 电路功能不完整,扣 20 分。 (3) 在额定时限内允许返修一次,扣 10 分。		
仪器仪表与参数测量	(1) 正确使用仪表。 (2) 检测电位、电流、波形。 (3) 采样灵敏度。 (4) 计数器计数误差。 (5) 脉搏计显示误差。	25	(1) 仪表使用不规范,扣 10 分。 (2) 测量电压、电流、波形有错,每处扣 3 分。 (3) 电路功能错误,每处扣 10 分。		
安全文明生产	(1) 穿戴好劳保用品,工具齐全。 (2) 遵守用电操作规程。 (3) 正确使用仪表。 (4) 工具摆放整齐。	10	(1) 穿戴不合要求,工具不齐全,扣 5 分。 (2) 通、断电操作违规,扣 5 分。 (3) 损坏设备、仪表,扣 10 分。 (4) 不整理器材、场地,扣 5 分。		
评分记录				得分	

思考与讨论

(1) 低通滤波由哪些元器件构成？为什么要低通滤波？

(2) NE555 在电路中的作用是什么？

(3) 用光电器件采集脉搏信号的原理是什么？

(4) 扫频仪在测量有源网络和无源网络时有什么不同？

(5) 数字集成电路在使用中应注意什么？

(6) 红外接收二极管在使用中应注意什么？

项目五　单片机开发电路板

1. 掌握单片机最小系统的电路组成。
2. 掌握单片机人机电路的安装及调试、检修方法。
3. 掌握单片机串行通信电路的安装及调试、检修方法。
4. 掌握 A/D、D/A、时钟、存储等外围电路芯片的安装及调试、检修方法。
5. 掌握传感器的安装及调试、检修方法。
6. 掌握来料检测的知识与技能。

来料检测

一、继电器

继电器是一种电控制器件,是当输入量(如电流、电压、功率、阻抗、频率、温度、压力、速度、光等)的变化达到规定要求时,在电气输出电路中使被控量发生预定的阶跃变化的一种电器。它具有控制系统(又称输入回路)和被控制系统(又称输出回路)之间的互动关系,通常应用于自动化的控制电路中。它实际上是用小电流去控制大电流运作的一种"自动开关",故在电路中起着自动调节、安全保护、转换电路等作用。常用继电器的外形如图 5-1 所示,电路符号如图 5-2 所示。

图 5-1　常用继电器的外形

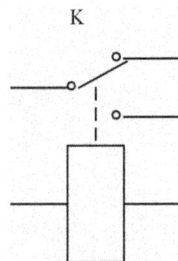

图 5-2　继电器的电路符号

（一）继电器的分类

继电器按其工作原理或结构特征可以分为以下几类。

（1）电磁继电器：利用输入电路内电路在电磁铁铁芯与衔铁间产生的吸力作用而工作的一种电气继电器。

（2）固态继电器：指电子元件履行其功能而无机械运动构件的，输入和输出隔离的一种继电器。

（3）温度继电器：当外界温度达到给定值时而动作的继电器。

（4）舌簧继电器：利用密封在管内，具有触电簧片和衔铁磁路双重作用的舌簧动作来开、闭或转换线路的继电器。

（5）时间继电器：当加上或除去输入信号时，输出部分需延时或限时到规定时间才闭合或断开其被控线路的继电器。

（6）高频继电器：用于切换高频、射频线路而具有最小损耗的继电器。

（7）极化继电器：由极化磁场与控制电流通过控制线圈所产生的磁场综合作用而动作的继电器。继电器的动作方向取决于控制线圈中流过的电流方向。

（8）其他类型的继电器：如光继电器、声继电器、热继电器、仪表式继电器、霍尔效应继电器、差动继电器等。

在电子电路中，用得较多的继电器则是电磁继电器和固态继电器。下面主要对电磁继电器和固态继电器进行介绍。

（二）电磁继电器

电磁继电器一般是由铁芯、线圈、衔铁、触点端子等组成的，如图5-3所示。工作原理是：只要在线圈两端加上一定的电压，线圈中就会流过一定的电流，从而产生电磁效应，衔铁就会在电磁力吸引的作用下克服返回弹簧的拉力吸向铁芯，从而带动衔铁的动触点与静触点（常开触点）吸合。当线圈断电后，电磁的吸力也随之消失，衔铁就会在弹簧的反作用力下返回原来的位置，使动触点与原来的静触点（常闭触点）释放。这样吸合、释放，从而达到了在电路中的导通、切断的目的。对于继电器的"常开、常闭"触点，可以这样来区分：继电器线圈未通电时处于断开状态的静触点，称为"常开触点"；处于接通状态的静触点称为"常闭触点"。

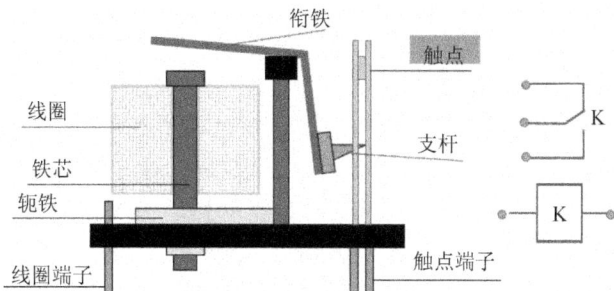

图5-3 电磁继电器的组成

1. 电磁继电器的主要参数

（1）额定工作电压：是指继电器正常工作时线圈所需的电压。根据继电器的型号不同,可以是交流电压,也可以是直流电压。

（2）直流电阻：是指继电器中线圈的直流电阻,可以通过万用表测量。

（3）吸合电流：是指继电器能够产生吸合动作的最小电流。在正常使用时,给定的电流必须略大于吸合电流,这样继电器才能稳定地工作。而对于线圈所加的工作电压,一般不要超过额定工作电压的 1.5 倍,否则会产生较大的电流而把线圈烧毁。

（4）释放电流：是指继电器产生释放动作的最大电流。当继电器吸合状态的电流减小到一定程度时,继电器就会恢复到未通电的释放状态。这时的电流远远小于吸合电流。

（5）触点切换电压和电流：是指继电器允许加载的电压和电流。它决定了继电器能控制电压和电流的大小,使用时不能超过此值,否则很容易损坏继电器的触点。

其中额定工作电压、触点切换电压和电流是主要的指标,这三个参数常常在继电器的外壳上进行标明,如图 5-4 所示。其中 JQC-3F 是继电器的型号,12VDC 是继电器的额定工作电压,10A/125VAC、7A/250VAC/30VDC 是继电器的触点切换电压和电流。常用小型电磁继电器的额定工作电压有直流电压 3V、5V、9V、12V、18V、24V、48V、60V、110(120)V,交流电压 6V、12V、24V、48V、120V、220V 等。

图 5-4　电磁继电器参数

2. 电磁继电器的检测

方法一：用万用表的电阻挡测量继电器的线圈,若电阻为无穷大,则表示线圈断路,不能使用;若电阻值为零,则表示线圈短路,不能使用。测量常闭触头的阻值为零,测量常开触头的阻值为无穷大则正确,否则不能使用。

方法二：直接接额定电压,若能听见吸合和释放的声音则可以使用,否则不可以使用。

3. 电磁继电器的常用抗干扰方法

继电器线圈(以直流继电器为例)是感性负载,在电源断电瞬间会产生瞬变电压,有时高达几千伏,如此高的电压足以损坏相关元器件。不仅如此,由于其含有丰富的谐波,可通过线路间的分布电容、绝缘电阻侵入控制系统,导致误动作。为防止元器件损坏、电路误动作等,就必须采取抑制措施,由于断路产生的瞬变电压能量大、频谱宽,仅仅采用滤波或隔离措施难以奏效,抑制瞬变干扰,通常采用如下几种常见的方式。

（1）并联电阻

并联电阻抑制干扰电路如图 5-5 所示,Q 为电路的控制三极管,K 为电磁继电器。该抑制电路的关键是正确选择所并联的电阻值,阻值过大起不了作用,过小增加功耗,且易烧坏开关触点。例如，48V直流继电器以并联1kΩ/5W电阻为宜，连接不必考虑电源的极性。

（2）并联二极管

并联二极管抑制干扰电路如图5-6所示，电源与二极管极性的相对关系不可任意改变。采用这种方式，能量损耗小，瞬变电压低，但是这种方式延长了放电时间，导致继电器线圈延时释放，降低了动态响应性能。二极管峰值耐压应为负载电压的3倍以上。

（3）并联RC电路

并联RC电路抑制干扰电路如图5-7所示，这种方式抑制效果较好，但元器件较多，R、C数值的选择与线圈的电感及内阻有关，与电源极性无关，通常R为10~100Ω，C为0.1~0.5μF，选用无极性电容器，且耐压应高于电源电压的峰值。

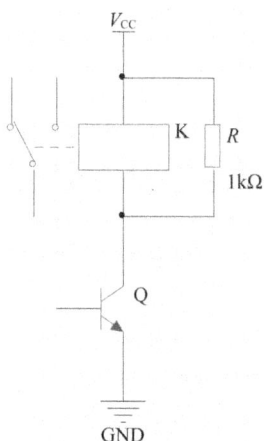

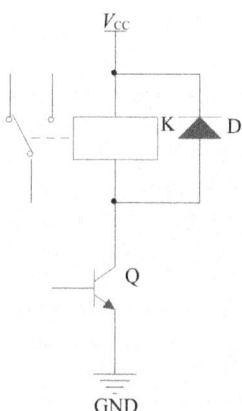

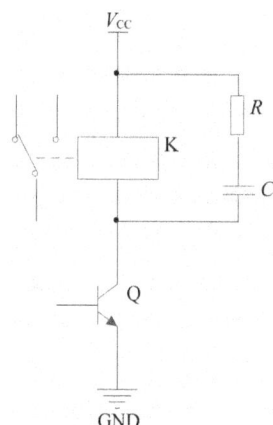

图5-5 并联电阻抑制干扰电路　图5-6 并联二极管抑制干扰电路　图5-7 并联RC电路抑制干扰电路

（三）固态继电器

固态继电器（solid state relay，SSR）是由微电子电路、分立电子器件、电力电子功率器件组成的无触点开关，用隔离器件实现了控制端与负载端的隔离。固态继电器的输入端用微小的控制信号可以直接驱动大电流负载。固态继电器的外形如图5-8所示，电路符号如图5-9所示。

图5-8 固态继电器的外形

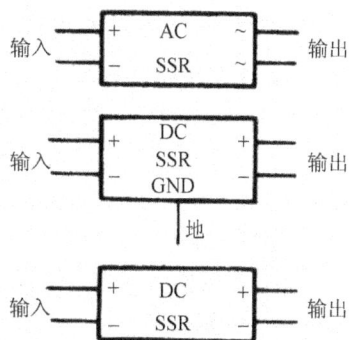

图5-9 固态继电器的电路符号

1. 固态继电器的用途

专用的固态继电器可以具有短路保护、过载保护和过热保护功能,与组合逻辑固化封装就可以实现用户需要的智能模块,直接用于控制系统中。固态继电器已广泛应用于计算机外围接口设备、恒温系统、调温、电炉加温控制、电机控制、数控机械、遥控系统、工业自动化装置;信号灯、调光、闪烁器、照明舞台灯光控制系统;仪器仪表、医疗器械、复印机、自动洗衣机;自动消防、保安系统;作为电网功率因素补偿的电力电容的切换开关;化工、煤矿等需防爆、防潮、防腐蚀的场合;等等。

2. 固态继电器的特点

固态继电器是具有隔离功能的无触点电子开关,在开关过程中无机械接触部件,因此固态继电器除具有与电磁继电器一样的功能外,还具有逻辑电路兼容,耐振耐机械冲击,安装位置无限制,良好的防潮、防霉、防腐蚀,防爆和防止臭氧污染,输入功率小,灵敏度高,控制功率小,电磁兼容性好,噪声低和工作频率高等特点。

3. 固态继电器的优点

(1) 寿命长,可靠性高:固态继电器没有机械零部件,由固体器件完成触点功能。由于没有运动的零部件,因此能在高冲击、振动的环境下工作。组成固态继电器的元器件的固有特性,决定了固态继电器寿命长,可靠性高。

(2) 灵敏度高,控制功率小,电磁兼容性好:固态继电器的输入电压范围较宽,驱动功率低,可与大多数逻辑集成电路兼容,不需加缓冲器或驱动器。

(3) 快速转换:固态继电器因为采用固体器件,所以切换速度可从几毫秒至几微秒。

(4) 电磁干扰小:固态继电器没有输入"线圈",没有触点燃弧和回跳,因而减少了电磁干扰。大多数交流输出固态继电器是一个零电压开关,在零电压处导通,零电流处关断,减少了电流波形的突然中断,从而减少了开关瞬态效应。

4. 固态继电器的缺点

(1) 导通后的管压降大,可控硅或双向控硅的正向降压可达 $1\sim 2V$,大功率晶体管的饱和压降也为 $1\sim 2V$,一般功率场效应管的导通电阻也较机械触点的接触电阻大。

(2) 半导体器件关断后仍可有数微安至数毫安的漏电流,因此不能实现理想的电隔离。

(3) 由于管压降大,导通后的功耗和发热量也大,大功率固态继电器的体积远远大于同容量的电磁继电器,成本也较高。

(4) 电子元器件的温度特性和电子线路的抗干扰能力较差,耐辐射能力也较差,如不采取有效措施,则工作可靠性低。

(5) 固态继电器对过载有较大的敏感性,必须用快速熔断器或 RC 阻尼电路对其进行过载保护。固态继电器的负载与环境温度明显有关,温度升高,负载能力将迅速下降。

(6) 主要不足是存在通态压降(需相应散热措施),有断态漏电流,交、直流不能通用,触点组数少,另外过电流、过电压及电压上升率、电流上升率等指标差。

5. 固态继电器的结构

固态继电器由三部分组成:输入电路、隔离(耦合)和输出电路。固态继电器内部电路如图 5-10 所示。

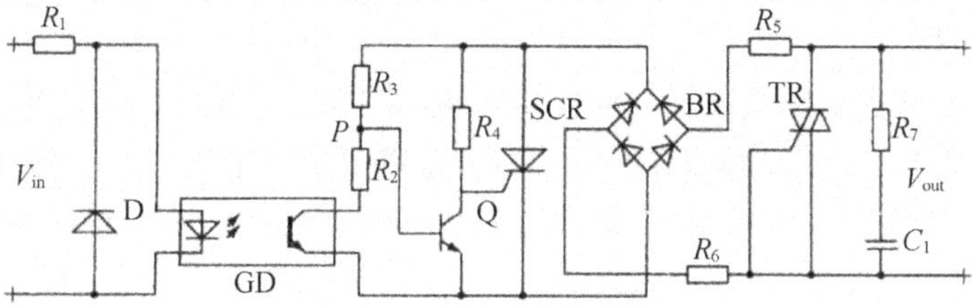

图 5-10　固态继电器内部电路

（1）输入电路

按输入电压的不同类别，输入电路可分为直流输入电路，交流输入电路和交直流输入电路三种。有些输入控制电路还具有与 TTL/CMOS 兼容、正负逻辑控制和反相等功能，可以方便地与 TTL,MOS 逻辑电路连接。

对于控制电压固定的控制信号，采用阻性输入电路，控制电流保证在大于 5mA 可靠工作。对于大的变化范围的控制信号（如 3～32V）则采用恒流电路，保证在整个电压变化范围内电流在大于 5mA 可靠工作。

（2）隔离耦合

固态继电器的输入与输出电路的隔离和耦合方式有光电耦合和高频变压器耦合两种：光电耦合通常使用光电二极管-光电三极管、光电二极管-光控双向可控硅、光伏电池，实现控制侧与负载侧隔离控制；高频变压器耦合是利用输入的控制信号产生的自激高频信号经耦合到次级，经检波整流，逻辑电路处理形成驱动信号。

（3）输出电路

固态继电器的功率开关直接接入电源与负载端，实现对负载电源的通断切换，主要使用的开关器件有大功率晶体三极管、单向可控硅（SCR）、双向可控硅、功率场效应管（MOSFET）、绝缘栅型双极晶体管（IGBT）。固态继电器的输出电路也可分为直流输出电路、交流输出电路和交直流输出电路等形式。按负载类型，固态继电器可分为直流固态继电器和交流固态继电器。直流输出时可使用双极性器件或功率场效应管，交流输出时通常使用两个可控硅或一个双向可控硅。而交流固态继电器可分为单相交流固态继电器和三相交流固态继电器。按导通与关断的时机，交流固态继电器又可分为随机型交流固态继电器和过零型交流固态继电器。

6. 固态继电器的保护措施

（1）过流保护。SSR 是半导体功率器件，对温度变化极为敏感，过流会使 SSR 损坏，通常使用快速熔断器。但要了解它的保护特性，知道其熔断电流与时间的关系，正确选择与 SSR 标称电流相适应的快速熔断器。

（2）加 RC 吸收回路。加 RC 回路不但有防止过电压的作用，而且对改善 dV/dt 有好处。建议 R 为 20～100Ω，功率为 2～5W，C 为 0.1～0.47μF，耐压为 250～630V。SSR 标称电流小 R 取上限 100Ω，C 取下限 0.1μF；反之，R 取小值，C 取大值。

（3）过热保护。SSR 过热，特性下降，轻则失控，重则造成永久性损坏，建议在靠近 SSR 底板处加装温控开关，温控点在 75～80℃。

（4）在电感负载中串接电感 L。在感应负载里，通常因电流变化率 dI/dt 高而使 SSR 损坏。L 电感量多大,这要根据体积大小和成本高低而定。

7. 固态继电器的选购

选购固态继电器主要是选取适当的额定电流,可以根据不同的负载类型来选取 SSR 的额定电流。阻性负载、感性负载和容性负载在刚起动时瞬时电流较大。即使是纯阻性,由于具有正温度系数,冷态时电阻值较小,因而有较大的起动电流。电炉刚接通时电流为稳态的 $1.3 \sim 1.4$ 倍。白炽灯接通时电流为稳态的 10 倍。有些金属卤化物灯不但开启时间长达 10 分钟,而且有高达 100 倍稳态时的脉冲电流。

异步电动机的起动电流为额定值的 $5 \sim 7$ 倍,直流电机的起动电流还要大。不但如此,感性负载还具有较高的反电势。这是一个不定值,随电感 L 和 dI/dt 的不同而不同,自感电动势通常为电源电压的 $1 \sim 2$ 倍,这样和电源电压叠加,有高达三倍的电源电压。

容性负载具有更大的危险性,因为起动时,由于电容器两端的电压不能突变,电容器(负载)相当于短路。这种负载在选购时更要特别注意。

需要特别指出的是用户不要将 SSR 的浪涌电流值作为选择负载起动电流的依据。SSR 的浪涌电流值是以晶闸管浪涌电流为标准的。它的前提条件是半个(或一个)电源周期,即 10ms 或 20ms。而前述启动过程,少则几百毫秒、几分钟,多则高达 10 分钟。这点务必请高度注意。

8. 固态继电器的主要参数

固态继电器的关键技术参数如下。

(1) 输入电压范围:在环境温度 25℃下,固态继电器能够工作的输入电压范围。

(2) 输入电流:在输入电压范围内某一特定电压对应的输入电流值。

(3) 接通电压:在输入端加该电压或大于该电压值时,输出端确保导通。

(4) 关断电压:在输入端加该电压或小于该电压值时,输出端确保关断。

(5) 反极性电压:能够加在继电器输入端上,而不应造成永久性损坏的最大允许反向电压。

(6) 额定输出电流:环境 25℃时的最大稳态工作电流。

(7) 额定输出电压:能够承受的最大负载工作电压。

(8) 输出电压降:当继电器处于导通时,在额定输出电流下测得的输出端电压。

(9) 输出漏电流:当继电器处于关断状态施加额定输出电压时,流经负载的电流值。

(10) 接通时间:当继电器接通时,加输入电压到接通电压开始至输出达到其电压最终变化的 90% 为止的时间间隔。

(11) 关断时间:当继电器关断时,切除输入电压到关断电压开始至输出达到其电压最终变化的 10% 为止的时间间隔。

(12) 过零电压:对交流过零型固态继电器,输入端加入额定电压,能使继电器输出端导通的最大起始电压。

(13) 最大浪涌电压:继电器能承受的而不致造成永久性损坏的非重复浪涌(或过载)电流。

(14) 工作温度:继电器按规范安装或不安装散热板时,其正常工作的环境温度范围。

交、直流固态继电器(JGX3,JGX2)的参数如表 5-1 所示。JGX3 型为可控硅输出,零电流关断。JGX2 型为晶体管输出,通态电压低,速度快。

表 5-1 交、直流固态继电器(JGX3,JGX2)的参数

参数		交流固态继电器(JGX3)	直流固态继电器(JGX2)
输入参数	控制电压	3~32VDC,160~240VAC	3~18VDC,15~32VDC
	关闭电压	≤1.5VDC	≤1.5VDC
	控制电流	≤25mA	≤80mA
	启动电流	≥6mA	≥8mA
	工作指示	LED	LED
输出参数	工作电压	240VAC/440VAC	100~900VDC
	额定电流	10~180A	10~90A
	通态电压	≤1.5V	≤3.0V
	介质耐压	≥2000V	≥2000V
	绝缘电阻	≥10MΩ	≥10MΩ
安全工作条件	工作温度	−20~+75℃	−20~+75℃
	冷却条件	≥10A 配散热器,≥30A 再加风扇强冷	≥10A 配散热器,≥30A 再加风扇强冷
	线路保护	过压:输出端并接 RC 或 MOV	过压:输出端并接 RC 或 MOV
		过流:输出端串接快速熔断丝	过流:输出端串接快速熔断丝
	负载电流安全系数	电阻性负载:60%	电阻性负载:30%
		电感性负载:40%	电感性负载:20%

9. 固态继电器的检测方法

(1)用指针式万用表检测固态继电器输入、输出端

第一步:判别固态继电器的输入端

对无标识或标识不清的固态继电器的输入端的确定方法是:将指针式万用表置于 $R\times$ 10k 挡,将两表笔分别接到固态继电器的任意两引脚上,看其正、反向电阻值的大小,当测出其中一对引脚的正向阻值为几十欧至几十千欧、反向阻值为无穷大时,此两引脚即为输入端,黑表笔所接为输入端的正极,红表笔所接为输入端的负极。

第二步:判别固态继电器的输出端

输出端的确定方法是:对于交流固态继电器,剩下的两引脚便是输出端且没有正与负之分;对直流固态继电器仍需判别正与负,与输入端的正负极平行相对的便是输出端的正负极。需要指出的是,有些直流固态继电器的输出端带有保护二极管,保护二极管的正极接固态继电器的负极,负极则与固态继电器的正极相接,测试时要注意正确区分。

(2)判别固态继电器的好坏

置万用表于 $R\times$ 10k 挡,测量继电器的输入端电阻,若正向电阻在十几千欧左右,反向电阻为无穷大,则表明输入端是好的。然后用同样的挡位测其输出端,阻值均为无穷大,表明输出端是好的。如与上述阻值相差太远,表明继电器有故障。

(3)用数字式万用表检测固态继电器

用数字式万用表判别输入、输出端时,使用二极管挡,分别对四个引脚进行正、反向测

135

试,其中必定能测出一对引脚间的电压值符合正向导通、反向截止的规律,即正向测量时显示"1.3~1.6V",反向测试时显示溢出符号"1",据此便可判定这两个引脚为输入端。而在正向测量时,显示"1.3~1.6V"的一次测量中红表笔所接的为正极,黑表笔所接的为负极。对于直流固态继电器,找到输入端后,一般与其横向两两相对的便是输出端的正极和负极。

二、液晶显示屏

液晶显示屏(LCD)是用于数字型钟表和许多便携式计算机的一种显示器类型。LCD显示使用了两片极化材料,在它们之间是液体水晶溶液。电流通过该液体时会使水晶重新排列,以使光线无法透过它们。因此,每个水晶就像百叶窗,既能允许光线穿过又能挡住光线。在便于携带与搬运的前提之下,传统的显示方式如 CRT 映像管显示器及 LED 显示板等,皆受制于体积过大或耗电量甚巨等因素,无法满足使用者的实际需求。而液晶显示技术的发展正好切合目前信息产品的潮流,无论是直角显示、低耗电量、体积小,还是零辐射等优点,都能让使用者享受最佳的视觉环境。在小型电子产品中,常用的 LCD 类型为显示汉字与图形的 LCD12864 和显示数字与字符的 LCD1602 两种,其外形如图 5-11和图 5-12 所示。

图 5-11　LCD12864 的外形

图 5-12　LCD1602 的外形

(一)LCD12864 液晶显示屏

1. LCD12864 概述

12864 液晶是一种统称,只说明该类屏的一个特征,就是由 128×64 个点构成。

带中文字库的 $128 \times 64 - 0402B$ 每屏可显示 4 行 8 列共 32 个 16×16 点阵的汉字,每个显示 RAM 可显示 1 个中文字符或 2 个 16×8 点阵全高 ASCII 码字符,即每屏最多可实现32 个中文字符或 64 个 ASCII 码字符的显示。带中文字库的 $128 \times 64 - 0402B$ 内部提供128×2 字节的字符显示 RAM 缓冲区(DDRAM)。字符显示是通过将字符显示编码写入该字符显示 RAM 实现的。根据写入内容的不同,可分别在液晶屏上显示 CGROM(中文字库)、HCGROM(ASCII 码字库)及 CGRAM(自定义字形)的内容。三种不同字符/字形的选择编码范围为:0000~0006H(其代码分别是 0000、0002、0004、0006,共 4 个)显示自定义字形,02H~7FH 显示半宽 ASCII 码字符,A1A0H~F7FFH 显示 8192 种 GB2312 中文字库字形。字符显示 RAM 在液晶模块中的地址为 80H~9FH,与 32 个字符显示区域有着一一对应的关系。

2. 基本特性

(1) 低电源电压（V_{DD}：+3.0～+5.5V）；

(2) 显示分辨率：128×64 点；

(3) 对于有内置字库的,提供 8192 个 16×16 点阵汉字(简繁体可选)字库和 128 个 16×8 点阵字符；

(4) 时钟频率：2MHz；

(5) 显示方式：STN、半透、正显；

(6) 驱动方式：1/32DUTY,1/5BIAS；

(7) 视角方向：6 点；

(8) 背光方式：侧部高亮白色 LED,功耗仅为普通 LED 的 1/10～1/5；

(9) 通信方式：串行、并行口可选；

(10) 内置 DC－DC 转换电路,不需要外加负压。

3. 引脚功能

LCD12864 的引脚功能如表 5－2 所示。

表 5－2　LCD12864 的引脚功能

引脚序号	引脚名称	电平值	功能描述
1	V_{SS}	0V	接电源地
2	V_{DD}	+5V	接电源正极
3	V_O	—	液晶显示器驱动电器(可调)
4	RS	H/L	RS="H",表示 DB7～DB0 为显示数据； RS="L",表示 DB7～DB0 为控制指令
5	RW	H/L	RW="H",E="H",数据被读到 DB7～DB0； RW="I",E="H→L",DB7～DB0 的数据被写到 IR 或 DR
6	E	H/L	使能信号
7	DB0	H/L	数据线
8	DB1	H/L	数据线
9	DB2	H/L	数据线
10	DB3	H/L	数据线
11	DB4	H/L	数据线
12	DB5	H/L	数据线
13	DB6	H/L	数据线
14	DB7	H/L	数据线
15	PSB		串并口选择
16	NC		空脚
17	RST		复位脚(低电平有效)

续　表

引脚序号	引脚名称	电平值	功能描述
18	V_{OUT}		倍压输出脚
19	LEDA		背光电源正极(5V)
20	LEDK		背光电源负极(0V)

4. LCD12864 与单片机的接线

LCD12864 与单片机的接线如图 5 - 13 所示。

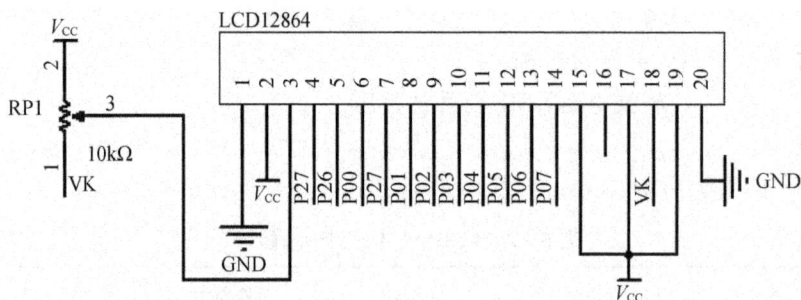

图 5 - 13　LCD12864 与单片机的接线

5. 检测

首先检查外观是否有破损;再对显示屏接 5V 电压,看背光灯是否能点亮;最后,将显示屏接到转接座上,运行显示程序,看是否能显示汉字或图形。

(二) LCD1602 液晶显示屏

1. LCD1602 概述

LCD1602 液晶也叫 1602 字符型液晶,它是一种专门用来显示字母、数字、符号等的点阵型液晶模块。它由若干个 5×7 或者 5×11 点阵字符位组成,每个点阵字符位都可以显示一个字符,每位之间有一个点距的间隔,每行之间也有间隔,起到了字符间距和行间距的作用,正因为如此所以它不能很好地显示图形(用自定义 CGRAM,显示效果也不好)。

LCD1602 是指显示的内容为 16×2,即可以显示两行,每行 16 个字符液晶模块(显示字符和数字)。

2. 基本特性

(1) 3.3V 或 5V 工作电压,对比度可调;

(2) 内含复位电路;

(3) 提供多种控制命令,如清屏、字符闪烁、光标闪烁、显示移位等多种功能;

(4) 有 80 字节显示数据存储器 DDRAM;

(5) 内建有 192 个 5×7 点阵的字符发生器 CGROM;

(6) 内建有 8 个可由用户自定义的 5×7 点阵的字符发生器 CGRAM。

3. 引脚功能

LCD1602 采用标准的 16 脚接口,引脚功能如表 5 - 3 所示。

表 5 - 3 LCD1602 的引脚功能

引脚序号	引脚名称	功能描述
1	GND	电源地。
2	V_{CC}	接 5V 电源正极。
3	V_O	为液晶显示器对比度调整端,接电源地时对比度最弱,接电源地时对比度最高,使用时可以通过一个 $10k\Omega$ 的电位器调整对比度。
4	RS	高电平(1)时选择数据寄存器,低电平(0)时选择指令寄存器。
5	RW	为读写信号线,高电平(1)时进行读操作,低电平(0)时进行写操作。
6	E(EN)	为使能(enable)端,高电平(1)时读取信息,负跳变时执行指令。
7~14	D0~D7	为 8 位双向数据端。
15		空脚或背灯电源正极。
16		空脚或背灯电源负极

4. LCD1602 与单片机的接线

LCD1602 与单片机的接线如图 5 - 14 所示。

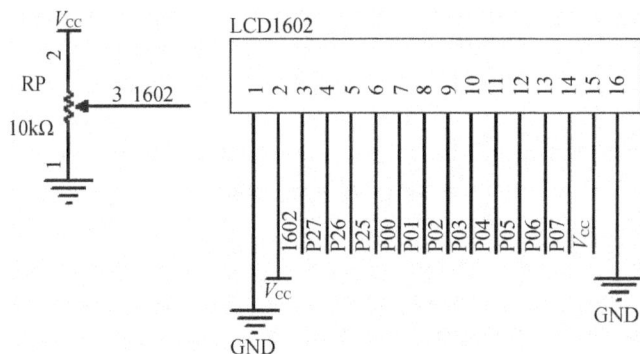

图 5 - 14 LCD1602 与单片机的接线

5. 检测

首先检查外观是否有破损;再对显示屏接 5V 电压,看背光灯是否能点亮;最后,将显示屏接到转接座上,运行显示程序,看是否能显示字母、数字、符号等。

三、石英晶体振荡器

1. 晶振概述

石英晶体振荡器即石英谐振器,简称为晶振,它是利用具有压电效应的石英晶体片制成的。这种石英晶体薄片受到外加交变电场的作用时会产生机械振动,当交变电场的频率与石英晶体的固有频率相同时,振动便变得很强烈,这就是晶体谐振特性的反应。利用这种特性,就可以用石英谐振器取代 LC(线圈和电容)谐振回路、滤波器等。由于石英谐振器具有体积小、重量轻、可靠性高、频率稳定度高等优点,被应用于家用电器和通信设备中。石英谐振器因具有极高的频率稳定性,故主要用在要求频率十分稳定的振荡电路中作为谐振元件。常见的晶振外形如图 5 - 15 所示,电路符号如图 5 - 16 所示。

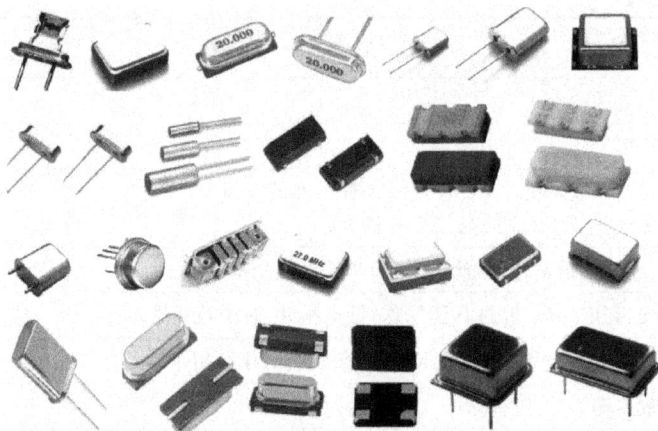

图 5-15 常见的晶振外形

图 5-16 晶振的电路符号

2. 晶振的封装

与其他电子元件相似,石英晶体振荡器亦采用愈来愈小型的封装。根据客户的需要可以制作各种类型、不同尺寸的晶体振荡器(具体资料请参看产品手册)。通常,较小型的器件比较大型的表面贴装或穿孔封装器件更昂贵。所以,小型封装往往要在性能、输出选择和频率选择之间进行折中。

3. 晶振的主要参数

晶振的主要参数如表 5-4 所示。

表 5-4 晶振的主要参数

参数	基本描述
频率准确度	标称电源电压、标称负载阻抗、基准温度(25℃)以及其他条件保持不变,晶体振荡器的频率相对于其规定标称值的最大允许偏差,即$(f_{max} - f_{min})/f_0$。
温度稳定度	其他条件保持不变,在规定温度范围内晶体振荡器输出频率的最大变化量相对于输出频率极值之和的允许频偏值,即$(f_{max} - f_{min})/(f_{max} + f_{min})$。
频率调节范围	通过调节晶振的某可变元件改变输出频率的范围。
调频(压控)特性	包括调频频偏、调频灵敏度、调频线性度。 (1) 调频频偏:压控晶体振荡器控制电压由标称的最大值变化到最小值时的输出频率差; (2) 调频灵敏度:压控晶体振荡器变化单位外加控制电压所引起的输出频率的变化量; (3) 调频线性度:是一种与理想直线(最小二乘法)相比较的调制系统传输特性的量度。
负载特性	其他条件保持不变,负载在规定变化范围内晶体振荡器输出频率相对于标称负载下的输出频率的最大允许频偏。
电压特性	其他条件保持不变,电源电压在规定变化范围内晶体振荡器输出频率相对于标称电源电压下的输出频率的最大允许频偏。
杂波	输出信号中与主频无谐波(副谐波除外)关系的离散频谱分量与主频的功率比,用 dBc 表示。
谐波	谐波分量功率 P_i 与载波功率 P_0 之比,用 dBc 表示。

4. 使用晶振的注意事项

(1) 使晶振、外部电容器(如果有)与 IC 之间的信号线尽可能保持最短。当非常低的电流通过 IC 晶振振荡器时,如果线路太长,会使它对 EMC、ESD 与串扰产生非常敏感的影响。而且长线路还会给振荡器增加寄生电容。

(2) 尽可能将其他时钟线路与频繁切换的信号线路布置在远离晶振连接的位置。

(3) 当心晶振和地的走线。

(4) 将晶振外壳接地。

5. 晶振的检测

对于晶振的检测,通常仅能用示波器(需要通过电路板给予加电)或频率计实现。万用表或其他测试仪等是无法测量的。如果没有条件或没有办法判断其好坏时,那只能采用代换法,这也是行之有效的。

晶振常见的故障有内部漏电、内部开路、变质频偏、与其相连的外围电容漏电。

知识链接

一、单片机最小系统

1. 单片机最小系统及工作原理

单片机最小系统,或者称为最小应用系统,是指用最少的元件组成的单片机可以工作的系统。对 51 系列单片机来说,最小系统一般应该包括:单片机、晶振电路、复位电路和电源,其组成如图 5-17 所示。在图 5-17 中,晶振电路由电容器 C_1、C_2、晶振 Y_1 和单片机内部电路组成,为单片机小系统提供稳定的时钟信号。复位电路由 S_1、C_0 和 R_1 组成,51 单片机属于高电平复位,所以在单片机上电时,电容器 C_0 相当于短路,单片机的引脚 9 为高电平,只要高电平持续时间大于 24 个振荡周期,就可以使单片机复位。在工作时按下按钮 S,也可以实现手动复位。单片机的型号为 STC89C52。

2. 单片机 STC89C52 介绍

STC89C52 是 STC 公司生产的一种低功耗、高性能的 CMOS 8 位微控制器,具有 8K 在系统可编程 Flash 存储器。STC89C52 使用经典的 MCS-51 内核,但做了很多的改进使得芯片具有传统 51 单片机不具备的功能。在单芯片上,拥有灵巧的 8 位 CPU 和在系统可编程 Flash,使得 STC89C52 为众多嵌入式控制应用系统提供高灵活、超有效的解决方案。

STC89C52 标准功能:8KB Flash,512B RAM, 32 位 I/O 口线,看门狗定时器,内置 4KB EEPROM,MAX810 复位电路,3 个 16 位定时器/计数器,4 个外部中断,一个 7 向量 4 级中断结构(兼容传统 51 的 5 向量 2 级中断结构),全双工串行口。另外 STC89C52 可降至 0Hz 静态逻辑操作,支持 2 种软件可选择节电模式。在空闲模式下,CPU 停止工作,允许 RAM、定时器/计数器、串口、中断继续工作。在掉电保护方式下,RAM 内容被保存,振荡器被冻结,单片机的一切工作停止,直到下一个中断或硬件复位为止。最高运作频率为 35MHz,6T/12T 可选。

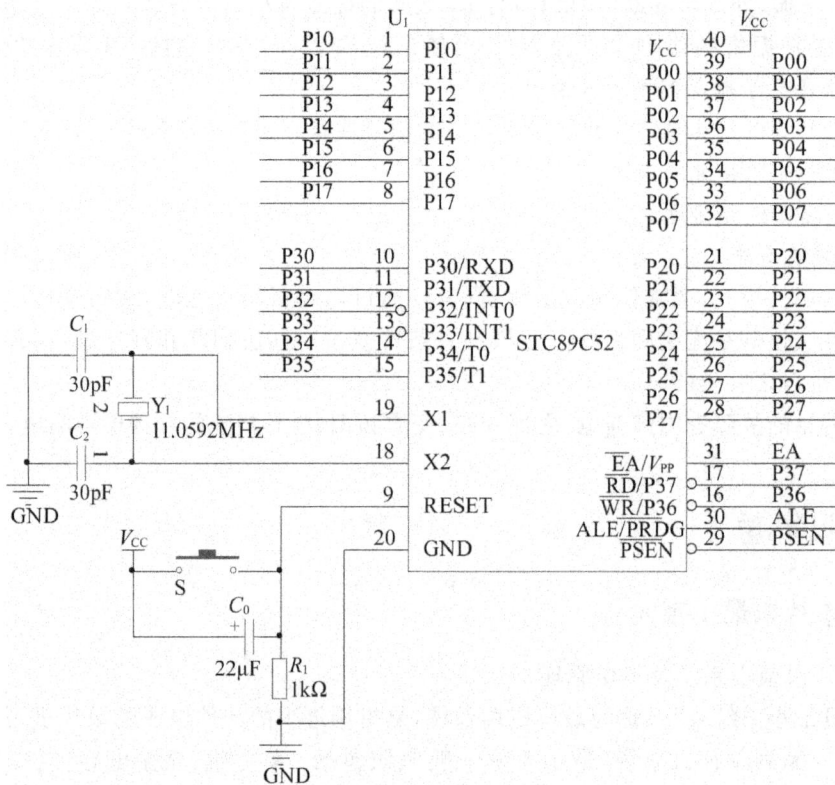

图 5-17 51 单片机最小系统的组成

3. STC89C52 的主要参数

(1) 增强型 8051 单片机,6 时钟/机器周期和 12 时钟/机器周期可以任意选择,指令代码完全兼容传统 8051。

(2) 工作电压:3.3～5.5V(5V 单片机)/2.0～3.8V(3V 单片机)。

(3) 工作频率范围:0～40MHz,相当于普通 8051 的 0～80MHz,实际工作频率可达 48MHz。

(4) 用户应用程序空间为 8KB。

(5) 片上集成 512B RAM。

(6) 通用 I/O 口(32 个),复位后为:P0/P1/P2/P3 是准双向口/弱上拉,P0 口是漏极开路输出,作为总线扩展用时,不用加上拉电阻,作为 I/O 口用时,需加上拉电阻。

(7) ISP(在系统可编程)/IAP(在应用可编程),无需专用编程器,无需专用仿真器,可通过串口(RXD/P3.0,TXD/P3.1)直接下载用户程序,数秒即可完成一片。

(8) 具有 EEPROM 功能。

(9) 共 3 个 16 位定时器/计数器,即定时器 T0、T1、T2。

(10) 外部中断 4 路,可设置为下降沿中断或低电平触发中断,电源休眠(Power Down)模式可由外部低电平触发中断方式唤醒。

(11) 通用异步串行口(UART),还可用定时器软件实现多个 UART。

（12）工作温度范围：－40～＋85℃（工业级）/0～75℃（商业级）。

（13）PDIP 封装。

4. 引脚功能

单片机 STC89C52 的引脚排列如图 5－18 所示，由 I/O 功能口、电源引脚、复位引脚、时钟引脚及其他功能等 40 个引脚构成。STC89C52 的引脚功能如表 5－5 所示。

图 5－18 STC89C52 的引脚排列

表 5－5 STC89C52 的引脚功能

引脚序号	引脚名称	功能描述
1～8	P1.0～P1.7	P1 口是一个带内部上拉电阻的 8 位双向 I/O 口； 此外，P1.0 和 P1.1 还可以作为定时器/计数器 2 的外部技术输入（P1.0/T2）和定时器/计数器 2 的触发输入（P1.1/T2EX）。
9	RST	复位脚，高电平有效。
10～17	P3.0～P3.7	第一，可以作为一般 I/O 口； 第二，可以作为特殊功能口（P3.0＝RXD，P3.1＝TXD，P3.2＝INT0，P3.3＝INT1，P3.4＝T0，P3.5＝T1，P3.6＝WR，P3.7＝－RD）。
18、19	XTAL	时钟端，18＝XTAL2，19＝XTAL1。
20	GND	电源地。
21～28	P2.0～P2.7	第一，可以作为一般 I/O 口； 第二，可以作为高八位地址口。
29	PSEN	程序存储允许信号。
30	ALE/PROG	地址锁存信号。
31	EA/V_{PP}	外部访问允许信号。
32～39	P0.7～P0.0	第一，可以作为一般 I/O 口； 第二，也可以作为地址的低八位地址口。
40	V_{CC}	＋5V 电源。

二、时钟、日历电路

1. 时钟、日历电路的组成

时钟、日历电路由集成电路 PCF8563、晶振 Y_2、电容 C_{12}、C_{13}、二极管 D_{10} 及备份电源 BT_1 组成,电路原理如图 5-19 所示。

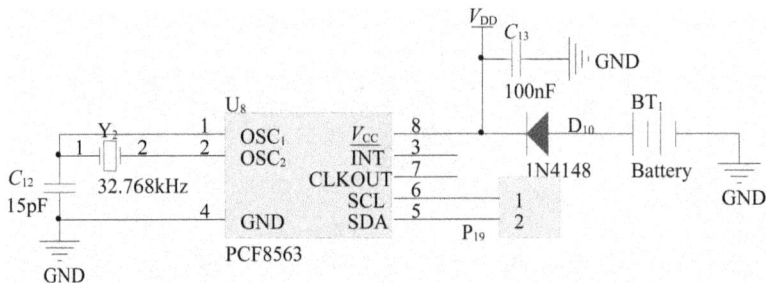

图 5-19　时钟、日历的电路原理

2. 时钟芯片 PCF8563

(1) PCF8563 的引脚功能

PCF8563 的引脚功能如表 5-6 所示。

表 5-6　PCF8563 的引脚功能

引脚序号	引脚名称	功能描述
1	OSC_1	振荡器输入
2	OSC_2	振荡器输出
3	$\overline{INT}$	中断输出(开漏:低电平有效)
4	GND	地
5	SDA	串行数据 I/O
6	SCL	串行时钟输入
7	CLKOUT	时钟输出(开漏)
8	V_{DD}	正电源

(2) PCF8563 的功能

PCF8563 是 PHILIPS 公司推出的一款工业级内含 I^2C 总线接口的具有极低功耗的多功能时钟/日历芯片。

PCF8563 内部由自动增量的地址寄存器、32.768kHz 的振荡器(带有一个内部集成的电容)、分频器(用于给实时时钟 RTC 提供源时钟)、可编程时钟输出、定时器、报警器、掉电检测器和 I^2C 总线接口组成。

PCF8563 内部包含 16 个寄存器(寄存器名称及功能见表 5-7),所有 16 个寄存器设计成可寻址的 8 位并行寄存器,但不是所有位都有用。前两个寄存器(内存地址 00H,01H)用于控制寄存器和状态寄存器,内存地址 02H~08H 用于时钟计数器(秒~年计数器),地址

09H～0CH 用于报警寄存器(定义报警条件),地址 0DH 控制 CLKOUT 引脚的输出频率,地址 0EH 和 0FH 分别用于定时器控制寄存器和定时器寄存器。秒、分钟、小时、日、月、年、分钟报警、小时报警、日报警寄存器的编码格式为 BCD,星期和星期报警寄存器不以 BCD 格式编码。当一个 RTC 寄存器被读时,所有计数器的内容被锁存,因此,在传送条件下,可以禁止对时钟日历芯片的错读。

表 5-7 PCF8563 寄存器的名称及功能

地址	寄存器名称	Bit7	Bit6	Bit5	Bit4	Bit3	Bit2	Bit1	Bit0
00H	控制/状态寄存器 1	TEST	0	STOP	0	TESTC	0	0	0
01H	控制/状态寄存器 2	0	0	0	TI/TP	AF	TF	AIE	TIE
0DH	CLKOUT 频率寄存器	FE						FD1	FD0
0EH	定时器控制寄存器	TE						TD1	TD0
0FH	定时器倒计数寄存器	定时器倒计数数值							
02H	秒	VL	00～59BCD 码格式数						
03H	分	—	00～59BCD 码格式数						
04H	时			00～23BCD 码格式数					
05H	日			01～31BCD 码格式数					
06H	星期	—	—	—	—	—	0～6		
07H	月/世纪	C	—	—	01～12BCD 码格式数				
08H	年	00～99BCD 码格式数							
09H	分钟报警	AE	00～59BCD 码格式数						
0AH	小时报警	AE	00～23BCD 码格式数						
0BH	日报警	AE	01～31BCD 码格式数						
0CH	星期报警	AE			0～6				

三、模数 A/D 转换电路与数模 D/A 转换电路

1. 电路组成

模数 A/D 转换电路与数模 D/A 转换电路由集成电路 TLC549、TLC5620、可调电位器及电容等组成,电路如图 5-20 所示。

2. 模数 A/D 转换集成电路 TLC549

TLC549 是 TI 公司生产的一种低价位、高性能的 8 位 A/D 转换器,它以 8 位开关电容逐次逼近的方法实现 A/D 转换,其转换速度小于 $17\mu s$,最大转换速率为 40kHz,4MHz 典型内部系统时钟,电源为 3～6V。它能方便地采用三线串行接口方式与各种微处理器连接,构成各种廉价的测控应用系统。

(1) 引脚排列及功能

TLC549 的引脚排列如图 5-21 所示。

图 5-20 模数 A/D 转换电路与数模 D/A 转换电路

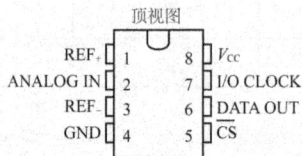

图 5-21 TLC549 的引脚排列

在图 5-21 中,各引脚的功能如下:

REF$_+$:正基准电压输入端,$2.5V \leqslant REF_+ \leqslant V_{CC} + 0.1$。

REF$_-$:负基准电压输入端,$-0.1V \leqslant REF_- \leqslant 2.5V$,且要求 $(REF_+) - (REF_-) \geqslant 1V$。

V_{CC}:系统电源 $3V \leqslant V_{CC} \leqslant 6V$。

GND:接地端。

$\overline{CS}$:芯片选择输入端,要求输入高电平 $V_{in} \geqslant 2V$,输入低电平 $V_{in} \leqslant 0.8V$。

DATA OUT:转换结果数据串行输出端,与 TTL 电平兼容,输出时高位在前,低位在后。

ANALOGIN:模拟信号输入端,$0 \leqslant ANALOGIN \leqslant V_{CC}$,当 ANALOGIN$\geqslant$REF$_+$ 电压时,转换结果为全"1"(0FFH),ANALOGIN$\leqslant$REF$_-$ 电压时,转换结果为全"0"(00H)。

I/O CLOCK:外接输入/输出时钟输入端,用于芯片的输入输出操作,无需与芯片内部系统时钟同步。

(2)工作时序

TLC549 的工作时序如图 5-22 所示。当$\overline{CS}$变为低电平后,TLC549 芯片被选中,同时前次转换结果的最高有效位 MSB(A7)自 DATA OUT 端输出,接着要求自 I/O CLOCK 端输入 8 个外部时钟信号,前 7 个 I/O CLOCK 信号的作用,是配合 TLC549 输出前次转换结果的 A6～A0 位,并为本次转换做准备;在第 4 个 I/O CLOCK 信号由高至低地跳变之后,片内采样/保持电路对输入模拟量采样开始,第 8 个 I/O CLOCK 信号的下降沿使片内采样/保持电路进入保持状态并启动 A/D 开始转换。转换时间为 36 个系统时钟周期,最大为 17μs。直到 A/D 转换完成前的这段时间内,TLC549 的控制逻辑要求:或者 $\overline{CS}$ 保持高电平,或者 I/O CLOCK 时钟端保持 36 个系统时钟周期的低电平。由此可见,在自 TLC549 的 I/O CLOCK 端输入 8 个外部时钟信号期间需要完成以下工作:读入前次 A/D 转换结果;对本次转换的输入模拟信号采样并保持;启动本次 A/D 转换开始。

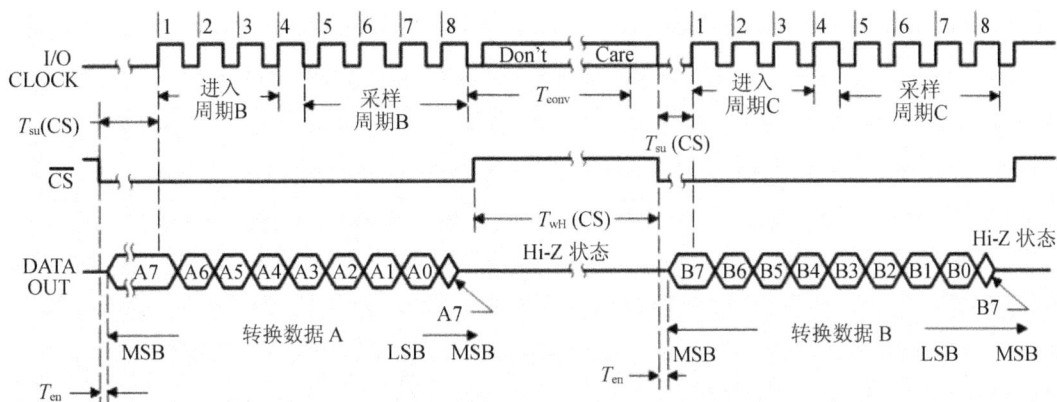

图 5-22 TLC549 的工作时序

3. 数模 D/A 转换集成电路 TLC5620

TLC5620 是一款具有高阻抗基准输入的 4 路串行 8 位电压输出型数模转换芯片,它采用单一 5 V 电源供电,是一种低功耗芯片。TLC5620 兼容 CMOS 电平,只需要通过 4 根串行总线就可以完成 8 位数据的串行输入,与工业标准的微处理器或微控制器(单片机)接口方便。TLC5620 适用于可编程电压源、数字控制放大器/衰减器、信号合成、移动通信、自动测试装置以及工程监视和控制等工业控制场合。

TLC5620 可分别输入 4 个参考电压,从而有 4 种不同的模拟电压输出。TLC5620 是通过使用 4 个电阻网络来实现 4 路数模转换,每路 DAC(数模转换)的核心是 256 个独立电阻,对应串行输入的 256 个可能码值 0～255。每个电阻网络的一端连接到地 GND,另一端从基准电压输入缓冲器的输出端反馈回来。

(1) 引脚排列及功能

TLC5620 的引脚排列如图 5-23 所示。

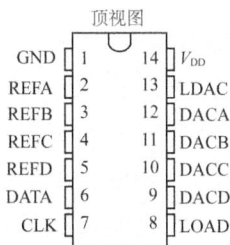

图 5-23 TLC5620 的引脚排列

TLC5620 共有 14 个引脚,引脚功能如表 5-8 所示。

表 5-8 TLC5620 的引脚功能

引脚序号	引脚名称	功能描述
1	GND	电压地端。
2~5	REFA~REFD	4 个参考电压输入端,其限定了模拟输出电压的最大值。
6	DATA	串口界面的数字数据输入端。进行转化的数字信号是串行输入寄存器的,且每一位数据是在时钟信号的下降沿被读的。
7	CLK	串行时钟信号输入端。用于控制串行数据的输入。
8	LOAD	串行界面数据装载控制端。当 LDAC 是低电平的时候,在 LOAD 信号的下降沿,将输入的数字数据锁入输出门,并立即产生模拟电压输出。
9~12	DACD~DACA	4 个模拟电压输出端。
13	LDAC	装载 DAC 控制端。当 LDAC 是高电平时,有数字信号写入的时候 DAC 输出不会被更新。只有 LDAC 信号由高电平下降为低电平时才会更新模拟输出。
14	V_{DD}	电压正端。

(2) 工作时序

因为 TLC5620 为四通道的数模转换器,只有一个 DATA 数据输入端,所以传送的数据中要包含通道的信息,以便 DAC 能识别出该数据属于哪个通道,转换完成后的模拟信号输出到相应的通道中。TLC5620 传输的一帧数据有 11 位,先传送高位,最后传送低位,帧格式如表 5-9 所示。

表 5-9 TLC5620 传输的一帧数据格式

D10	D9	D8	D7	D6	D5	D4	D3	D2	D1	D0
通道选择位		输出倍数	八位数据(CODE)D7~D0							
00:DACA 01:DACB 10:DACC 11:DACD		RNG=0, RNG=1	$$V_o = REF \times \frac{CODE}{256}(1+RNG)$$							

DAC 内部有移位寄存器和锁存器,要在工程中实现在 LOAD 高电平时把 11 位数据在 CLK 的下降沿逐位(由高位到低位)发送到 DATA 端,发送完毕后,LOAD 置为低电平,指示 DAC 进行模数转换。TLC5620 的工作时序如图 5-24 所示。

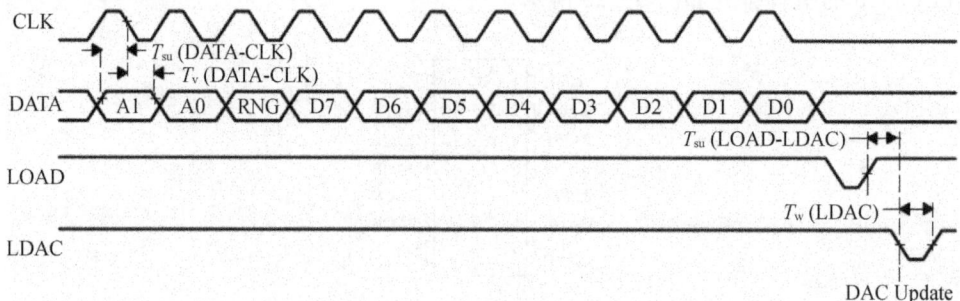

图 5-24 TLC5620 的工作时序

四、串行通信电路

1. 电路组成

串行通信电路由集成电路 MAX232、电容器 C_5、C_6、C_7、C_8 及 9 针端口构成,如图 5-25 所示。

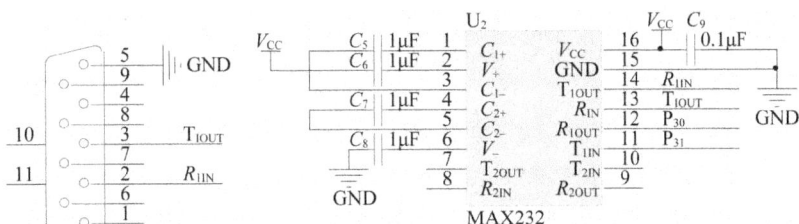

图 5-25　串行通信电路

2. 集成电路 MAX232

MAX232 芯片是美信(MAXIM)公司专为 RS-232 标准串口设计的单电源电平转换芯片,使用+5V 单电源供电。MAX232 是一种双组驱动器/接收器,片内含有一个电容性电压发生器以便在+5V 单电源供电时提供 EIA/TIA-232-E 电平。

当用单片机和 PC 机通过串口进行通信时,尽管单片机有串行通信的功能,但单片机提供的信号电平和 RS232 的标准不一样,因此要通过 MAX232 这种类似的芯片进行电平转换。

(1) 引脚排列及功能

MAX232 的引脚排列如图 5-26 所示,由 16 只引脚组成,各引脚的功能如下。

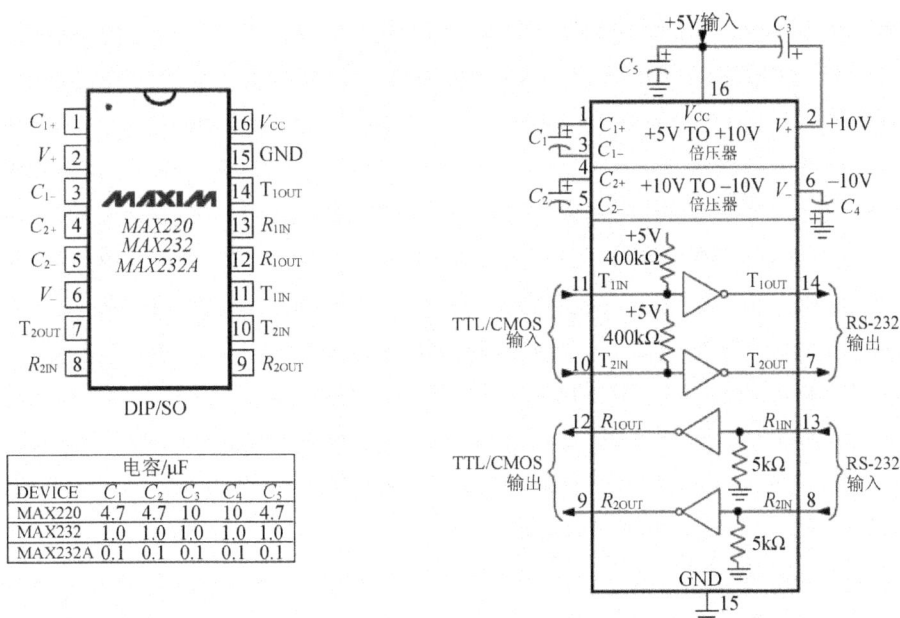

电容/μF					
DEVICE	C_1	C_2	C_3	C_4	C_5
MAX220	4.7	4.7	10	10	4.7
MAX232	1.0	1.0	1.0	1.0	1.0
MAX232A	0.1	0.1	0.1	0.1	0.1

图 5-26　MAX232 的引脚排列

第一部分是电荷泵电路。由引脚 1、2、3、4、5、6 和 4 只电容构成。功能是产生+10V 和 -10V 两个电源,满足 RS-232 串口电平的需要。

第二部分是数据转换通道。由引脚 7、8、9、10、11、12、13、14 构成两个数据通道。其中引脚 13(R_{1IN})、12(R_{1OUT})、11(T_{1IN})、14(T_{1OUT})为第一数据通道。引脚 8(R_{2IN})、9(R_{2OUT})、10(T_{2IN})、7(T_{2OUT})为第二数据通道。

TTL/CMOS 数据从引脚 11(T_{1IN})、10(T_{2IN})输入转换成 RS-232 数据从引脚 14(T_{1OUT})、7(T_{2OUT})送到电脑 DB9 插头;DB9 插头的 RS-232 数据从引脚 13(R_{1IN})、8(R_{2IN})输入转换成 TTL/CMOS 数据后从引脚 12(R_{1OUT})、9(R_{2OUT})输出。

第三部分是供电。引脚 15 为 GND,引脚 16 为 V_{CC}(+5V)。

(2) MAX232 的主要特点

符合所有的 RS-232C 技术标准;只需要单一+5V 电源供电;片载电荷泵具有升压、电压极性反转能力,能够产生+10V 和-10V 电压 V_+、V_-;功耗低,典型供电电流 5mA;内部集成 2 个 RS-232C 驱动器;高集成度,片外最低只需 4 个电容即可工作;内部集成两个 RS-232C接收器。

五、人机接口电路

人机接口电路由 LED 数码管、按键和发光二极管组成,如图 5-27 所示。在图 5-27 中,当按键按下时为"0",没有按下时为"1";当发光二极管的负端为"0"时点亮,为"1"时熄灭;数码管由三极管 Q_2、Q_3、Q_4 和 Q_5 控制,每一个三极管控制一位数码管,因此,与 4 个三极管相连的叫位码。数码管的显示字形由另外 7 段控制,因此叫段码。只有当位码和段码同时加在一个数码管上时,数码管才能够显示相应的数字。

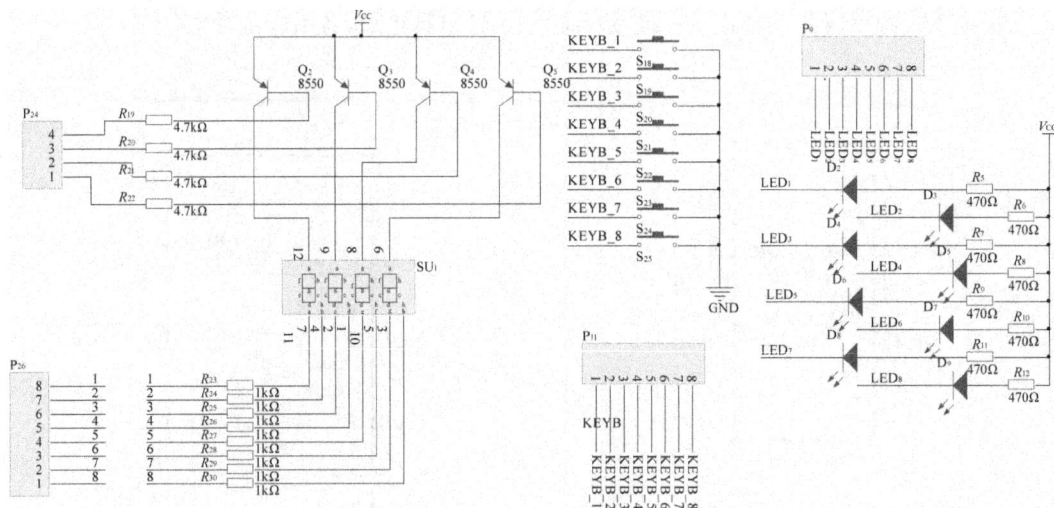

图 5-27 人机接口电路

六、数字温度传感器 DS18B20

1. DS18B20 的主要特性

(1) 适应电压范围更宽,电压范围为 3.0～5.5V,在寄生电源方式下可由数据线供电。

(2) 独特的单线接口方式,DS18B20 在与微处理器连接时仅需一条 I/O 线即可实现微处理器与 DS18B20 的双向通信。

（3）DS18B20 支持多点组网功能，多个 DS18B20 可以并联在唯一的三线上，实现组网多点测温。

（4）DS18B20 在使用中不需要任何外围元件，全部传感元件及转换电路集成在形如一只三极管的集成电路内。

（5）温度范围为 $-55\sim+125℃$，在 $-10\sim+85℃$ 时精度为 $\pm0.5℃$。

（6）可编程的分辨率为 $9\sim12$ 位，对应的可分辨温度分别为 $0.5℃$、$0.25℃$、$0.125℃$ 和 $0.0625℃$，可实现高精度测温。

（7）在 9 位分辨率时最多在 93.75ms 内把温度转换为数字，在 12 位分辨率时最多在 750ms 内把温度转换为数字，DS18B20 的转换速度较快。

（8）测量结果直接输出数字温度信号，以"一根总线"串行传送给 CPU，同时可传送 CRC 校验码，具有极强的抗干扰纠错能力。

（9）负压特性：电源极性接反时，芯片不会因发热而烧毁，但不能正常工作。

2. DS18B20 的内部结构和外形

DS18B20 内部结构主要由 64 位 ROM 和单线接口、温度灵敏元件、低温触发器 TL、高温触发器 TH、配置寄存器组成，如图 5-28 所示。

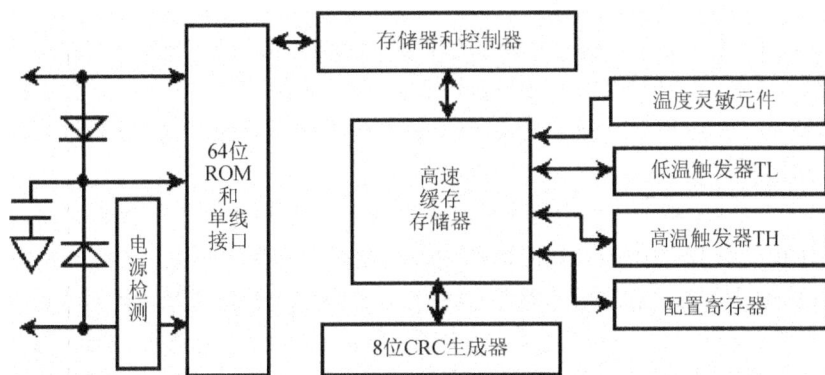

图 5-28 DS18B20 的内部结构

DS18B20 的外形及引脚排列如图 5-29 所示：

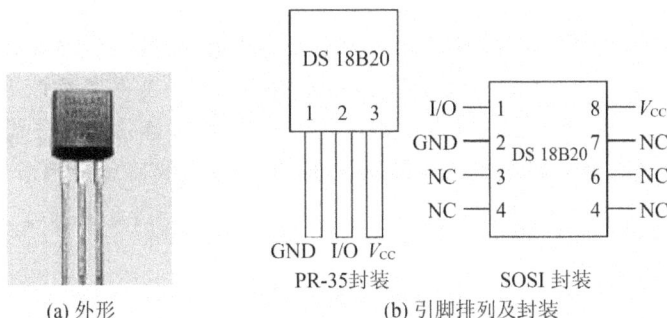

(a) 外形   (b) 引脚排列及封装

图 5-29 DS18B20 的外形及引脚排列

DS18B20 引脚的功能如下：

（1）DQ 为数字信号输入/输出端；

（2）GND 为电源地；

（3）V_{CC} 为外接供电电源输入端（在寄生电源接线方式时接地）。

3．DS18B20 的应用电路

DS18B20 测温系统具有测温系统简单、测温精度高、连接方便、占用口线少等优点。测温电路如图 5-30 所示。

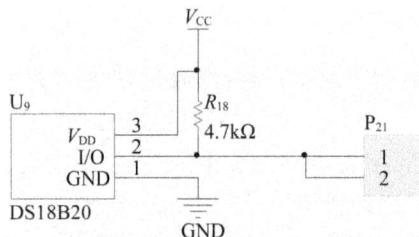

图 5-30　DS18B20 测温电路

4．使用 DS18B20 的注意事项

DS18B20 虽然具有测温系统简单、测温精度高、连接方便、占用口线少等优点，但在实际应用中也应注意以下几方面的问题。

（1）较小的硬件开销需要相对复杂的软件进行补偿，由于 DS18B20 与微处理器间采用串行数据传送，因此，在对 DS18B20 进行读写编程时，必须严格地保证读写时序，否则将无法读取测温结果。在使用 PL/M、C 等高级语言进行系统程序设计时，对 DS18B20 操作部分最好采用汇编语言实现。

（2）在 DS18B20 的有关资料中均未提及单总线上所挂 DS18B20 的数量问题，容易使人误认为可以挂任意多个 DS18B20，在实际应用中并非如此。当单总线上所挂 DS18B20 超过 8 个时，就需要解决微处理器的总线驱动问题，这一点在进行多点测温系统设计时要加以注意。

（3）连接 DS18B20 的总线电缆是有长度限制的。试验中，当采用普通信号电缆传输长度超过 50m 时，读取的测温数据将发生错误。当将总线电缆改为双绞线带屏蔽电缆时，正常通信距离可达 150m，当采用每米绞合次数更多的双绞线带屏蔽电缆时，正常通信距离进一步加长。这种情况主要是由总线分布电容使信号波形产生畸变造成的。因此，在 DS18B20 进行长距离测温系统设计时，要充分考虑总线分布电容和阻抗匹配问题。

（4）在 DS18B20 测温程序设计中，向 DS18B20 发出温度转换命令后，程序总要等待 DS18B20 的返回信号，一旦某个 DS18B20 接触不好或断线，当程序读该 DS18B20 时，将没有返回信号，程序进入死循环。这一点在进行 DS18B20 硬件连接和软件设计时也要给予一定的重视。测温电缆线建议采用屏蔽 4 芯双绞线，其中一对线接地线与信号线，另一对线接 V_{CC} 和地线，屏蔽层在源端单点接地。

七、数据存储电路

数据存储电路由集成电路 24C02 完成，CAT 24WC02 是一个 2K 位串行 CMOS E^{2}PROM，内部含有 256 个 8 位字节，CATALYST 公司的先进 CMOS 技术实质上减少了器件的功耗，CAT24WC02 有一个 16 字节写缓冲器，该器件通过 I^{2}C 总线接口进行操作，有一个专门的写保护功能。

1. 引脚排列及功能

24C02 的引脚排列如图 5-31 所示,各引脚功能如下:

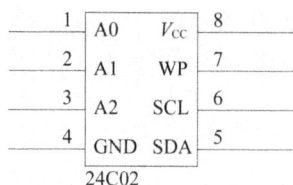

图 5-31 24C02 的引脚排列

SCL:串行时钟,串行时钟输入引脚用于产生器件所有数据发送或接收的时钟。

SDA:串行数据/地址,双向串行数据/地址引脚用于器件所有数据的发送或接收,SDA 是一个开漏输出引脚,可与其他开漏输出或集电极开路输出进行线或。

A0、A1、A2:器件地址输入端,这些输入脚用于多个器件级联时设置器件地址,当这些脚悬空时默认值为 0。

WP:写保护,如果 WP 引脚连接到 V_{cc},所有的内容都被写保护只能读,当 WP 引脚连接到 V_{ss} 或悬空,允许器件进行正常的读/写操作。

V_{cc}:电源正极。

GND:电源负极。

2. 电路组成

24C02 的电路组成如图 5-32 所示。系统中只有一块存储芯片,芯片地址线 A0、A1、A2 与地相连,I^2C 总线接口 WP、SDA、SCL 与单片机相连。

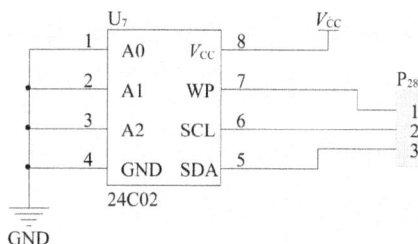

图 5-32 24C02 的电路组成

3. 工作时序

24C02 为 I^2C 总线接口,必须遵守 I^2C 总线协议,协议定义为:

(1)只有在总线空闲时才允许启动数据传送。

(2)在数据传送过程中,当时钟线为高电平时,数据线必须保持稳定状态,不允许有跳变。数据线的任何电平变化将被看作总线的起始或停止信号。

(3)起始信号:时钟线保持高电平期间,数据线电平从高到低的跳变作为 I^2C 总线的起始信号。

(4)停止信号:时钟线保持高电平期间,数据线电平从低到高的跳变作为 I^2C 总线的停止信号。

24C02 的工作时序如图 5-33 所示。

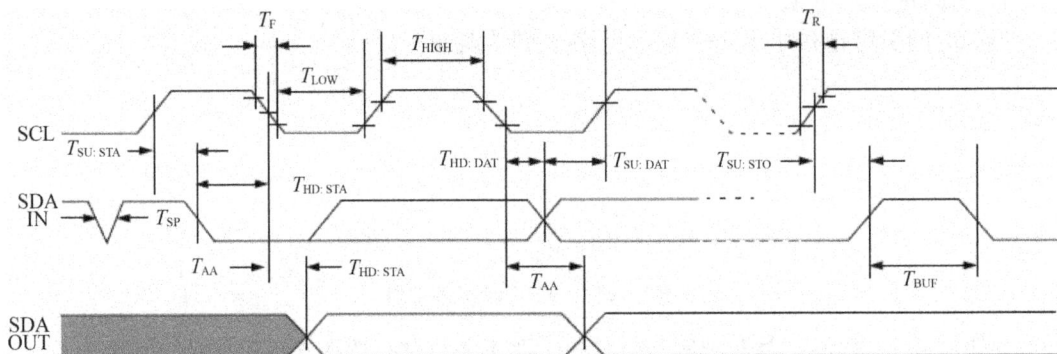

图 5-33　24C02 的工作时序

八、电子产品的工艺文件

工艺图和工艺文件是指导操作者生产、加工、操作的依据。对照工艺图,操作者都应该能够知道产品是什么样子,怎样把产品做出来,但不需要对它的工作原理过多关注。工艺文件一般包括生产线布局图、产品工艺流程图、实物装配图、印制板装配图等。

1. 工艺文件的定义

工艺文件是指将组织生产,实现工艺过程的程序、方法、手段,用标准文字、图片的形式表示,用来指导产品制造过程的一切生产活动,使之纳入规范有序的轨道。工艺文件是企业能否安全、优质、高产、低耗地制造产品的关键。工艺部门编制的工艺计划、工艺标准、工艺方案、质量控制规程也属于工艺文件范畴。

工艺文件是带有强制性的纪律性文件,不允许用口头的形式来表示,必须采用规范的书面形式,而且任何人不得随意修改,违反工艺文件属违纪(厂纪)行为。

2. 工艺文件的作用

工艺文件的主要作用如下:

(1) 组织生产,建立生产秩序;

(2) 指导技术,保证产品质量;

(3) 编制生产计划,考核工时定额;

(4) 调整劳动组织;

(5) 安排物资供应;

(6) 工具、工装、模具管理;

(7) 经济核算的依据;

(8) 执行工艺纪律的依据;

(9) 历史档案资料;

(10) 产品转厂生产时的交换资料;

(11) 各企业之间进行经验交流。

对于组织机构健全的电子产品制造企业来说,工艺文件也正是各部门职员的工作依据。为生产部门提供规定的流程和工序,便于组织有序的产品生产;按照文件要求进行工艺纪律和员工的管理;提出各工序和岗位的技术要求和操作方法,保证生产出符合质量要求的产品。质量管理部门检查各工序和岗位的技术要求和操作方法,监督生产符合质量要求的产品。生产计划部门、物料供应部门和财务部门核算确定工时定额和材料定额,控制产品的制造成本。资料档案管理部门对工艺文件进行严格的授权管理,记载工艺文件的更新历程,确认生产过程使用有效的文件。

3. 电子产品工艺文件的分类

根据电子产品的特点,工艺文件主要包括产品工艺流程、岗位作业指导书、通用工艺文件和管理性工艺文件几大类。工艺流程是组织产品生产必需的工艺文件;岗位作业指导书是参与生产的每个员工、每个岗位都必须遵照执行的;通用工艺文件如设备操作规程、焊接工艺要求等,力求适用于多个工位和工序;管理性工艺文件如现场工艺纪律、防静电管理办法等。

(1)基本工艺文件

基本工艺文件是供企业组织生产、进行生产技术准备工作的最基本的技术文件,它规定了产品的生产条件、工艺路线、工艺流程、工具设备、调试及检验仪器、工艺装备、工时定额。一切在生产过程中进行组织管理所需要的资料,都要从中取得有关的数据。

基本工艺文件应包括零件工艺过程和装配工艺过程。

(2)指导技术的工艺文件

指导技术的工艺文件是不同专业工艺的经验总结,或者是通过试生产实践编写出来的用于指导技术和保证产品质量的技术条件,主要包括专业工艺规程、工艺说明及简图、检验说明(方式、步骤、程序等)。

(3)统计汇编资料

统计汇编资料是为企业管理部门提供的各种明细表,作为管理部门规划生产组织、编制生产计划、安排物资供应、进行经济核算的技术依据,主要包括专用工装、标准工具、工时消耗定额。

(4)管理工艺文件的格式

管理工艺文件包括工艺文件封面、工艺文件目录、工艺文件更改通知单、工艺文件明细表。

4. 工艺文件的成套性

电子产品工艺文件的编制不是随意的,应该根据产品的生产性质、生产类型、复杂程度、重要程度及生产的组织形式等具体情况,按照一定的规范和格式编制配套齐全,即应该保证工艺文件的成套性。

电子行业标准 SJ/T 10324 对工艺文件的成套性提出了明确的要求,分别规定了产品在设计定型、生产定型、钽电容样机试制或一次性生产时的工艺文件成套性标准。

电子产品大批量生产时,工艺文件就是指导企业加工、装配、生产、计划、调度、原材料准备、劳动组织、质量管理、工模具管理、经济核算等工作的主要技术依据,所以工艺文件的成套性在产品生产定型时尤其应该加以重点审核。通常,整机类电子产品在生产定型时至少应具备工艺文件明细表、装配工艺过程卡片、自制工艺装备明细表、材料消耗工艺定额明细表、材料消耗工艺定额汇总表。

5. 典型岗位作业指导书的编制

岗位作业指导书是指导员工进行生产的工艺文件,编制作业指导书,要注意以下几个方面:

(1)为便于查阅、追溯质量责任,作业指导书必须写明产品(如有可能,尽量包括产品规格及型号)以及文件编号。

（2）必须说明该岗位的工作内容,对于操作人员,最好在指导书上指明操作的部位。

（3）写明本工位工作所需要的原材料、元器件和设备工具以及相应的规格、型号及数量。

（4）有图纸或实物样品加以指导的,要指出操作的具体部位。

（5）有说明或技术要求用来告诉操作人员怎样具体操作以及注意事项。

（6）工艺文件必须有编制人、审核人和批准人签字。

一般来说,一件产品的作业指导书不止一张,有多少工位就应有多少张作业指导书,因此,每件产品的作业指导书要汇总在一起,装订成册,以便生产使用。

任务实施

一、元器件的来料检测

1. 继电器的来料检测

继电器的来料检测内容如表 5 - 10 所示。

表 5 - 10　继电器的来料检测内容

名称	电路标号	型号	类型	线圈电阻	接触电阻	工作电压	封装尺寸	封装类型	检测结果

2. 液晶显示屏的来料检测

液晶显示屏的来料检测内容如表 5 - 11 所示。

表 5 - 11　液晶显示屏的来料检测内容

名称	电路标号	型号	类型	背光	坏点	工作电压	封装尺寸	封装类型	检测结果

3. 晶振的来料检测

晶振的来料检测内容如表 5 - 12 所示。

表 5 - 12　晶振的来料检测内容

名称	电路标号	型号	有源/无源	频率	工作电压	封装尺寸	封装类型	检测结果

4. 电阻器、电容器、可调电位器、集成电路、数码管和蜂鸣器等的来料检测

请读者参考前面项目中元器件的来料检测内容,在此不再重画表格。

5. 来料检测汇总表

单片机开发电路板电路的来料检测汇总表如表 5－13 所示。

表 5－13　单片机开发电路板电路的来料检测汇总表

来料名称	来料数量	检测仪表	检测值	检测人员	检测结论

二、单片机开发电路板电路的安装工艺及步骤

（1）对照元器件明细表清点数量。

（2）识读电路原理图,对每只元件进行识别、检测。

（3）了解各元器件的功能、用途。

（4）对 PCB 印刷板按图进行线路检查和外观检查,除去 PCB 板表面及元件引脚上的氧化层,并上锡。

（5）采用 PCB 板装配时,元件整形后按图排列,注意每只元件的高度。相同规格的元件高度一致,排列整齐。

（6）焊接时间要短,以防印刷电路铜箔脱落,焊接完毕后检查是否漏焊、虚焊、错焊。

（7）通电前仔细检查线路,无误后通知指导老师,方可通电测量。

（8）正确使用测量仪器、仪表。

（9）完成实验、实训报告。

（10）整理工位并进行复习。

单片机开发电路板电路的安装工艺检测内容如表 5－14 所示。

表 5－14　单片机开发电路板电路的安装工艺检测内容

项目	检测要求	检测记录
电子线路安装工艺	（1）正确识别元器件。 （2）元器件整形。 （3）元器件布局合理、整齐、规范。 （4）焊点光亮、圆滑适中。 （5）连线平直、无交叉。	
安装正确性	（1）按图正确装接。 （2）电路功能完整。	

三、单片机开发电路板电路的调试、检测技能

（1）正确接好电源。

（2）测试单片机小系统、串行通信电路和 LED 显示电路。用排线将单片机最小系统与 LED 相连接，下载并运行程序，让所有 LED 发光。

（3）测试温度信号采集电路、数码管显示电路。用排线将单片机最小系统与数码管电路、温度传感器相连接，下载并运行程序，让数码管显示当前室内温度。

（4）测试 LCD 液晶显示屏、实时时钟。连接电路，下载并运行程序，液晶显示屏显示当日的年、月、日、星期几及时间。

（5）测试 A/D 及 D/A 电路。连接电路，下载并运行程序，数码管显示电压值，示波器显示三角波。

（6）测试数据存储电路。连接电路，下载并运行程序，示波器显示正弦波。

（7）测试 1×8 按键与 4×4 按键。连接电路，下载并运行程序，通过按键控制 LED 的显示方式。

单片机开发电路板电路的调试、检测内容如表 5-15 所示。

表 5-15　单片机开发电路板电路的调试、检测内容

项目	调试、检测要求	调试、检测记录
仪器仪表与参数测量	（1）正确使用仪器仪表。 （2）检测关键点的电位、电流、波形。	
功能调试、检测	（1）单片机小系统。 （2）测温与显示。 （3）时钟、日历与显示。 （4）A/D 与 D/A 模块。 （5）数据存储。 （6）人机接口。	
安全文明生产	（1）穿戴好劳保用品，工具齐全。 （2）遵守用电操作规程。 （3）正确使用仪表。 （4）工具摆放整齐。	

技能训练

（1）完成来料检测；

（2）完成单片机开发电路板电路的安装；

（3）完成单片机开发电路板电路的调试、检测。

单片机开发电路板技能训练内容评分表如表 5-16 所示。

表 5 - 16　单片机开发电路板技能训练内容评分表

项目	技术要求	配分	评分细则	扣分	得分
电子线路安装工艺	(1) 检测元器件。 (2) 元器件布局合理、整齐、规范。 (3) 焊点光亮、圆滑适中。 (4) 连线平直、无交叉。	30	(1) 元器件检测错误,每件扣 2 分。 (2) 元器件排版不合理,插件不规范、不整齐,扣 10 分。 (3) 焊接不好,每处扣 1 分,最多不超过 15 分。 (4) 连线不平直、交叉,扣 2~5 分。		
安装正确性	(1) 按图正确装接。 (2) 电路功能完整。	30	(1) 未按图装接,扣 10 分。 (2) 电路功能不完整,扣 20 分。 (3) 在额定时限内允许返修一次,扣 10 分。		
仪器仪表与参数测量	(1) 正确使用仪表。 (2) 检测电位、电流、波形。 (3) 单片机小系统。 (4) 测温与显示。 (5) 时钟、日历与显示。 (6) A/D 与 D/A 模块。 (7) 数据存储。 (8) 人机接口。	30	(1) 仪表使用不规范,扣 10 分。 (2) 测量电压、电流、波形有错,每处扣 3 分。 (3) 电路功能错误,每处扣 10 分。		
安全文明生产	(1) 穿戴好劳保用品,工具齐全。 (2) 遵守用电操作规程。 (3) 正确使用仪表。 (4) 工具摆放整齐。	10	(1) 穿戴不合要求,工具不齐全,扣 5 分。 (2) 通、断电操作违规,扣 5 分。 (3) 损坏设备、仪表,扣 10 分。 (4) 不整理器材、场地,扣 5 分。		
评分记录				得分	

思考与讨论

(1) 单片机最小系统由哪些元器件构成?

(2) A/D、D/A 电路由哪些器件组成? 各有什么特点?

(3) 数码管显示电路由哪些元件组成? 怎样检测安装的正确性?

(4) 固态继电器用于直流负载时应注意什么?

(5) 简述电磁继电器与固态继电器的优缺点。

(6) 在电路设计中如何提高电路的抗干扰性能?

(7) 试编写单片机开发板的工艺文件。

项目六　交流毫伏表

实训目的

1. 熟悉交流毫伏表电路的工作原理。
2. 掌握交流毫伏表电路的安装工艺及方法。
3. 掌握交流毫伏表电路的故障检修技能。
4. 掌握来料检测的知识与技能。

来料检测

一、ICL7107

ICL7107 是一块应用非常广泛的集成电路。它包含 $3\frac{1}{2}$ 位数字 A/D 转换器,可直接驱动 LED 数码管,内部设有参考电压、独立模拟开关、逻辑控制、显示驱动、自动调零功能等,引脚排列如图 6-1 所示。

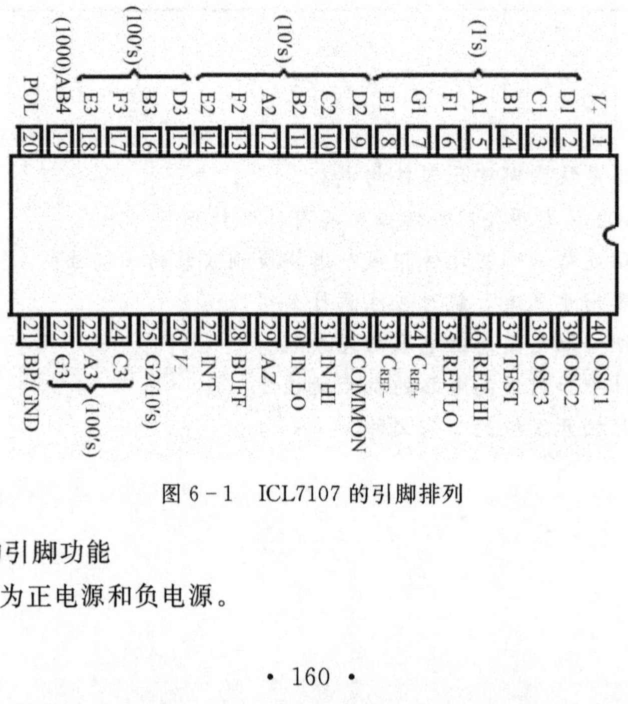

图 6-1　ICL7107 的引脚排列

1. ICL7107 的引脚功能

V_+ 和 V_- 分别为正电源和负电源。

A1~G1,A2~G2,A3~G3：分别为个位、十位、百位笔画的驱动信号,依次接个位、十位、百位 LED 显示器的相应笔画电极。

AB4：千位笔画驱动信号,接千位 LED 显示器相应的笔画电极。

POL：液晶显示器背面公共电极的驱动端,简称背电极。

OSC1~OSC3：时钟振荡器的引出端,外接阻容或石英晶体组成的振荡器。引脚 38、39、40 电容量的选择公式为：

$$f_{osl} = \frac{0.45}{RC} \qquad\qquad (6-1)$$

COMMON：模拟信号公共端,简称"模拟地",使用时一般与输入信号的负端以及基准电压的负极相连。

TEST：测试端,该端经过 500Ω 电阻接至逻辑电路的公共地,故也称"逻辑地"或"数字地"。

C_{REF+}、C_{REF-}：外接基准电容端。

REF HI、REF LO：基准电压正负端。

INT：是一个积分电容器,必须选择温度系数小不致使积分器的输入电压产生漂移现象的元件。

IN HI 和 IN LO：模拟量输入端,分别接输入信号的正端和负端。

AZ：积分器和比较器的反向输入端,接自动调零电容。如果应用在 200mV 满量程时电容量取 $0.47\mu F$,而在 2V 满量程时电容量则取 $0.047\mu F$。

BUFF：缓冲放大器输出端,接积分电阻。其输出级的无功电流是 $100\mu A$,而缓冲器与积分器能够供给 $20\mu A$ 的驱动电流,从此脚接一个电阻至积分电容器,其值在满量程 200mV 时选用 $47k\Omega$,而在 2V 满量程时则选用 $470k\Omega$。

2. 典型应用电路

ICL7107 在满量程为 200mV 时的典型应用电路如图 6-2 所示。在图 6-2 中,R_3、C_4 为振荡阻容元件,用来决定振荡器的频率。R_1、R_4 为芯片提供一个基准电压。C_1 为积分基准电容器。R_5、C_5 为输入 RC 电路,滤除高频干扰信号。C_2、R_2 和 C_3 为自动调零积分电路。各元器件的参数值在图 6-2 右边给出。

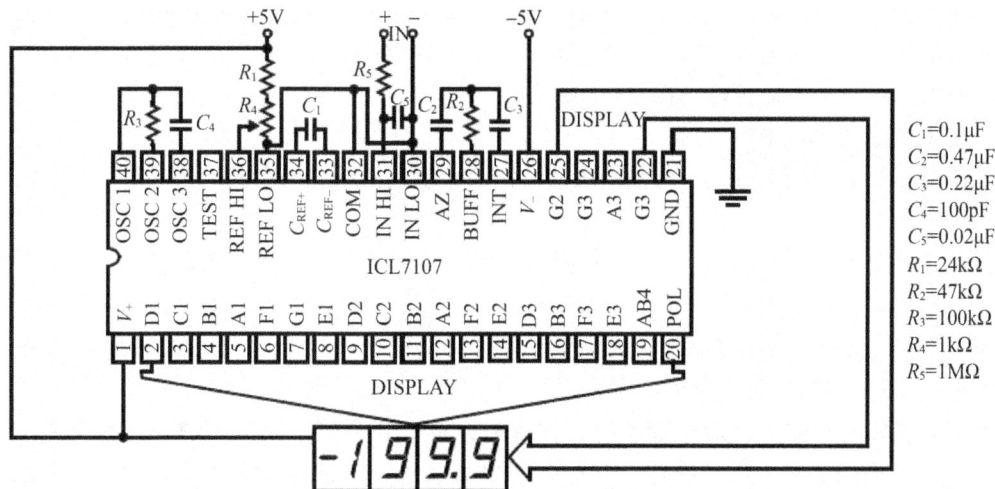

$C_1=0.1\mu F$
$C_2=0.47\mu F$
$C_3=0.22\mu F$
$C_4=100pF$
$C_5=0.02\mu F$
$R_1=24k\Omega$
$R_2=47k\Omega$
$R_3=100k\Omega$
$R_4=1k\Omega$
$R_5=1M\Omega$

图 6-2　ICL7107 在满量程为 200mV 时的典型应用电路

3. 使用 ICL7107 的注意事项

（1）关键点的电压

芯片的引脚 1 是供电，正确电压是 DC5V。第 36 脚是基准电压，正确数值是 100mV。引脚 26 是负电源引脚，正确电压数值是负的，在 $-3\sim-5V$ 都认为正常，但是不能是正电压，也不能是零电压。芯片第 31 脚是信号输入引脚，可以输入 $\pm199.9mV$ 的电压，在一开始，可以把它接地，造成"0"信号输入，以方便测试。

（2）关键引脚的元器件参数

引脚 27、28、29 的元件数值是 $0.22\mu F$、$47k\Omega$、$0.47\mu F$，这三个元件属于芯片工作的积分网络，不能使用磁片电容。芯片的引脚 33 和 34 接的 $0.1\mu F$ 电容也不能使用磁片电容。

（3）负电压产生电路

负电压电源可以从电路外部直接使用 7905 等芯片来提供，但这样就需要正负电源供电，通常采用简单方法，将芯片引脚 38 的振荡信号进行放大，把放大后的信号通过 2 只 $4.7\mu F$ 电容和 2 只 1N4148 二极管，构成倍压整流电路，可以得到负电压供给 ICL7107 的引脚 26 使用。这个电压最好为 $-3.2\sim-4.2V$。

ICL7107 也经常使用在 $\pm1.999V$ 量程，这时候，芯片引脚 27、28、29 的元件数值，更换为 $0.22\mu F$、$470k\Omega$、$0.047\mu F$，并且把引脚 36 的基准电压调整到 $1.000V$ 就可以使用在 $\pm1.999V$ 量程了。

4. ICL7107 的检测

把引脚 31 与 36 短路，就是把基准电压作为信号输入芯片的信号端，这时候，数码管显示的数值最好是 100.0，通常为 $99.7\sim100.3$，越接近 100.0 越好。这个测试是看芯片的比例读数转换情况，与基准电压具体是多少毫伏无关，也无法在外部调整这个读数。如果读数差得太多，就说明该芯片需要更换。

二、连接器

连接器是电子工程技术人员经常接触的一种器件。它的作用非常单纯，在电路内被阻断处或孤立不通的电路之间架起沟通的桥梁，从而使电流流通，使电路实现预定的功能。连接器是电子设备中不可缺少的器件，顺着电流的通路观察，你总会发现有一个或多个连接器。连接器的形式和结构是千变万化的，随着应用对象、频率、功率、应用环境等不同，有各种不同的连接器。常用连接器如图 6-3 所示。

1. 连接器的基本性能

连接器的基本性能可分为三大类：机械性能、电气性能和环境性能。

（1）机械性能

就连接功能而言，插拔力是一个重要的机械性能。插拔力分为插入力和拔出力（拔出力亦称分离力），两者的要求是不同的。在有关标准中有最大插入力和最小拔出力的规定，这表明，从使用角度来看，插入力要小（从而有低插入力 LIF 和无插入力 ZIF 的结构），而拔出力若太小，则会影响接触的可靠性。

另一个重要的机械性能是连接器的机械寿命。机械寿命实际上是一种耐久性指标，在国标 GB 5095 中把它称为机械操作。它是以一次插入和一次拔出为一个循环，以在规定的插拔循环后连接器能否正常完成其连接功能（如接触电阻值）作为评判依据。

图 6-3 常用连接器

连接器的插拔力和机械寿命与接触件结构（正压力大小）、接触部位镀层质量（滑动摩擦系数）以及接触件排列尺寸精度（对准度）有关。

（2）电气性能

连接器的主要电气性能包括接触电阻、绝缘电阻和抗电强度。

①接触电阻：高质量的电连接器应当具有低而稳定的接触电阻。连接器的接触电阻从几毫欧到数十毫欧不等。

②绝缘电阻：衡量连接器接触件之间和接触件与外壳之间绝缘性能的指标，其数量级为数百兆欧至数千兆欧不等。

③抗电强度：或称耐电压、介质耐压，是表征连接器接触件之间或接触件与外壳之间耐受额定试验电压的能力。

（3）环境性能

常见的环境性能包括耐温、耐湿、耐盐雾、耐振动和冲击等。

①耐温：目前连接器的最高工作温度为 200℃（少数高温特种连接器除外），最低温度为 −65℃。由于连接器工作时，电流在接触点处产生热量，导致温升，因此一般认为工作温度应等于环境温度与接点温升之和。某些规范明确规定了连接器在额定工作电流下容许的最高温升。

②耐湿：潮气的侵入会影响连接器的绝缘性能，并锈蚀金属零件。恒定湿热试验条件为相对湿度 90%～95%（依据产品规范，可达 98%）、温度（40±20）℃，试验时间按产品规定，最少为 96 小时。交变湿热试验则更严苛。

③耐盐雾：连接器在含有潮气和盐分的环境中工作时，其金属结构件、接触件表面处理层有可能产生电化腐蚀，影响连接器的物理和电气性能。为了评价电连接器耐受这种环境的能力，规定了盐雾试验。它是将连接器悬挂在温度受控的试验箱内，用压缩空气将规定浓度的氯化钠溶液喷出，形成盐雾大气，其暴露时间由产品规范规定，至少为 48 小时。

④耐振动和冲击：是连接器的重要性能,在特殊的应用环境中如航空和航天、铁路和公路运输中尤为重要。它是检验连接器机械结构的坚固性和电接触可靠性的重要指标,在有关的试验方法中都有明确的规定。冲击试验中应规定峰值加速度、持续时间和冲击脉冲波形,以及电气连续性中断的时间。

⑤其他环境性能：根据使用要求,电连接器的其他环境性能还有密封性(空气泄漏、液体压力)、液体浸渍(对特定液体的耐恶习化能力)、低气压等。

2. 连接器的安全检测

连接器安全检测的范围如下。

(1)能够承受的电压的检测：电压分恒定电压和实际工作环境电压,我们要根据连接器的应用场合来检测它的电压。换句话说,如果连接器电压与它的用途不符合的话,那这个连接器的实用度就很低了,会给我们的生活带来很多不便利的地方。

(2)电阻的检测：在连接器的使用过程中,电阻也是一个需要考虑的问题,电阻和连接器的使用寿命有关系,要是把握不当,那么连接器的使用时间就会大大缩短。

(3)绝缘效果的检测：连接器会不会导电对连接器使用过程中的安全是一个很大的隐患,如果连接器没有很好的绝缘性,通常这个产品是不建议被使用的,因为可能会触及生命安全问题。如果急需一个连接器,那么绝缘性是一个至关重要的考虑因素。

知识链接

一、半波精密整流电路

1. 电路组成

半波精密整流电路如图 6-4 所示,电阻 R_1、R_2、R_3 和集成运放 U1A 组成反向比例放大电路,二极管 D_1 和 D_2 起整流的作用。电路参数为：$R_1 = R_2$。

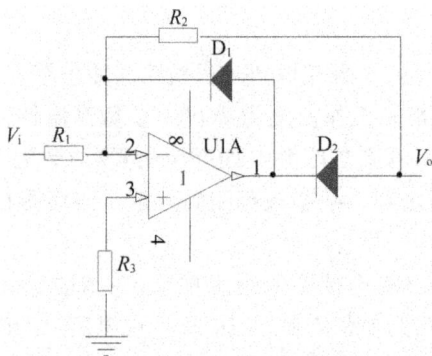

图 6-4 半波精密整流电路

2. 电路工作原理

以输入正弦信号进行分析,在输入信号的正半周,$V_i > 0$,因集成运放构成的是反向比例运算电路,所以集成运放 U1A 输出端 $V_1 < 0$,使二极管 D_1 截止、D_2 导通,输出电压 $V_o = -(R_2/R_1)V_i$;在输入信号的负半周,$V_i \leqslant 0$,所以集成运放 U1A 输出端 $V_1 \geqslant 0$,使二极管 D_2

截止、D_1 导通,输出电压 $V_o=0$。半波精密整流输入、输出波形如图 6-5 所示,V_i 为输入波形,V_o 为半波整流输出波形。

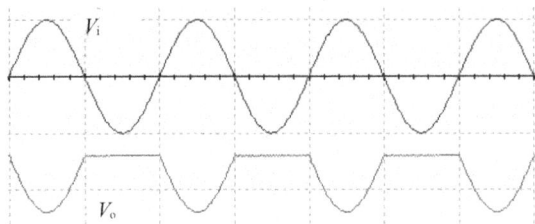

图 6-5　半波精密整流输入、输出波形

如果设二极管的导通电压为 0.7V,集成运放的开环差模放大倍数为 50 万倍,那么为使二极管 D_2 导通,集成运放的净输入电压为:

$$V_P - V_N = \frac{0.7}{5 \times 10^5}V = 0.14 \times 10^{-5}V = 1.5\mu V$$

同理,可估算出为使 D_1 导通集成运放所需的净输入电压,也是同数量级。可见,只要输入电压 V_i 使集成运放的净输入电压产生非常微小的变化,就可以改变 D_1 和 D_2 的工作状态,从而达到精密(微电压)整流的目的。

二、全波精密整流电路

1. 电路组成

全波精密整流电路如图 6-6 所示,电阻 R_1、R_2、二极管 D_1、D_2 和集成运放 U1A 组成半波精密整流电路,电阻 R_4、R_5、R_6 和集成运放 U1B 组成反向比例加法电路。电路参数为:$R_1=R_2$,$R_4=R_6=2R_5$。

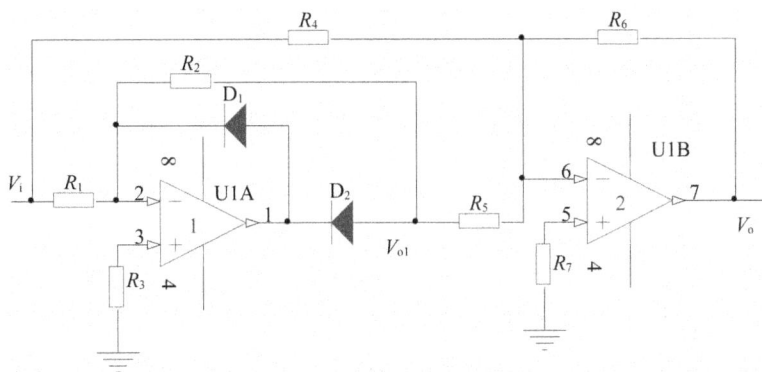

图 6-6　全波精密整流电路

2. 电路工作原理

因为电阻 R_4、R_5、R_6 和集成运放 U1B 组成反向比例加法电路,所以有:

$$V_o = -\left(\frac{R_6}{R_5}V_{o1} + \frac{R_6}{R_4}V_i\right)$$

而电阻 R_1、R_2、二极管 D_1、D_2 和集成运放 U1A 组成半波精密整流电路,所以有:
当 $V_i \geqslant 0$ 时,$V_{o1} = -(R_2/R_1)V_i = -V_i$,所以 $V_o = -(-2V_i+V_i)=V_i$。

当 $V_i<0$ 时，$V_{o1}=0$，所以 $V_o=-(0+V_i)=-V_i$，负号表示反向。

全波精密整流电路的工作波形如图 6-7 所示，V_i 为输入波形，V_o 为全波整流输出波形。

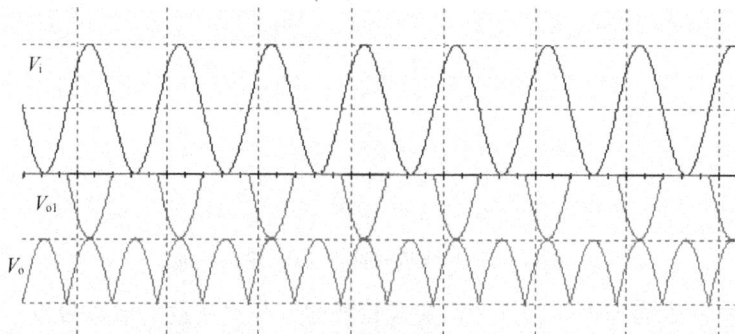

图 6-7　全波精密整流电路的工作波形

三、交流毫伏表电路

1. 电路组成

交流毫伏表电路如图 6-8 所示，由精密全波整流电路和 ICL7107 所构成的测量显示电路组成。在精密全波整流电路中，C_2 为滤波电容，RP_1 为输出电压调节电位器，调节 RP_1 可以将正弦信号整流滤波后的平均值调整为对应的有效值。R_8、R_9 和 RP_2 为调零电路，调节 RP_2 可以实现零输入零输出，降低电路的误差。

测量显示电路由 ICL7107、数码管和电阻、电容等外围元器件组成。由 ICL7107 的引脚 27、28 和 29 三个引脚所接的阻容参数可知，该电路的满量程为 2V。因此，ICL7107 的引脚 36 必须调整为 1000mV，调节电路由 RP_4、D_8 和 R_{12} 实现。引脚 26 外接的二极管 D_6、D_7 和电容器 C_8、C_{10} 等组成负压形成电路，提供 ICL7107 工作所需的负压。

2. 电路工作原理

集成电路 U_1 与外围电路组成一个毫伏级的 AC-DC 变换电路，即将输入的交流电压转换为等价的真有效值。以 U_2、U_3 为核心器件与外围电路组成一个电压测量与显示电路，将 AC-DC 变换后的有效值进行测量与显示。

四、A/D 转换

A/D 转换就是模数转换，顾名思义，就是把模拟信号转换成数字信号。模拟量可以是电压、电流等电信号，也可以是压力、温度、湿度、位移、声音等非电信号。但在 A/D 转换前，A/D 转换器的输入信号必须经各种传感器把各种物理量转换成电压信号。A/D 转换后，输出的数字信号可以有 8 位、10 位、12 位、14 位和 16 位等。

1. A/D 转换分类

根据 A/D 转换的原理可以将 A/D 转换分为积分型、逐次比较型、并行比较型/串并行型、Σ-Δ 调制型、电容阵列逐次比较型及压频变换型。

（1）积分型（如 TLC7135）

积分型 A/D 转换的工作原理是将输入电压转换成时间（脉冲宽度信号）或频率（脉冲频率），然后由定时器/计数器获得数字量。其优点是用简单电路就能获得高分辨率，缺点是由

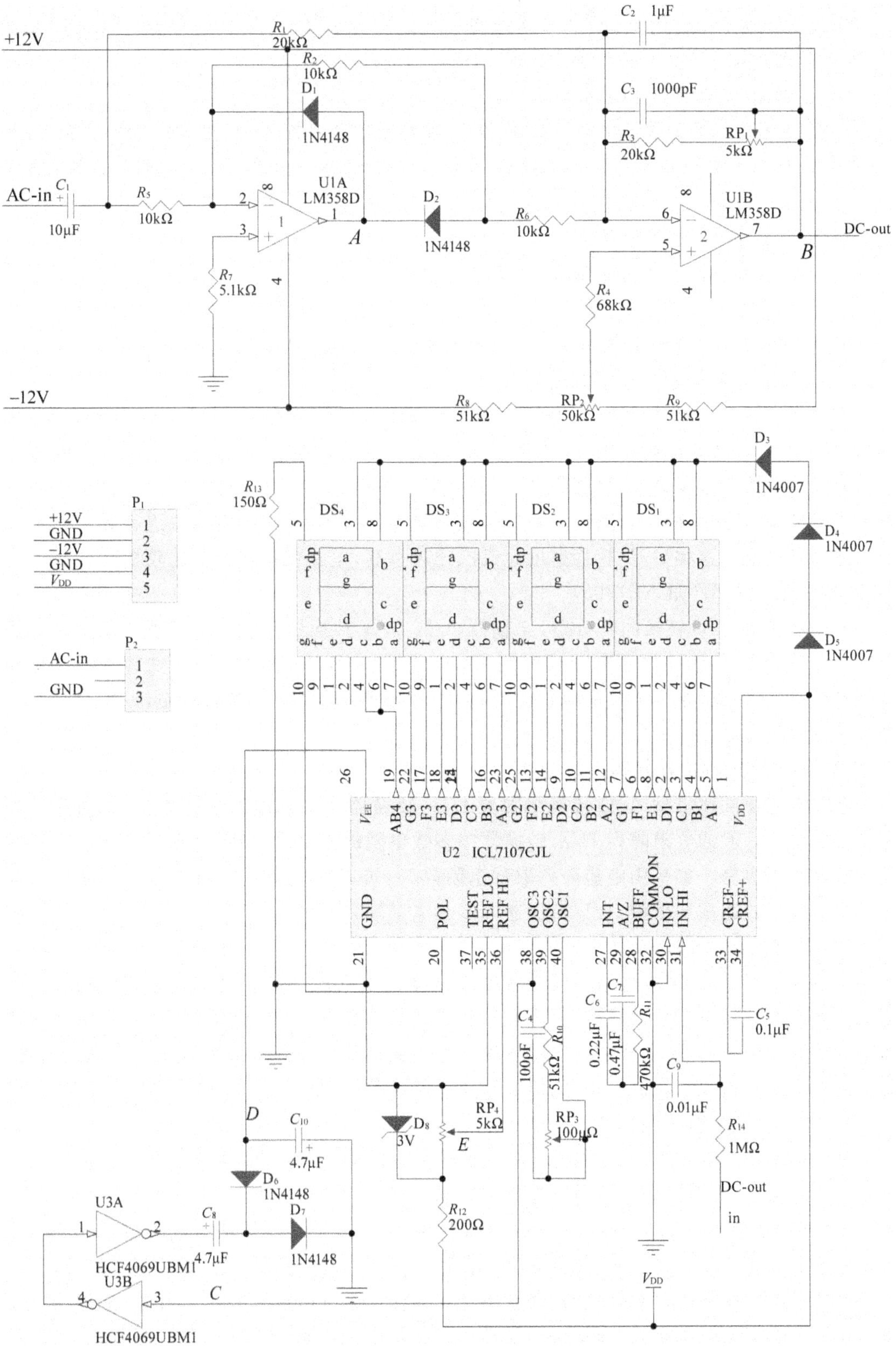
+12V
-12V
AC-in
C_1
10μF
R_5
10kΩ
R_1
20kΩ
R_2
10kΩ
D_1
1N4148
U1A
LM358D
A
D_2
1N4148
R_6
10kΩ
R_7
5.1kΩ
C_2 1μF
C_3 1000pF
R_3
20kΩ
RP_1
5kΩ
U1B
LM358D
DC-out
B
R_4
68kΩ
R_8
51kΩ
RP_2
50kΩ
R_9
51kΩ
D_3
1N4007
D_4
1N4007
D_5
1N4007
R_{13}
150Ω
DS_4
DS_3
DS_2
DS_1
P_1
+12V
GND
-12V
GND
V_{DD}
P_2
AC-in
GND
U2 ICL7107CJL
V_{EE}
V_{DD}
GND
POL
TEST
REF LO
REF HI
OSC3
OSC2
OSC1
INT
A/Z
BUFF
COMMON
IN LO
IN HI
CREF-
CREF+
C_4
100pF
R_{10}
51kΩ
RP_3
100kΩ
C_6
0.22μF
C_7
0.47μF
R_{11}
470kΩ
C_9
0.01μF
C_5
0.1μF
R_{14}
1MΩ
DC-out
in
D
C_{10}
4.7μF
D_6
1N4148
D_7
1N4148
D_8
3V
RP_4
5kΩ
E
R_{12}
200Ω
U3A
HCF4069UBM1
C_8
4.7μF
U3B
HCF4069UBM1
C
V_{DD}

图 6-8　交流毫伏表电路

于转换精度依赖于积分时间,因此转换速率极低。初期的单片 A/D 转换器大多采用积分型,现在逐次比较型已逐步成为主流。

(2) 逐次比较型(如 TLC0831)

逐次比较型 A/D 转换由一个比较器和 D/A 转换器通过逐次比较逻辑构成,从 MSB 开始,有序地对每一位将输入电压与内置 D/A 转换器输出进行比较,经 n 次比较而输出数字量。其电路规模属于中等,其优点是速度较高、功耗低,在低分辨率($<$12 位)时价格便宜,但高精度($>$12 位)时价格很高。

(3) 并行比较型/串并行比较型(如 TLC5510)

并行比较型 A/D 转换采用多个比较器,仅进行一次比较而实行转换,又称快速型。由于转换速率极高,n 位的转换需要 $2n-1$ 个比较器,因此电路规模也极大,价格也高,只适用于视频 A/D 转换器等速度特别高的领域。

串并行比较型 A/D 转换结构上介于并行型和逐次比较型之间,最典型的是由 2 个 $n/2$ 位的并行型 A/D 转换器配合 D/A 转换器组成,用两次比较实行转换,所以称为半快速型。还有分成三步或多步实现 A/D 转换的称为分级型 A/D 转换,而从转换时序角度又可称为流水线型 A/D 转换,现代的分级型 A/D 转换中还加入了对多次转换结果进行数字运算而修正特性等功能。这类 A/D 转换速度比逐次比较型高,电路规模比并行比较型小。

(4) Σ-Δ 调制型(如 AD7705)

Σ-Δ 调制型 A/D 转换由积分器、比较器、1 位 D/A 转换器和数字滤波器等组成。原理上近似于积分型,将输入电压转换成时间(脉冲宽度)信号,用数字滤波器处理后得到数字量。电路的数字部分基本上容易单片化,因此容易做到高分辨率。Σ-Δ 调制型 A/D 转换主要用于音频和测量。

(5) 电容阵列逐次比较型

电容阵列逐次比较型 A/D 转换在内置 D/A 转换器中采用电容矩阵方式,也可称为电荷再分配型。一般的电阻阵列 D/A 转换器中多数电阻的值必须一致,在单芯片上生成高精度的电阻并不容易。如果用电容阵列取代电阻阵列,可以用低廉成本制成高精度单片 A/D 转换器。最近的逐次比较型 A/D 转换器大多为电容阵列式的。

(6) 压频变换型(如 A/D650)

压频变换型 A/D 转换是通过间接转换方式实现模数转换的。其原理是首先将输入的模拟信号转换成频率,然后用计数器将频率转换成数字量。从理论上讲这种 A/D 的分辨率几乎可以无限增加,只要采样的时间能够满足输出频率分辨率要求的累积脉冲个数的宽度。其优点是分辨率高、功耗低、价格低,但是需要外部计数电路共同完成 A/D 转换。

2. A/D 转换的技术指标

(1) 分辨率,指数值变化一个最小量时模拟信号的变化量,定义为满量程与 2^n 的比值。分辨率又称精度,通常以数字信号的位数来表示。

(2) 转换速率,指完成一次从模拟转换到数字的 A/D 转换所需的时间的倒数。积分型 A/D 的转换时间是毫秒级(属低速 A/D),逐次比较型 A/D 是微秒级(属中速 A/D),全并行/串并行型 A/D 可达到纳秒级(属高速 A/D)。采样时间则是另外一个概念,是指两次转换的间隔。为了保证转换的正确完成,采样速率必须小于或等于转换速率。因此,有人习惯上将转换速率在数值上等同于采样速率也是可以接受的。转换速率的常用单位是 ksps 和

Msps,表示每秒采样千/百万次。

（3）量化误差，由于 A/D 的有限分辨率而引起的误差，即有限分辨率 A/D 的阶梯状转移特性曲线与无限分辨率 A/D(理想 A/D)的转移特性曲线（直线）之间的最大偏差。通常是 1 个或半个最小数字量的模拟变化量，表示为 1LSB、(1/2)LSB。

（4）偏移误差，输入信号为零时输出信号不为零的值，可用外接电位器调至最小。

（5）满量程误差，满刻度输出时对应的输入信号与理想输入信号值之差。

（6）线性度，实际转换器的转移函数与理想直线的最大偏移，不包括以上三种误差。

3. A/D 转换的原理

（1）逐次逼近法

逐次逼近法 A/D 转换是比较常见的一种 A/D 转换电路，转换的时间为微秒级。采用逐次逼近法的 A/D 转换器是由比较器、D/A 转换器、逻辑控制电路及逐次逼近寄存器组成，如图 6-9 所示。

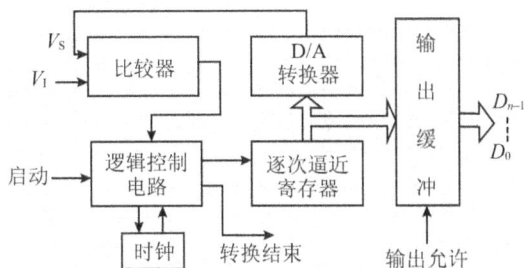

图 6-9 逐次逼近法 A/D 转换的原理

逐次逼近法 A/D 转换的基本原理是从高位到低位逐位试探比较，好像用天平称物体一样，从重到轻逐级增减砝码进行试探。转换过程是：初始化时将逐次逼近寄存器各位清零；转换开始时，先将逐次逼近寄存器最高位置 1，送入 D/A 转换器，经 D/A 转换后生成的模拟量送入比较器，称为 V_o，与送入比较器的待转换的模拟量 V_i 进行比较，若 $V_o < V_i$，该位 1 被保留，否则被清除。然后再置逐次逼近寄存器次高位为 1，将寄存器中新的数字量送入 D/A 转换器，输出的 V_o 再与 V_i 比较，若 $V_o < V_i$，该位 1 被保留，否则被清除。重复此过程，直至逼近寄存器最低位。转换结束后，将逐次逼近寄存器中的数字量送入缓冲寄存器，得到数字量的输出。逐次逼近的操作过程是在一个控制电路的控制下进行的。

（2）双积分法

采用双积分法的 A/D 转换器是由电子开关、积分器、比较器和逻辑控制电路等部件组成，如图 6-10 所示。

双积分法 A/D 转换的基本原理是将输入电压变换成与其平均值成正比的时间间隔，再把此时间间隔转换成数字量，属于间接转换。转换过程是：先将开关接通待转换的模拟量 V_i，V_i 采样输入积分器，积分器从零开始进行固定时间 T 的正向积分，时间 T 到后，开关再接通与 V_i 极性相反的基准电压 V_{REF}，将 V_{REF} 输入积分器，进行反向积分，直到输出为 0V 时停止积分。V_i 越大，积分器输出电压越大，反向积分时间也越长。计数器在反向积分时间内所计的数值，就是输入模拟电压 V_i 所对应的数字量，实现了 A/D 转换。双积分法的 A/D 转换波形如图 6-11 所示。

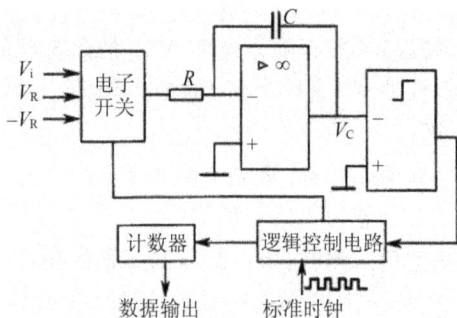

图 6-10　双积分法 A/D 转换的原理　　　　图 6-11　双积分法的 A/D 转换波形

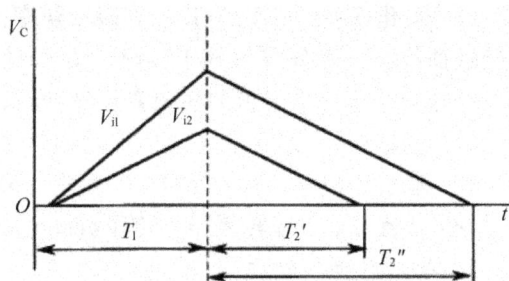

(3)电压频率转换法

采用电压频率转换法的 A/D 转换器,由计数器、控制门及一个具有恒定时间的时钟门控制信号组成,如图 6-12 所示。

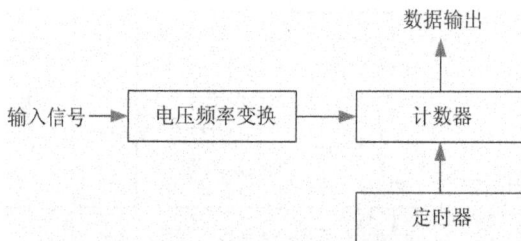

图 6-12　电压频率转换法 A/D 转换的原理

电压频率转换法 A/D 的工作原理是 V/f 转换电路把输入的模拟电压转换成与模拟电压成正比的脉冲信号。转换过程是:当模拟电压 V_i 加到 V/f 的输入端,便产生频率 f 与 V_i 成正比的脉冲,在一定时间内对该脉冲信号计数,定时时间到,得到计数器的计数值正比于输入电压 V_i,从而完成 A/D 转换。

任务实施

一、元器件的来料检测

1. ICL7107 的来料检测

ICL7107 的来料检测内容如表 6-1 所示。

表 6-1　ICL7107 的来料检测内容

名称	电路标号	型号	外观	非在线电阻	比例读数	工作电压	封装尺寸	封装类型	检测结果

2. 连接器的来料检测

连接器的来料检测内容如表 6-2 所示。

表 6 - 2 连接器的来料检测内容

名称	电路标号	型号	接触电阻	绝缘性能	机械性能	承受电压	封装尺寸	封装类型	检测结果

3. 电阻器、电容器、可调电位器、集成运放、数码管等的来料检测

请读者参考前面项目中元器件的来料检测内容,在此不再重画表格。

4. 来料检测汇总表

交流毫伏表电路的来料检测汇总表如表 6 - 3 所示。

表 6 - 3 交流毫伏表电路的来料检测汇总表

来料名称	来料数量	检测仪表	检测值	检测人员	检测结论

二、交流毫伏表电路的安装工艺及步骤

(1) 对照元器件明细表清点数量。

(2) 识读电路原理图,对每只元件进行识别、检测。

(3) 了解各元器件的功能、用途。

(4) 对 PCB 印刷板按图进行线路检查和外观检查,除去 PCB 板表面及元件引脚上的氧化层,并上锡。

(5) 采用 PCB 板装配时,元件整形后按图排列,注意每只元件的高度。相同规格的元件高度一致,排列整齐。

(6) 焊接时间要短,以防印刷电路铜箔脱落,焊接完毕后检查是否漏焊、虚焊、错焊。

(7) 通电前仔细检查线路,无误后通知指导老师,方可通电测量。

(8) 正确使用测量仪器、仪表。

(9) 完成实验、实训报告。

(10) 整理工位并进行复习。

交流毫伏表电路的安装工艺检测内容如表 6 - 4 所示。

表6-4 交流毫伏表电路的安装工艺检测内容

项目	检测要求	检测记录
电子线路安装工艺	(1) 正确识别元器件。 (2) 元器件整形。 (3) 元器件布局合理、整齐、规范。 (4) 焊点光亮、圆滑适中。 (5) 连线平直、无交叉。	
安装正确性	(1) 按图正确装接。 (2) 电路功能完整。	

三、交流毫伏表电路的调试、检测技能

(1) 输出电压调零：输入端 AC_in 接地，调节 RP$_2$ 使输出 DC_out 为零，要求≤±1 个字（数字表 2V 挡测试）。

(2) AC-DC 有效值调整：输入有效值为 1Vrms，频率为 100Hz 的信号，微调 RP$_1$，使输出端 DC_out 为 1.000Vrms，要求≤±1 个字。

(3) 测量整流特性：输入有效值为 1Vrms，频率分别为 20Hz、1kHz 和 10kHz 的正弦信号，测量并计算实际相对误差。

(4) 振荡频率调整：调节 RP$_3$，调整时钟发生器的振荡频率为 40kHz±(1%～5%)并测量 C 点的波形。

(5) 满量程调整：调节 RP$_4$，将 E 点调为 1V，输入满量程电压 2V（调整点 1.999V±1字），观看数码的显示数据。

(6) 负压检测：测量 ICL7107 第 26 脚的电压。

交流毫伏表电路的调试、检测内容如表 6-5 所示。

表6-5 交流毫伏表电路的调试、检测内容

项目	调试、检测要求	调试、检测记录
仪器仪表与参数测量	(1) 正确使用仪器仪表。 (2) 检测关键点的电位、电流、波形。	
功能调试、检测	(1) 输出电压调零。 (2) AC-DC 有效值调整。 (3) 测量整流特性。 (4) 振荡频率调整。 (5) 满量程调整。 (6) 负压检测。	
安全文明生产	(1) 穿戴好劳保用品，工具齐全。 (2) 遵守用电操作规程。 (3) 正确使用仪表。 (4) 工具摆放整齐。	

技能训练

（1）完成来料检测；

（2）完成交流毫伏表电路的安装；

（3）完成交流毫伏表电路的调试、检测。

交流毫伏表技能训练内容评分表如表 6-6 所示。

表 6-6　交流毫伏表技能训练内容评分表

项目	技术要求	配分	评分细则	扣分	得分
电子线路安装工艺	（1）检测元器件。 （2）元器件布局合理、整齐、规范。 （3）焊点光亮、圆滑适中。 （4）连线平直、无交叉。	35	（1）元器件检测错误，每件扣 2 分。 （2）元器件排版不合理，插件不规范、不整齐，扣 10 分。 （3）焊接不好，每处扣 1 分，最多不超过 15 分。 （4）连线不平直、交叉，扣 2～5 分。		
安装正确性	（1）按图正确装接。 （2）电路功能完整。	30	（1）未按图装接，扣 10 分。 （2）电路功能不完整，扣 20 分。 （3）在额定时限内允许返修一次，扣 10 分。		
仪器仪表与参数测量	（1）正确使用仪表。 （2）检测电位、电流、波形。 （3）输出电压调零。 （4）AC-DC 有效值调整。 （5）测量整流特性。 （6）振荡频率调整。 （7）满量程调整。 （8）负压检测。	25	（1）仪表使用不规范，扣 10 分。 （2）测量电压、电流、波形有错，每处扣 3 分。 （3）电路功能错误，每处扣 10 分。		
安全文明生产	（1）穿戴好劳保用品，工具齐全。 （2）遵守用电操作规程。 （3）正确使用仪表。 （4）工具摆放整齐。	10	（1）穿戴不合要求，工具不齐全，扣 5 分。 （2）通、断电操作违规，扣 5 分。 （3）损坏设备、仪表，扣 10 分。 （4）不整理器材、场地，扣 5 分。		
评分记录				得分	

思考与讨论

（1）三位半 A/D 转换电路的工作原理是什么？

（2）交流毫伏表的精度与哪些因素有关？怎样做才能提高交流毫伏表的精度？

（3）毫伏表的负压组成电路由哪些元器件构成？是如何工作的？

（4）本项目的电路只能够测量 2V 以下的正弦信号，若要测量 20V 或更高的电压，应如何修改电路？

（5）连接器在使用过程中应注意什么？

项目七　金属探测器

实训目的

1. 熟悉金属探测器电路的工作原理。
2. 掌握金属探测器电路的安装工艺及方法。
3. 掌握金属探测器电路的故障检修技能。
4. 掌握来料检测的知识与技能。

来料检测

一、电感器

1. 电感器概述

电感器是能够把电能转化为磁能而存储起来的元件。电感器的结构类似于变压器,但只有一个绕组。电感器具有一定的电感,它只阻碍电流的变化。如果电感器在没有电流通过的状态下,电路接通时它将试图阻碍电流流过它;如果电感器在有电流通过的状态下,电路断开时它将试图维持电流不变。电感器又称扼流器、电抗器、动态电抗器。常见的电感器如图 7-1 所示,电路符号如图 7-2 所示。

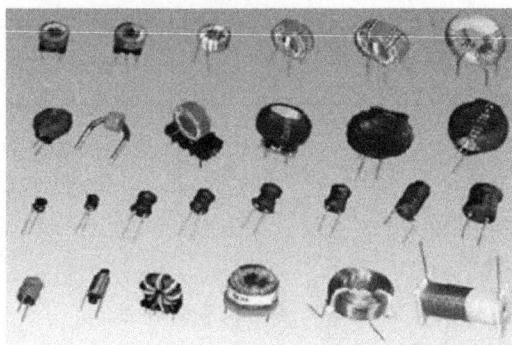

图 7-1　常见的电感器

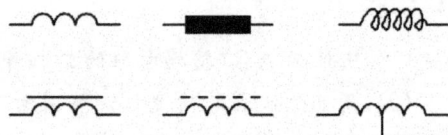

图 7-2　电感器的电路符号

2. 贴片电感

与贴片电阻、电容不同的是,贴片电感的外观形状多种多样,有的贴片电感很大,从外观上很容易判断,有的贴片电感的外观形状和贴片电阻、贴片电容相似,很难判断,此时只能借助万用表来判断。贴片电感器的常见外形如图 7 - 3 所示。

图 7 - 3 贴片电感器的常见外形

3. 电感的表示方法

（1）直标法

直标法是将电感的标称电感量用数字和文字符号直接标在电感体上,电感量单位后面的字母表示偏差,如图 7 - 4 所示。

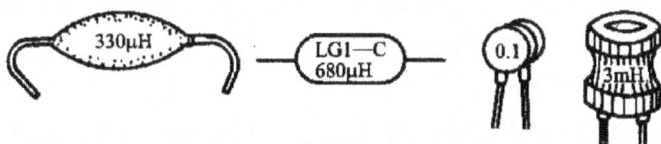

图 7 - 4 电感器的直标法

（2）文字符号法

文字符号法是将电感的标称值和偏差值用数字和文字符号按一定的规律组合标示在电感体上。采用文字符号法表示的电感通常是一些小功率电感,单位通常为 μH 或 nH。用 μH 做单位时,R 表示小数点;用 nH 做单位时,N 表示小数点,如图 7 - 5 所示。

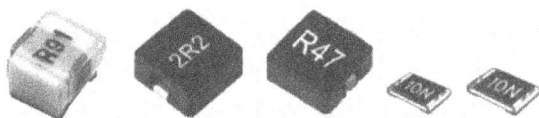

图 7 - 5 电感器的文字符号法

（3）色标法

色标法是在电感表面涂上不同的色环来代表电感量（与电阻类似）,如图 7 - 6 所示。

图 7 - 6 电感器的色标法

色标法通常用三个或四个色环表示。识别色环时,紧靠电感体一端的色环为第一环,露出电感体本色较多的另一端为末环。注意:用这种方法读出的色环电感量,默认单位为微亨(μH)。

(4) 数码表示法

数码表示法是用三位数字来表示电感量的方法,常用于贴片电感上,如图 7-7 所示。

三位数字中,从左至右的第一位和第二位为有效数字,第三位数字表示有效数字后面所加"0"的个数。注意:用这种方法读出的色环电感量,默认单位为微亨(μH)。如果电感量中有小数点,则用 R 表示,并占一位有效数字。例如,标示为"221"的电感为 $22 \times 10^1 = 220\mu$H。

图 7-7　电感器的数码表示法

4. 电感器的常见种类

电感器可由电导材料盘绕磁芯制成,典型的如铜线,也可把磁芯去掉或者用铁磁性材料代替。比空气的磁导率高的材料可以把磁场更紧密地约束在电感元件周围,因而增大了电感量。电感器有很多种,大多以外层瓷釉线圈环绕铁氧体线轴制成,而有些防护电感把线圈完全置于铁氧体内。一些电感元件的磁芯可以调节,由此可以改变电感量大小。

(1) 小型电感器

小型固定电感器通常是用漆包线在磁芯上直接绕制而成,主要用在滤波、振荡、陷波、延迟等电路中,它有密封式和非密封式两种封装形式,两种形式又都有立式和卧式两种外形结构。非密封式使用的效果没有密封式的好,一般较少使用。

立式密封固定电感器:采用同向型引脚,国产的电感量范围为 $0.1 \sim 2200\mu$H(直标在外壳上),额定工作电流为 $0.05 \sim 1.6$A,误差范围为 $\pm 5\% \sim \pm 10\%$;进口的电感量、电流量范围更大,误差则更小。进口的有 TDK 系列色码电感器,其电感量用色点标在电感器表面。

卧式密封固定电感器:采用轴向型引脚,国产的有 LG1、LGA、LGX 等系列。LG1 系列电感器的电感量范围为 $0.1 \sim 22000\mu$H(直标在外壳上)。LGA 系列电感器采用超小型结构,外形与 1/2W 色环电阻器相似,其电感量范围为 $0.22 \sim 100\mu$H(用色环标在外壳上),额定电流为 $0.09 \sim 0.4$A。LGX 系列色码电感器为小型封装结构,其电感量范围为 $0.1 \sim 10000\mu$H,额定电流分为 50mA、150mA、300mA 和 1.6A 四种规格。

(2) 可调电感器

常用的可调电感器有半导体收音机用振荡线圈、电视机用行振荡线圈、显像管偏转线性线圈、中频陷波线圈、音响用频率补偿线圈、阻波线圈等。可调电感器的外形如图 7-8 所示。

(3) 阻流电感器

阻流电感器是指在电路中用以阻塞交流电流通路的电感线圈,它分为高频阻流线圈和低频阻流线圈。

高频阻流线圈:也称高频扼流线圈,它用来阻止高频交流电流通过。高频阻流线圈工作在高频电路中,多采用空心线圈或铁氧体高频磁芯,骨架用陶瓷材料或塑料制成,线圈采

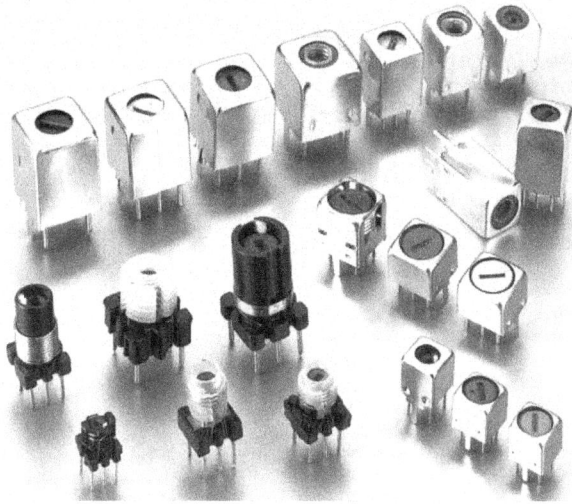

图 7-8　可调电感器的外形

用蜂房式分段绕制或多层平绕分段绕制。

低频阻流线圈：也称低频扼流圈，它应用于电源电路、音频电路或场输出电路等，其作用是阻止低频交流电流通过。

5. 电感器的主要参数

电感器的主要参数有电感量、允许偏差、品质因数、分布电容及额定电流等。

（1）电感量

电感量也称自感系数，是表示电感器产生自感应能力的一个物理量。电感器电感量的大小，主要取决于线圈的圈数（匝数）、绕制方式、有无磁芯及磁芯的材料等。通常，线圈圈数越多、绕制的线圈越密集，电感量就越大。有磁芯的线圈比无磁芯的线圈电感量大；磁芯磁导率越大的线圈，电感量也越大。

电感量的基本单位是亨利（简称亨），用字母"H"表示。常用的单位还有毫亨（mH）和微亨（μH），它们之间的关系是：1H＝1000mH，1mH＝1000μH。

（2）允许偏差

允许偏差是指电感器上标称的电感量与实际电感的允许误差值。一般用于振荡或滤波等电路中的电感器要求精度较高，允许偏差为±0.2%～±0.5%；而用于耦合、高频阻流等线圈的精度要求不高，允许偏差为±10%～±15%。

（3）品质因数

品质因数也称 Q 值或优值，是衡量电感器质量的主要参数。它是指电感器在某一频率的交流电压下工作时，所呈现的感抗与其等效损耗电阻之比。电感器的 Q 值越高，其损耗越小，效率越高。

电感器品质因数的高低与线圈导线的直流电阻、线圈骨架的介质损耗及铁芯、屏蔽罩等引起的损耗等有关。

（4）分布电容

分布电容是指线圈的匝与匝之间，线圈与磁芯之间，线圈与地之间，线圈与金属之间都存在的电容。电感器的分布电容越小,其稳定性越好。分布电容能使等效耗能电阻变大,品质因数变差。减少分布电容常用丝包线或多股漆包线,有时也用蜂窝式绕线法等。

(5) 额定电流

额定电流是指电感器在允许的工作环境下能承受的最大电流值。若工作电流超过额定电流,则电感器就会因发热而使性能参数发生改变,甚至还会因过流而被烧毁。

6. 电感和磁珠的联系与区别

(1) 电感是储能元件,而磁珠是能量转换(消耗)器件,磁珠的外形如图 7-9 所示。

图 7-9　磁珠的外形

(2) 电感多用于电源滤波回路,而磁珠多用于信号回路和 EMC 对策。

(3) 磁珠主要用于抑制电磁辐射干扰,而电感用于这方面则侧重于抑制传导性干扰,两者都可用于处理 EMC、EMI 问题。EMI 的两个途径为辐射和传导,不同的途径采用不同的抑制方法,前者用磁珠,后者用电感。

(4) 磁珠是用来吸收超高频信号,像一些 RF 电路、PLL、振荡电路、超高频存储器电路都需要在电源输入部分加磁珠,而电感是一种蓄能元件,用在 LC 振荡电路、中低频的滤波电路等,其应用频率范围很少超过 50MHz。

(5) 电感一般用于电路的匹配和信号质量的控制上。在模拟地和数字地结合的地方用磁珠,对信号线也采用磁珠。

磁珠的大小(确切地说应该是磁珠的特性曲线)取决于需要磁珠吸收的干扰波的频率。磁珠就是阻高频,对直流电阻低,对高频电阻高。因为磁珠的单位是按照它在某一频率产生的阻抗来标称的,阻抗的单位也是欧姆。磁珠的数据手册上一般会附有频率和阻抗的特性曲线图,一般以 100MHz 为标准,比如 2012B601,就是指在 100MHz 的时候磁珠的阻抗为 600Ω。

7. 电感线圈的简单检测

(1) 外观检查

检查表面有无发霉现象,线圈有无松动现象,引脚有无折断或生锈等现象。如带有磁芯,还要检查磁芯的螺纹是否配合,有无松脱现象。

(2) 测量

用万用表的欧姆挡测线圈的直流电阻,若直流电阻为无穷大,则表明断线或断路;若直流电阻与正常值相比要小得多,则说明线圈间有局部短路。

对于电感线圈匝数较多、线径较细的线圈读数会达到几十到几百，通常情况下线圈的直流电阻只有几欧姆。损坏表现为发烫或电感磁环明显损坏，若电感线圈不是严重损坏，而又无法确定时，可用电感表测量其电感量或用替换法来判断。

对于贴片电感此时的读数应为零，若万用表读数偏大或为无穷大则表示电感损坏。

二、变压器

变压器是利用电磁感应的原理来改变交流电压的装置，主要构件是初级线圈、次级线圈和铁芯（磁芯），实物如图 7-10 所示，电路符号如图 7-11 所示。变压器的主要功能有电压变换、电流变换、阻抗变换、隔离、稳压（磁饱和变压器）等。按用途变压器可以分为电力变压器和特殊变压器（电炉变、整流变、工频试验变压器、调压器、矿用变、音频变压器、中频变压器、高频变压器、冲击变压器、仪用变压器、电子变压器、电抗器、互感器等）。电路符号常用 T 作为编号的开头。

图 7-10　变压器实物

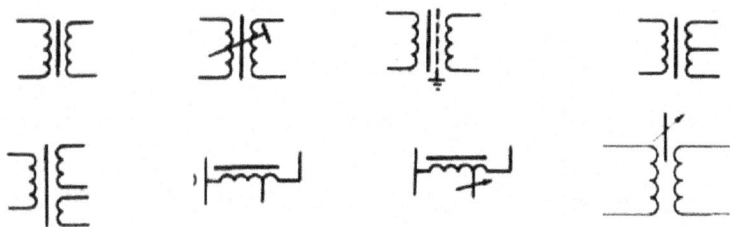

图 7-11　变压器的电路符号

1. 变压器的工作原理

变压器由铁芯（或磁芯）和线圈组成，线圈有两个或两个以上的绕组，其中接电源的绕组叫初级线圈，其余的绕组叫次级线圈。它可以变换交流电压、电流和阻抗。最简单的铁芯变压器由一个软磁材料做成的铁芯及套在铁芯上的两个匝数不等的线圈构成，如图 7-12 所示。

变压器是利用电磁感应原理制成的静止用电器。当变压器的原线圈接在交流电源上时，铁芯中便产生交变磁通，交变磁通用 φ 表示。原、副线圈中的 φ 是相同的，φ 也是简谐函

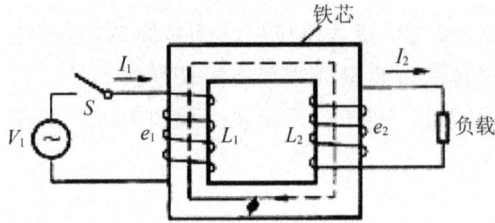

图 7-12 变压器的结构

数,表示为 $\varphi = \varphi_m \sin\omega t$。由法拉第电磁感应定律可知,原、副线圈中的感应电动势为 $e_1 = -N_1 d\varphi/dt$,$e_2 = -N_2 d\varphi/dt$,式中 N_1、N_2 为原、副线圈的匝数。由图 7-12 可知,$V_1 = -e_1$,$V_2 = e_2$(原线圈物理量用下角标 1 表示,副线圈物理量用下角标 2 表示),其复有效值为 $V_1 = -E_1 = jN_1\omega\Phi$,$V_2 = E_2 = -jN_2\omega\Phi$,令 $k = N_1/N_2$,称变压器的变比。从而可得 $V_1/V_2 = -N_1/N_2 = -k$,即变压器原、副线圈电压有效值之比等于其匝数比,而且原、副线圈电压的位相差为 π。

进而得出:

$$V_1/V_2 = N_1/N_2 \tag{7-1}$$

在空载电流可以忽略的情况下,有 $I_1/I_2 = -N_2/N_1$,即原、副线圈电流有效值大小与其匝数成反比,且相位差为 π。

进而可得:

$$I_1/I_2 = N_2/N_1 \tag{7-2}$$

理想变压器原、副线圈的功率相等 $P_1 = P_2$,说明理想变压器本身无功率损耗。实际变压器总存在损耗,其效率为 $\eta = P_2/P_1$。电力变压器的效率很高,可达 90% 以上。

2. 变压器的主要参数

(1)工作频率

变压器的铁芯损耗与频率关系很大,故应根据使用频率来设计和使用,这种频率称为工作频率。

(2)额定功率

额定功率指在规定的频率和电压下,变压器能长期工作而不超过规定温升的输出功率。

(3)额定电压

额定电压指在变压器的线圈上所允许施加的电压,工作时不得大于规定值。

(4)电压比

电压比指变压器初级电压和次级电压的比值,有空载电压比和负载电压比的区别。

(5)空载电流

变压器次级开路时,初级仍有一定的电流,这部分电流称为空载电流。空载电流由磁化电流(产生磁通)和铁损电流(由铁芯损耗引起)组成。对于 50Hz 电源变压器而言,空载电流基本上等于磁化电流。

(6)空载损耗

空载损耗指变压器次级开路时,在初级测得的功率损耗。主要损耗是铁芯损耗,其次是空载电流在初级线圈铜阻上产生的损耗(铜损),这部分损耗很小。

（7）效率

效率指次级功率 P_2 与初级功率 P_1 比值的百分比。通常变压器的额定功率越大,效率就越高。

（8）绝缘电阻

绝缘电阻表示变压器各线圈之间、各线圈与铁芯之间的绝缘性能。绝缘电阻的高低与所使用的绝缘材料的性能、温度高低和潮湿程度有关。

3. 变压器的检测

（1）外观检查

检查外观是否完好,如线圈引线是否断线、脱焊,绝缘材料是否烧焦,机械是否损伤,表面是否破损等。

（2）开路检查

一般中、高频变压器的线圈匝数不多,其直流电阻很小。音频和电源变压器由于线圈匝数较多,直流电阻可达几百欧至几千欧以上。用万用表测变压器直流电阻可初步判断变压器是否正常,还要进行其他检查,如短路检查。另外,初级和次级之间如没有连线,它们之间的电阻应该很大,因为是绝缘的,如果电阻并不大,说明绝缘不好或初级和次级间绝缘损坏。

（3）短路检查

在一般情况下,变压器的局部短路要用专门测量仪器判断。中、高频变压器内部局部短路时,表现为线圈的空载 Q 值下降,整机性能变坏。

三、扬声器

扬声器又称"喇叭",是一种把电信号转变为声信号的换能器件,扬声器的性能优劣对音质的影响很大。扬声器的外形如图 7-13 所示,电路符号如图 7-14 所示。

图 7-13 扬声器的外形

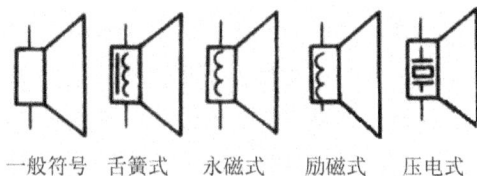

一般符号　舌簧式　永磁式　励磁式　压电式

图 7-14 扬声器的电路符号

1. 扬声器的结构

一般扬声器是由磁铁、框架、定芯支架、振膜折环、锥形纸盆组成,如图 7-15 所示。

2. 扬声器的极性判断

多于一只扬声器运用时,需要分清各扬声器的引脚极性。两只扬声器不是同极性相串联或并联时,流过两只扬声器的电流方向不同,一只从音圈的头流入,另一只从音圈的尾流入,这样当一只扬声器的纸盆向前振动时,另一只扬声器的纸盆向后振动,两只扬声器纸盆振动相位相反,有一部分空气振动的能量被抵消。所以要求多于一只扬声器在同一室内运

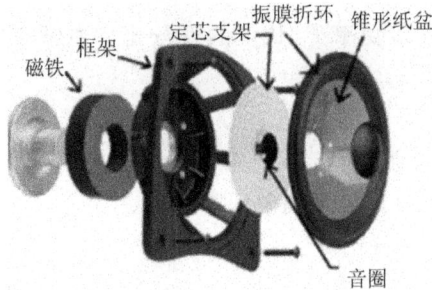

图 7-15 一般扬声器的结构

用时,同极性相串联或并联,以使各扬声器纸盆振动的方向一致。

（1）看

一些扬声器背面的接线支架上已经用"＋""－"符号标出两根引线的正负极性,可以直接识别出来。

（2）听

扬声器的引脚极性可以采用视听判别法,两只扬声器的两根引脚任意并联起来,接在功率放大器输出端,给两只扬声器馈入电信号,两只扬声器同时发出声音。将两只扬声器口对口接近,如果声音越来越小,说明两只扬声器反极性并联,即一只扬声器的正极与另一只扬声器的负极相并联。

上述识别方法的原理是:两只扬声器反极性并联时,一只扬声器的纸盆向里运动,另一只扬声器的纸盆向外运动,这时两只扬声器口与口之间的声压减小,所以声音低。当两只扬声器相互接近后,两只扬声器口与口之间的声压更小,所以声音更小。

（3）用万用表测

利用万用表的直流电流挡识别出扬声器引脚极性的办法是:万用表置于最小的直流电流挡（微安挡）,两只表笔任意接扬声器的两根引脚,用手指轻轻而快速将纸盆向里推动,此时表针有一个向左或向右的偏转。当表针向右偏转时（如果向左偏转,将红、黑表笔互相反接一次）,红表笔所接的引脚为正极,黑表笔所接的引脚为负极。用同样的方法和极性规定,检测其他扬声器,这样各扬声器的引脚极性就一致了。

这一方法能够识别扬声器引脚极性的原理是:按下纸盆时,由于音圈有了移动,音圈切割永久磁铁产生的磁场,在音圈两端产生感生电动势,这一电动势虽然很小,但是万用表处于量程很小的电流挡,电动势产生的电流流过万用表,表针偏转。由于表针偏转方向与红、黑表笔接音圈的头还是尾有关,这样可以确定扬声器引脚的极性。

（4）注意事项

直接观察扬声器背面的引线架时,对于同一个厂家生产的扬声器,它的正负引脚极性规定是一致的;对于不同厂家生产的扬声器,则不能保证一致,最好用其他方法加以识别。

万用表识别高声扬声器的引脚极性过程中,由于高声扬声器的音圈匝数较少,表针偏转角度小,不容易看出来,此时可以快速按下纸盆,可使表针偏转角度大些。按下纸盆时要小心,切不可损坏纸盆。

3. 扬声器的性能指标

扬声器的主要性能指标有灵敏度、额定功率、额定阻抗、频率响应、失真度以及指向性等参数。

（1）灵敏度

灵敏度是指输入功率为 1W 的噪声电压时,在扬声器轴向正面 1m 处所测得的声压大小。若灵敏度高,则扬声器对音频信号中所有细节均能作出响应。

（2）额定功率

扬声器的功率有标称功率和最大功率之分。标称功率称额定功率、不失真功率。它是指扬声器在额定不失真范围内容许的最大输入功率,在扬声器的商标、技术说明书上标注的功率即为该功率值。最大功率是指扬声器在某一瞬间所能承受的峰值功率。为保证扬声器工作的可靠性,要求扬声器的最大功率为标称功率的 2～3 倍。

（3）额定阻抗

扬声器的阻抗一般和频率有关。额定阻抗是指音频为 400Hz 时,从扬声器输入端测得的阻抗。它一般是音圈直流电阻的 1.2～1.5 倍。一般动圈式扬声器常见的阻抗有 4Ω、8Ω、16Ω、32Ω 等。

（4）频率响应

给一只扬声器加上相同电压而不同频率的音频信号时,其产生的声压将会产生变化。一般中音频时产生的声压较大,而低音频和高音频时产生的声压较小。当声压下降为中音频的某一数值时的高、低音频率范围,叫该扬声器的频率响应特性。

理想的扬声器频率特性应为 20～20kHz,这样就能把全部音频均匀地重放出来,然而这是做不到的。每一只扬声器只能较好地重放音频的某一部分。

（5）失真度

扬声器不能把原来的声音逼真地重放出来的现象叫失真。失真有两种：频率失真和非线性失真。频率失真是由于对某些频率的信号放音较强,而对另一些频率的信号放音较弱造成的,失真破坏了原来高低音响度的比例,改变了原声音色。而非线性失真是由于扬声器振动系统的振动和信号的波动不够完全一致造成的,在输出的声波中增加了新的频率成分。失真度是指电信号与声音信号之间转换时出现的失真大小,用百分比表示,数值越小越好。

（6）指向性

指向性用来表征扬声器在空间各方向辐射的声压分布特性,频率越高指向性越狭,纸盆越大指向性越强。

4. 扬声器的检测

（1）指针式万用表：置于 $R\times1\Omega$ 挡,用任一表笔接一端,另一表笔点触另一端,正常时会发出清脆响量的"哒、哒、哒"声。如果不响,则是线圈断了,如果响声小而尖,则是有擦圈问题,也不能用。

（2）数字万用表：用二极管测量挡即可,操作方法与指针式万用表相同。

知识链接

一、金属探测器的工作原理

金属探测器的电路原理如图 7－16 所示,L_1、C_1、Q_1 和 Q_2 等组成一个探测振荡器,L_2、C_3、Q_3 和 Q_2 等组成一个基频振荡器,LM386 等元器件组成一个音频功率放大器。

当 L_1 未检测到金属物体时,探测振荡器的工作频率与基频振荡器的工作频率相同(均为 320kHz 左右),Q_3 的发射极无音频信号输出,扬声器 BL 中无声音。

当 L_1 探测到地下埋藏有金属物体后,探测振荡器的工作频率将变高,Q_3 的发射极将输出一个音频信号,该信号经 LM386 放大后,驱动扬声器 BL 发出音频叫声,提示使用者"已探测到金属物体"了。

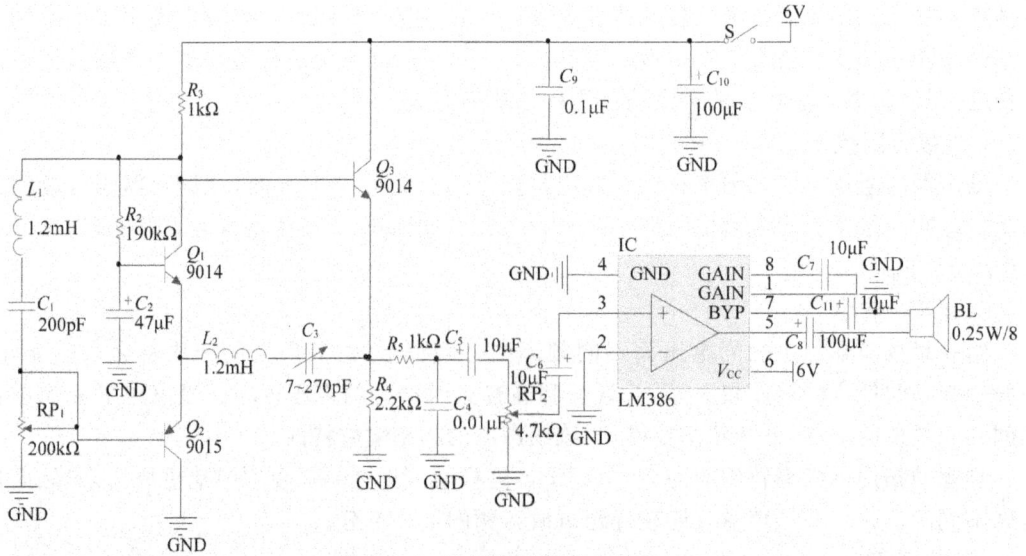

图 7-16 金属探测器的电路原理

二、LC 振荡电路

LC 振荡电路是指用电感 L、电容 C 组成选频网络的振荡电路,用于产生高频正弦波信号,常见的 LC 正弦波振荡电路有变压器反馈式 LC 振荡电路、电感三点式 LC 振荡电路和电容三点式 LC 振荡电路。

1. 变压器反馈式振荡电路

变压器反馈式振荡电路又称互感耦合振荡电路,它是利用变压器耦合获得适量的正反馈来实现自激振荡的。

共射调集型变压器反馈式振荡电路如图 7-17 所示。由于 L_1、C 组成的并联谐振回路作为三极管的集电极负载,因此,这种放大电路具有选频特性,常称为选频放大电路。L_2 为

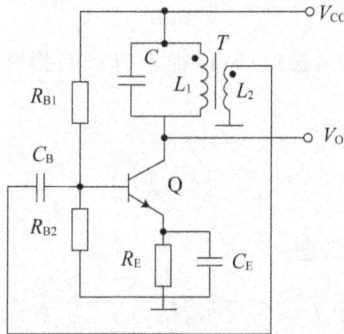

图 7-17 共射调集型变压器反馈式振荡电路

反馈网络,它通过电感耦合取得反馈信号,并将信号的一部分反馈到输入端,显然,该电路具备了振荡电路的组成环节。

在 Q 值足够高和忽略分布参数影响的条件下,变压器反馈式振荡电路的振荡频率就是 L_1C 回路的谐振频率,即:

$$f = \frac{1}{2\pi\sqrt{L_1C}}$$

变压器反馈式振荡电路的特点如下:

(1) 对三极管的 β 值要求并不太高,只要变压器同名端接线正确,则不难起振。采用变压器耦合,容易满足阻抗匹配要求。

(2) C 可以采用可变电容器,因而调节频率方便。

(3) 由于变压器分布参数的限制,振荡频率不能太高,一般小于几十 MHz,且输出波形不太好。

2. 电感三点式振荡电路

图 7-18(a)是一种常用的电感三点式振荡电路,图中电感 L_1、L_2 和电容 C 组成起选频作用的谐振电路,从 L_2 上取出反馈电压加到晶体管 Q 的基极。从图 7-18(b)看到,晶体管的输入电压和反馈电压同相,满足相位平衡条件,因此电路能起振。由于晶体管的 3 个极是分别接在电感的 3 个点上的,因此被称为电感三点式振荡电路。

电感三点式振荡电路的振荡频率为:

$$f = \frac{1}{2\pi\sqrt{LC}}$$

其中 $L = L_1 + L_2 + 2M$。

电感三点式振荡电路的特点是:频率范围宽,容易起振,但输出含有较多高次谐波,波形较差。常用于产生几十兆赫以下的正弦波信号。

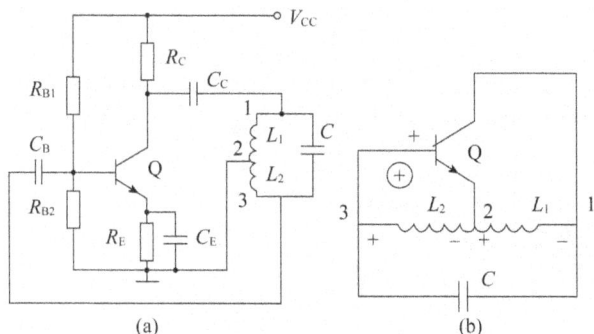

图 7-18 电感三点式振荡电路

3. 电容三点式振荡电路

还有一种常用的振荡电路是电容三点式振荡电路,如图 7-19(a)所示,图中电感 L 和电容 C_1、C_2 组成起选频作用的谐振电路,从电容 C_2 上取出反馈电压加到晶体管 Q 的基极。从图 7-19(b)看到,晶体管的输入电压和反馈电压同相,满足相位平衡条件,因此电路能起振。由于电路中晶体管的 3 个极分别接在电容 C_1、C_2 的 3 个点上,因此被称为电容三点式振荡电路。

电容三点式振荡电路的振荡频率为：

$$f = \frac{1}{2\pi \sqrt{LC}}$$

其中 $C = \dfrac{C_1 C_2}{C_1 + C_2}$。

电容三点式振荡电路的特点是：频率稳定度较高，输出波形好，频率可以高达 100MHz 以上，但频率调节范围较小。适合作为固定频率的振荡器。

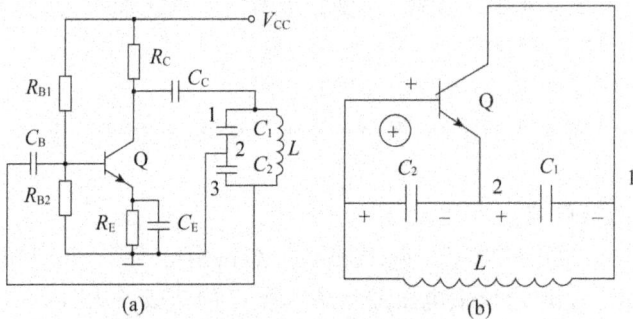

图 7-19　电容三点式振荡电路

三、电路识图方法

（一）实物电路和原理电路图

1. 实物电路

实物电路如图 7-20 所示，这是一种最简单的实际电路，它由电源（电池）、开关（按钮开关）、负载（灯泡）和导线（金属部分）构成。电路为电流提供了路径，它实现了电能的传输和转换，即把电池贮存的电能转换成灯泡发出的光能。

2. 电路原理图

在实际的电子电工技术中都是用图形符号、线条构成的电路图来表达实际的电路连接。学习识图是学习电子电路、提高电子技能的必由之路。电路原理图如图 7-21 所示。

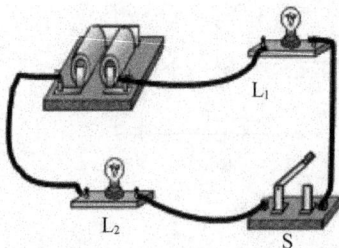

图 7-20　实物电路

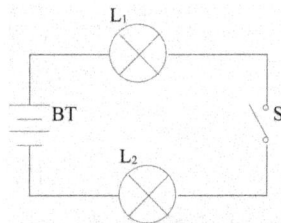

图 7-21　电路原理图

（二）电路图中的接地

1. 接地

电路图中的接地和电子仪器、家用电器的外壳接地是两个完全不同的概念。后者是保护性接地，接的是大地，使仪器的外壳与大地等电位，避免仪器漏电时使外壳带电而造成人员的触电危险;前者的接地对电路而言仅是一个共用参考点。在如图7-20所示的电路中,当开关合上时,电流从电源正极出发,经开关(S)、负载(L)到电源负极,再通过电源内电路到正极构成回路。在画电路图时一般可把电源的负极用接地符号表示,画成图7-22(a)的形式,以简化电路。

2. "热地"和"冷地"的识别技巧

在某些电子产品中,必须分清"热地"和"冷地"。如彩色电视机中的开关电源电路由于省去了电源变压器,交流电网输入的220/50Hz电压直接与整流电路连接,这就导致了底盘带电。当人员触摸底盘时,220V交流电将会流过人体,与大地形成回路,带来触电的危险。维修时若用万用表、示波器等仪器进行检测,则可能损坏仪器和彩电中的元器件,特别是集成块。

为了避免"热地"产生的危险,维修时必须在电视机电源进线端外接匝数比为1∶1的隔离变压器,将整机与交流电网实现电隔离。

有的彩电利用开关变压器作为隔离元件,实现整机与交流电网的隔离。此类电视机的底盘称为"冷底盘",安全性较好,但其电源初级绕组及其有关电路仍没有隔离,这部分仍是"热底盘",维修电源部分时仍应注意安全。在电子电路图中必须看清楚接地标记,如图7-22所示。维修电子设备时要注意"热地"、"冷地"的区别,以免触电。

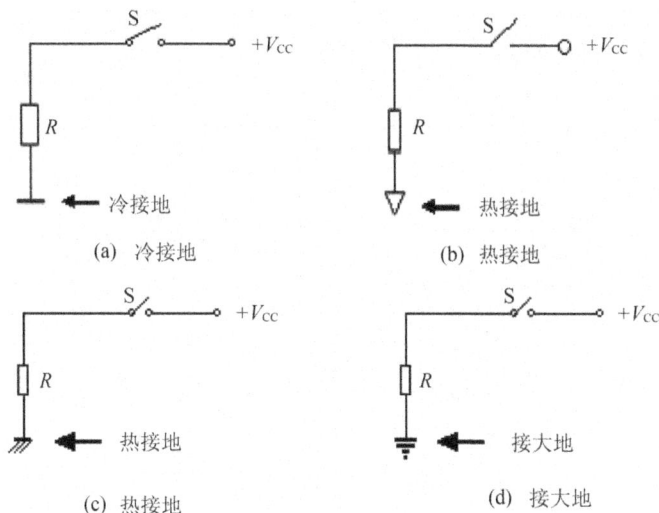

(a) 冷接地　　　　　　　　　(b) 热接地

(c) 热接地　　　　　　　　　(d) 接大地

图7-22　电路中的"热地"与"冷地"

(三)电子电路的几种表达方法

1. 整机方框图

整机方框图是表达整机结构的,从中可以了解整机电路的组成和各分单元电路之间的相互关系及信号的主要流程。彩色电视机的整机方框图如图7-23所示。从整机方框图中我们可以知道彩色电视机由高频调谐器、中频放大、伴音处理、PAL解码、行场扫描、显像管电路、微处理电路和电源等几部分组成,各部分之间的关系在图中具有很清晰的表达。

2. 系统电路方框图

一个整机电路是由多个系统电路构成的,每个系统由若干单元电路组成。系统电路方框图表示该系统电路的组成情况。系统方框图是整机方框图的下一级方框图,它比整机方

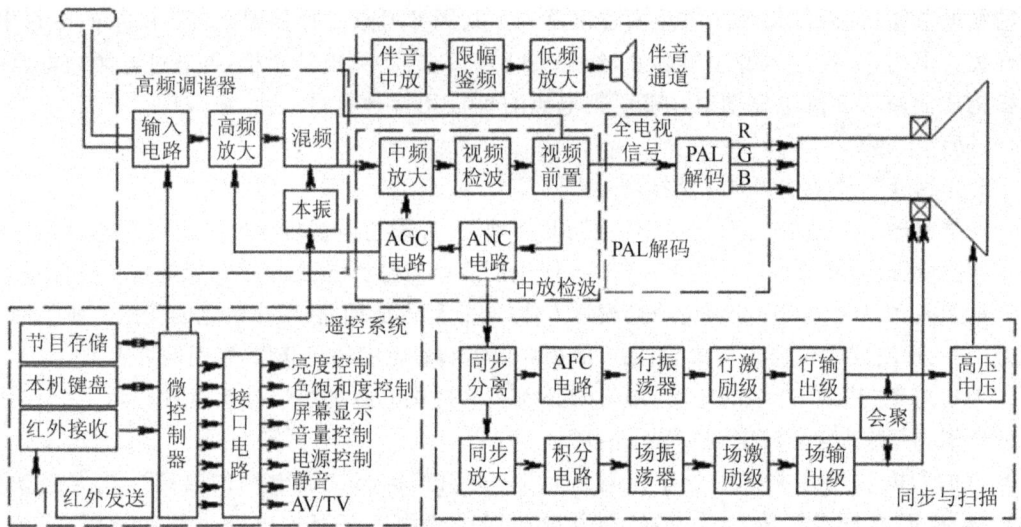

图 7-23 整机方框图

框图更详细。识读系统电路时,要明确本系统的主要功能、任务、信号的变换以及处理过程。彩色电视机中彩色解码的系统电路方框图如图 7-24 所示,该电路方框图详细地说明了彩色全电视信号被还原成红、绿、蓝三基色的过程。

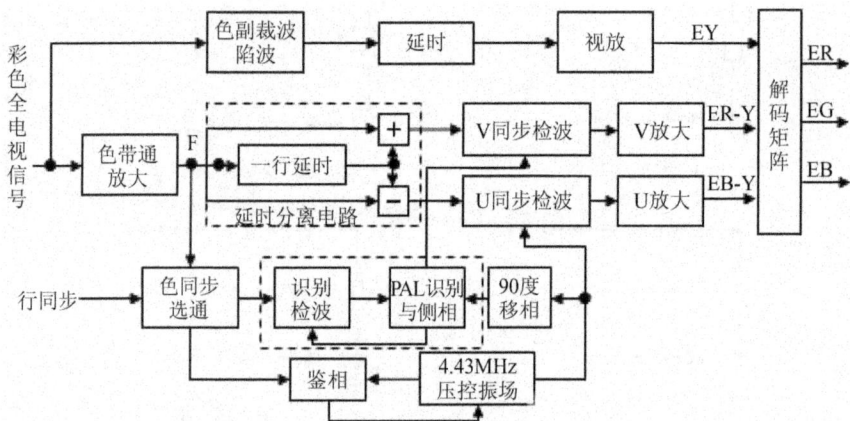

图 7-24 彩色解码的系统电路方框图

3. 集成电路内电路方框图

集成电路的内电路十分复杂,所以在大多数情况下均用方框图来表示集成电路内电路的组成、流程和有关引脚的作用等。如图 7-25 所示,该方框图清楚地表明 CD2003 集成电路内含 AM 高放、本振、混频、中放、检波电路,FM 高放、本振、混频、中放、鉴频电路,以及 AGC 电路、AM/FM 波段选择电路等。

4. 读方框图的基本技巧

(1) 图中的箭头方向表示信号的传输方向。要根据信号的传输过程逐级、逐个地分析方框,弄懂每个方框的作用以及信号在该方框有什么变化。

(2) 方框图与方框图之间的连接表示各相关电路之间的相互联系和控制情况。要弄懂各部分电路是如何连接的,对于控制电路还要看出控制信号的来路和控制对象。

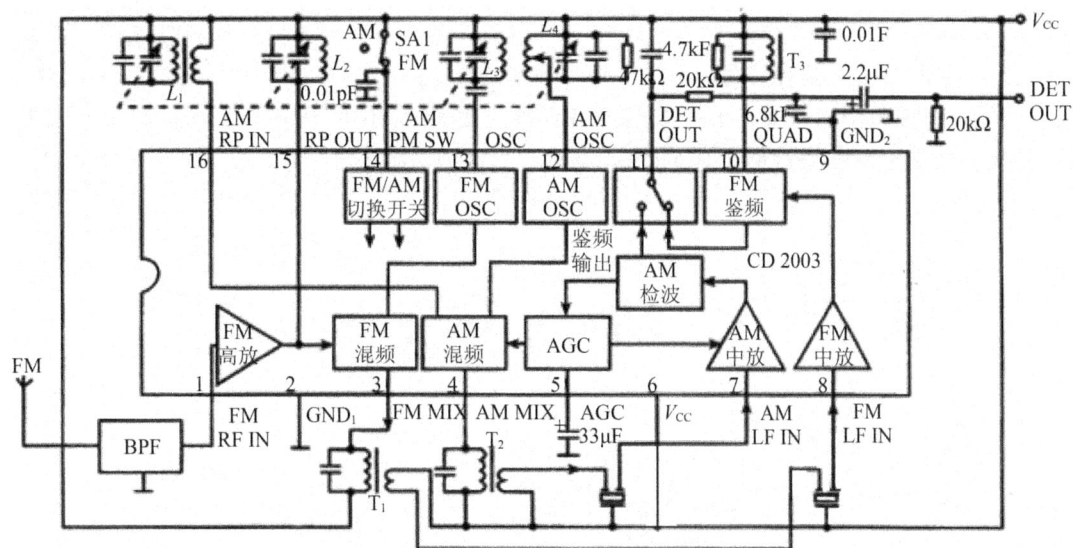

图 7-25　集成电路内电路方框图

（3）在没有集成电路引脚作用的资料时，可以利用集成电路内电路方框图来判断引脚作用，特别要了解哪些是输入脚，哪些是输出脚。当引脚引线的箭头指向集成电路外，是信号从内部输出，反之是信号从外部输入。

（四）原理图

原理图是表示电子设备或系统的工作原理的，是实际电路的"语言"。原理图可以是整机原理图，也可以是某一单元电路原理图。原理图上用符号代表各种元器件或部件，表示出了各个元器件或部件和电路的连接情况，各个元器件注明了数值，重要的、特殊的元器件或部件还注明了型号、规格。在一些较复杂电子产品的原理图上甚至画出了关键点位的工作波形。

有了原理图就可以分析电路的来龙去脉，研究信号的流程、受控制的情况、产生的功能等。调幅收音机的整机原理图如图 7-26 所示，它不仅说明了整机的构成，注明了各元器件的参数，还标示出了关键回路中的电流大小。

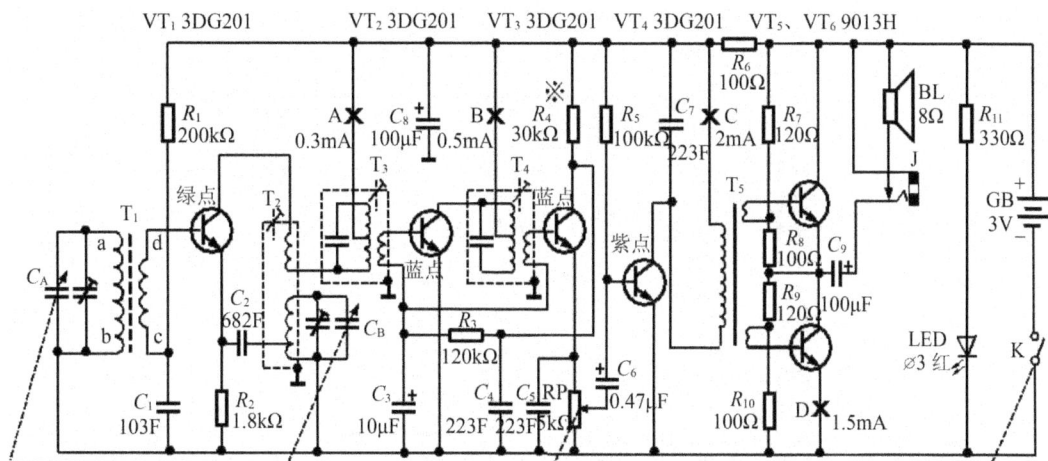

图 7-26　调幅收音机的整机原理图

（五）装配电路图

1. 装配电路图的两种形式

（1）印刷板装配图：用一张图纸画出各元器件的分布、位置及它们之间铜箔的连线情况，即反映的是实际线路板铜箔面的情况，如图7－27所示。这种形式在修理电子设备时应用比较方便。

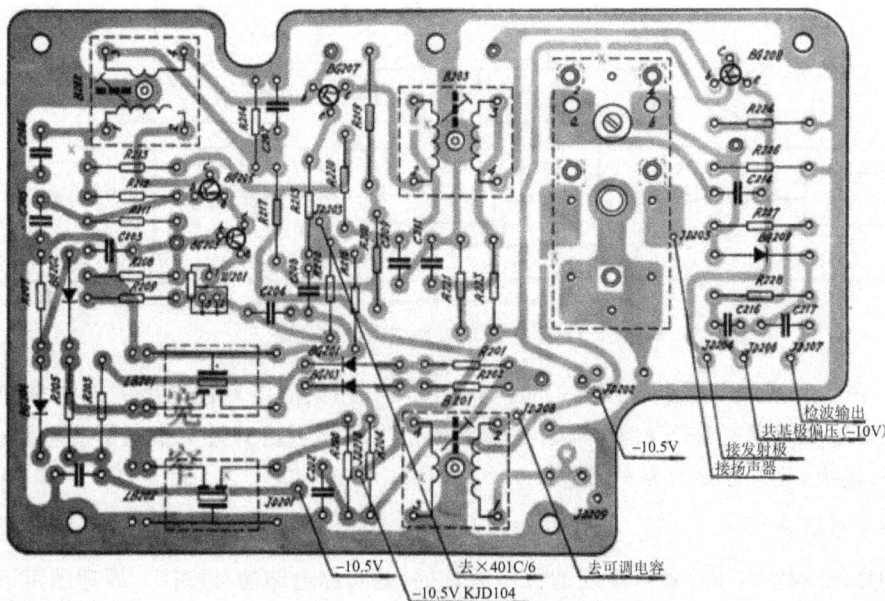

图7－27　印刷板装配图

（2）装配布局图：如图7－28所示，此种形式一般没有一张专门的图纸，而是采取在线路板上直接标注元器件名称、编号等。如在线路板上某处标上R_0、C_1、C_2、T_1、T_2等，即反映的是线路板元器件面的情况，这种形式在整机装配时非常方便，装配电路图在元器件装配和电子设备维修时是必不可少的，它将线路板上的元器件一比一地画在电路图上。装配电路图反映了电路原理图上各元器件在线路板上的实际分布情况。元器件引脚之间的连线用铜箔线代替，空心圆是焊盘，用焊锡焊接，使元器件与印刷电路板连成一体。

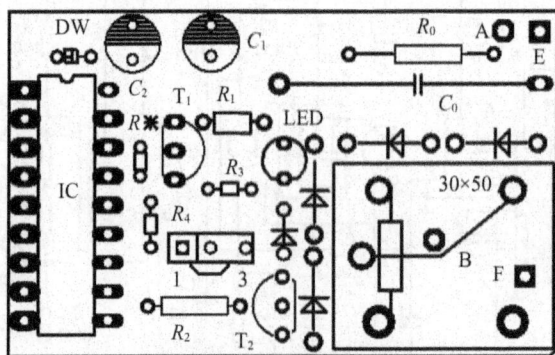

图7－28　装配布局图

通过装配电路图可以较容易地在实际线路板上找到电路原理图中某个元器件的具体位置,起到电路原理图和实际线路板之间的桥梁作用。对于比较简单的装配电路图或局部的装配电路图,应掌握把装配电路图"翻译"成原理图的能力,这种能力在修理电子产品的过程中是很有用的。

2. 装配电路图的识图技巧

(1) 同一单元电路中的元器件相对集中在一起,而且会以打头的某一阿拉伯数字代表这一单元电路。如某电视机电路中,若以 6 代表"行扫描电路部分",则在印刷电路中凡是以"6"打头的元器件均是"行扫描电路部分"电路中的元器件,如 $6R_1$,$6Q_2$,$6C_{12}$ 等。

(2) 根据一些元器件的特殊外形,在电路中可以较方便地找到它们,如集成电路、变压器、功率放大管、水泥电阻、大容量电解电容等。

(3) 对于那些量多又无明显特征的元器件,如一般的电阻、电容,应当通过与它们相连的三极管或集成块来间接查找它们的具体位置。

(4) 装配电路板上大面积的铜箔线路一般是地线。一块线路板上的地线往往是相连的,但在组合电路中,相互之间的接插件没有连接时,各块线路板之间的地线是不通的。

任务实施

一、元器件的来料检测

1. 电感器的来料检测

电感器的来料检测内容如表 7-1 所示。

表 7-1 电感器的来料检测内容

名称	电路标号	型号	直流电阻	电感量	外观	额定电流	封装尺寸	封装类型	检测结果

2. 变压器的来料检测

变压器的来料检测内容如表 7-2 所示。

表 7-2 变压器的来料检测内容

名称	电路标号	型号	直流电阻	绝缘性能	功率	电压	封装尺寸	封装类型	检测结果

3. 扬声器的来料检测

扬声器的来料检测内容如表 7-3 所示。

表 7 - 3 扬声器的来料检测内容

名称	电路标号	型号	直流电阻	阻抗	功率	外观	尺寸	封装类型	检测结果

4. 电阻器、电容器、可调电位器、集成功放等的来料检测

请读者参考前面项目中元器件的来料检测内容,在此不再重画表格。

5. 来料检测汇总表

金属探测器电路的来料检测汇总表如表 7 - 4 所示。

表 7 - 4 金属探测器电路的来料检测汇总表

来料名称	来料数量	检测仪表	检测值	检测人员	检测结论

二、金属探测器电路的安装工艺及步骤

(1) 对照元器件明细表清点数量。

(2) 识读电路原理图,对每只元件进行识别、检测。

(3) 了解各元器件的功能、用途。

(4) 对 PCB 印刷板按图进行线路检查和外观检查,除去 PCB 板表面及元件引脚上的氧化层,并上锡。

(5) 采用 PCB 板装配时,元件整形后按图排列,注意每只元件的高度。相同规格的元件高度一致,排列整齐。

(6) 焊接时间要短,以防印刷电路铜箔脱落,焊接完毕后检查是否漏焊、虚焊、错焊。

(7) 通电前仔细检查线路,无误后通知指导老师,方可通电测量。

(8) 正确使用测量仪器、仪表。

(9) 完成实验、实训报告。

(10) 整理工位并进行复习。

金属探测器电路的安装工艺检测内容如表 7 - 5 所示。

表 7－5　金属探测器电路的安装工艺检测内容

项目	检测要求	检测记录
电子线路安装工艺	(1) 正确识别元器件。 (2) 元器件整形。 (3) 元器件布局合理、整齐、规范。 (4) 焊点光亮、圆滑适中。 (5) 连线平直、无交叉。	
安装正确性	(1) 按图正确装接。 (2) 电路功能完整。	

三、金属探测器电路的调试、检测技能

安装好电路中各元件后,首先应调节晶体管 $Q_1 \sim Q_3$ 的工作电流。调节 RP_1 的阻值,使 Q_1、Q_2 的集电极电流为 1mA,Q_3 的集电极电流为 2mA。然后将音量电位器 RP_2 调至阻值最小的位置(音量最大状态),将微调电容器 C_3 顺时针不停旋动时会发现:扬声器中发出音频叫声→声音频率由高至低直至无声→又出现音频叫声→声音频率由低至高变化。重新调节 C_3,使之处于两次音频叫声之间的无声点上。将探测线圈 L_1 逐渐靠近物体(最好是铁质物体),扬声器中应发出由低频率至高频率的音频叫声。

金属探测器电路的调试、检测内容如表 7－6 所示。

表 7－6　金属探测器电路的调试、检测内容

项目	调试、检测要求	调试、检测记录
仪器仪表与参数测量	(1) 正确使用仪器仪表。 (2) 检测关键点的电位、电流、波形。	
功能调试、检测	(1) 检测灵敏度。 (2) 探测距离。 (3) 振荡频率。 (4) 功放性能。	
安全文明生产	(1) 穿戴好劳保用品,工具齐全。 (2) 遵守用电操作规程。 (3) 正确使用仪表。 (4) 工具摆放整齐。	

技能训练

(1) 完成来料检测;

(2) 完成金属探测器电路的安装;

(3) 完成金属探测器电路的调试、检测。

金属探测器技能训练内容评分表如表 7－7 所示。

表 7-7　金属探测器技能训练内容评分表

项目	技术要求	配分	评分细则	扣分	得分
电子线路安装工艺	(1) 检测元器件。 (2) 元器件布局合理、整齐、规范。 (3) 焊点光亮、圆滑适中。 (4) 连线平直、无交叉。	30	(1) 元器件检测错误,每件扣 2 分。 (2) 元器件排版不合理,插件不规范、不整齐,扣 10 分。 (3) 焊接不好,每处扣 1 分,最多不超过 15 分。 (4) 连线不平直、交叉,扣 2~5 分。		
安装正确性	(1) 按图正确装接。 (2) 电路功能完整。	30	(1) 未按图装接,扣 10 分。 (2) 电路功能不完整,扣 20 分。 (3) 在额定时限内允许返修一次,扣 10 分。		
仪器仪表与参数测量	(1) 正确使用仪表。 (2) 检测电位、电流、波形。 (3) 检测灵敏度。 (4) 探测距离。 (5) 振荡频率。 (6) 功放性能。	30	(1) 仪表使用不规范,扣 10 分。 (2) 测量电压、电流、波形有错,每处扣 3 分。 (3) 电路功能错误,每处扣 10 分。		
安全文明生产	(1) 穿戴好劳保用品,工具齐全。 (2) 遵守用电操作规程。 (3) 正确使用仪表。 (4) 工具摆放整齐。	10	(1) 穿戴不合要求,工具不齐全,扣 5 分。 (2) 通、断电操作违规,扣 5 分。 (3) 损坏设备、仪表,扣 10 分。 (4) 不整理器材、场地,扣 5 分。		
评分记录				得分	

思考与讨论

(1) 阐述振荡电路的基本工作原理。

(2) 用振荡电路检测金属的原理是什么?

(3) 集成功放 LM386 在使用中应注意什么?

(4) 多只扬声器串并联使用时应如何操作?

(5) 振荡电路的频率稳定度与哪些因素有关?

(6) 如何提高电路的识图技能?

项目八　电子生日蜡烛

实训目的

1. 熟悉电子生日蜡烛电路的工作原理。
2. 掌握电子生日蜡烛电路的安装工艺及方法。
3. 掌握电子生日蜡烛电路的故障检修技能。
4. 掌握来料检测的知识与技能。

来料检测

一、普通开关

开关的词语解释为开启和关闭。它还指一个可以使电路开路、使电流中断或使其流到其他电路的电子元件。最常见的开关是让人操作的机电设备,其中有一个或数个电子接点。接点的"闭合"表示电子接点导通,允许电流流过;开关的"开路"表示电子接点不导通形成开路,不允许电流流过。常见开关的外形如图 8-1 所示,电路符号如图 8-2 所示。

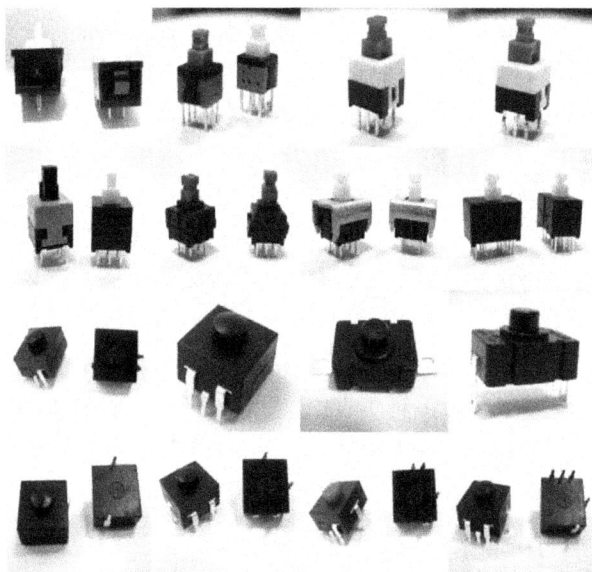

图 8-1　常见开关的外形

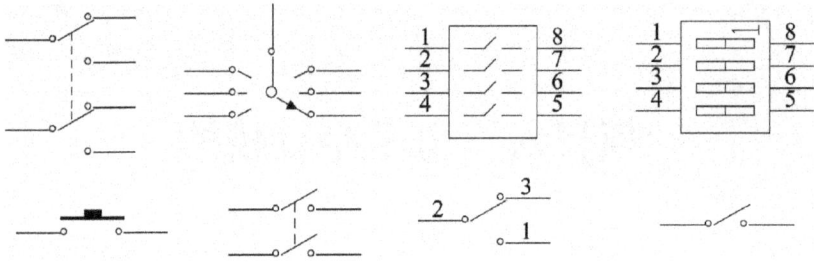

图 8-2 开关的电路符号

1. 轻触开关

轻触开关是一种电子开关,使用时轻轻点按开关按钮就可使开关接通,当松开手时开关即断开,其内部结构是靠金属弹片受力弹动来实现通断的。

轻触开关由于体积小、重量轻在电器方面得到广泛的应用,如影音产品、数码产品、遥控器、通信产品、家用电器、安防产品、玩具、电脑产品、医疗器材、汽车按键等。

封装种类:SMT 贴片;DIP 插件。

规格:6mm×6mm、12mm×12mm、5mm×5mm、3mm×6mm。

额定电流、电压:通常为毫安级,如 50mA、12VDC 等。

开关行程:0.25mm。

2. 自锁开关

自锁开关一般自带机械锁定功能,按下去,松手后按钮是不会完全跳起来的,处于锁定状态,需要再按一次,才解锁完全跳起来。

带灯自锁开关与普通自锁开关的不同之处仅仅在于:带灯开关充分利用其按键中的空间安放了一只小型指示灯泡或 LED,其一端接零线,另一端一般通过一只降压电阻与开关的常开触点并联,当开关闭合时,设备运转的同时也为指示灯提供了电源。

3. 开关的主要参数

(1)额定电压:指开关在正常工作时所允许的安全电压。加在开关两端的电压大于此值,会造成两个触点之间打火击穿。

(2)额定电流:指开关接通时所允许通过的最大安全电流,当超过此值时,开关的触点会因电流过大而烧毁。

(3)绝缘电阻:指开关的导体部分与绝缘部分的电阻值,绝缘电阻值应在 $100M\Omega$ 以上。

(4)接触电阻:指开关在开通状态下,每对触点之间的电阻值。一般要求在 $0.1\sim0.5\Omega$ 以下,此值越小越好。

(5)耐压:指开关对导体及地之间所能承受的最高电压。

(6)寿命:指开关在正常工作条件下,能操作的次数。一般要求为 5000~35000 次。

4. 检测

对于普通开关,在日常使用中主要从以下几个方面进行检测,以判断开关是否可以继续使用。

(1)外观检测:观察外壳有无破损、引脚是否断裂。

（2）机械性能：从按压的力度、声音、弹力等几个方面判断。

（3）接触电阻：按下开关，用万用表测量两引脚的接通电阻，电阻值应该很小，接近于零。若阻值很大就不可以使用。

二、电子开关

1. 延时开关

延时开关是为了节约电力资源而开发的一种新型的自动延时电子开关。延时开关又分为声控延时开关、光控延时开关、触摸式延时开关等。延时开关适用于走廊、楼道、地下室、车库等场所的自动照明，具有以下特点：

（1）使用时只需触摸开关的金属片即导通工作，延长一段时间后开关自动关闭。

（2）应用控制，开关自动检测对地绝缘电阻，控制可靠无误的动作。

（3）无触点电子开关，延长负载使用寿命。

（4）触摸金属片的地极零线电压小于 36V 的人体安全电压，使用时对人体无害。

（5）独特的两线设计，直接代替开关使用，可带动各类负载（日光灯、节能灯、白炽灯、风扇等）。

2. 接近开关

接近开关又称无触点行程开关，它除了可以完成行程控制和限位保护外，还是一种非接触型的检测装置，用于检测零件尺寸和测速等，也可用于变频计数器、变频脉冲发生器、液面控制和加工程序的自动衔接等。接近开关的特点有工作可靠、寿命长、功耗低、复定位精度高、操作频率高以及适应恶劣的工作环境等。

（1）涡流式接近开关

这种开关有时也叫电感式接近开关，如图 8 - 3 所示。它是利用导电物体在接近这个产生电磁场的接近开关时，使物体内部产生涡流。这个涡流反作用到接近开关，使开关内部电路参数发生变化，由此识别出有无导电物体移近，进而控制开关的通或断。这种接近开关所能检测的物体必须是导电体。E15 系列电感式接近开关的型号、参数如表 8 - 1 所示，电气接线图如图 8 - 4 所示。

图 8 - 3　涡流式接近开关

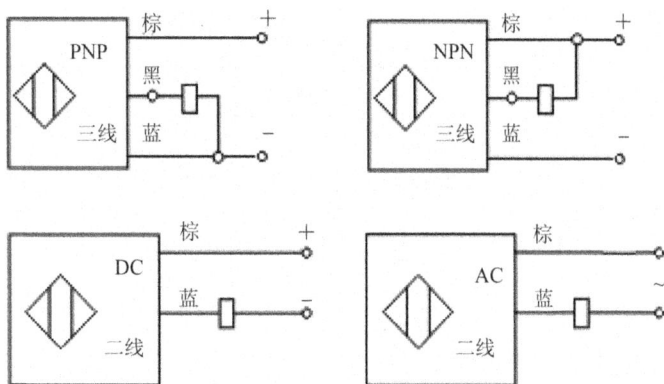

图 8 - 4　电气接线图

表 8 - 1　E15 系列电感式接近开关的型号、参数

安装方式				埋入式	非埋入式
额定检测距离 d/mm				10	15
具 备 型 号	直流 10~30V	NPN	常开	YE15 - 2411A	YE15 - 2411
			常闭	YE15 - 2421A	YE15 - 2421
			常开＋常闭	YE15 - 2431A	YE15 - 2431
		PNP	常开	YE15 - 2511A	YE15 - 2511
			常闭	YE15 - 2521A	YE15 - 2521
			常开＋常闭	YE15 - 2531A	YE15 - 2531
		二线	常开	YE15 - 2611A	YE15 - 2611
			常闭	YE15 - 2621A	YE15 - 2621
		继电器输出		YE15 - 2931A	YE15 - 2931
	交流 20~250V	二线	常开	YE15 - 3611A	YE15 - 3611
			常闭	YE15 - 3621A	YE15 - 3621
		四线	常开＋常闭	YE15 - 3731A	YE15 - 3731
		继电器输出		YE15 - 3931A	YE15 - 3931
	交直流 20~250V	二线	常开	YE15 - 4611A	YE15 - 4611
			常闭	YE15 - 4621A	YE15 - 4621
主 要 参 数	输出电压降			DC 三四线：<1.5V,DC 二线：<4V, AC 二线：<6.5V,交直流二线：<7V	
	输出电流			DC：200mA,AC：二线 500mA,交直流二线：AC 300mA, DC：100mA,五线式：1A,3A(取决于继电器容量)	
	漏电流			DC 三四线：<0.05Ma,DC 四线：<0.4mA, AC 二线：<1.6mA,交直流二线：<1.2mA	
	响应 频率	直流：NPN,PNP		300Hz/150Hz	
		交流、交直流		25Hz/AC 25Hz,DC 150Hz	
	重复精度			≤0.01mm	
	工作环境温度			-20~80℃	
	动作指示			LED	
	外壳材料			黄铜镀铬	
	防护等级			IP67	

（2）光电式接近开关

利用光电效应做成的开关叫光电开关,将发光器件与光电器件按一定方向装在同一个检测头内。当有反光面(被检测物体)接近时,光电器件接收到反射光后便输出信号,由此便可"感知"有物体接近。G2 系列光电开关的型号、参数如表 8 - 2 所示。

表 8 - 2　G2 系列光电开关的型号、参数

检测方式				漫反射型	回归反射型	对射型
额定检测距离 d/mm				10cm(30cm)		3m
具 备 型 号	直流 10~30V	NPN	常开	YG2 - 2411D	1	YG2 - 2411T
			常闭	YG2 - 2421D		YG2 - 2421T
			常开＋常闭			
		PNP	常开	YG2 - 2511D		YG2 - 2511T
			常闭	YG2 - 2521D		YG2 - 2521T
			常开＋常闭			
		二线	常开			
			常闭			
		继电器输出				
	交流 20~250V	二线	常开			
			常闭			
		四线	常开＋常闭			
		继电器输出				
	交直流 20~250V 五线常开＋常闭					
主 要 参 数	输出电流			DC 三四线：200mA,DC 二线：100mA,AC 二线：400mA 交直流五线：AC 300mA,DC 100mA, 五线式：1A,3A(取决于继电器容量)		
	消耗电流			DC≤20mA,AC≤2.5mA		
	指向角			回归反射型 1°~5°,对射型 3°~20°		
	响应时间(T/Z、D)			≤5ms/≤3ms		
	工作环境温度			-20~55℃		
	工作环境照度			太阳光 10000lx 以下；白炽灯 3000lx 以下		
	直流型：短路/极性保护			有		
	检测体			透明、半透明、不透明/半透明、不透明		
	外壳材料			ABS		
	防护等级			IP67		

（3）电容式接近开关

这种开关通常是电容器的一个极板,而另一个极板是开关的外壳。这个外壳在测量过程中通常是接地或与设备的机壳相连接。当有物体移向接近开关时,不论它是否为导体,由于它的接近,总要使电容的介电常数发生变化,从而使电容量发生变化,使得和测量头相连的电路状态也随之发生变化,由此便可控制开关的接通或断开。这种接近开关检测的对象,不限于导体,可以是绝缘的液体或粉状物等。CLS 系列电容式接近开关的型号、参数如表 8-3 所示。

表 8-3　CLS 系列电容式接近开关的型号、参数

输出形式	型号	接线方式
直流 NPN 三线常开	CLS20-1K	
直流 NPN 三线常闭	CLS20-1B	
直流 PNP 三线常开	CLS20-2K	
直流 PNP 三线常闭	CLS20-2B	1号：NPN型　　2号：PNP型
直流二线常开		
直流二线常闭		3号：NPN-开-闭型　　4号：PNP-开-闭型
直流 NPN 四线常开＋常闭		
直流 PNP 四线常开＋常闭		5号：直流二线　　6号：直流二线
交流二线常开	CLS20-6K	U:90-250VAC
交流二线常闭	CLS20-6B	

安装形式	非埋入式	工作电压	直流型：10～30VDC
检测距离	20mm±20％	静态电流	DC 三线式：≤2.5mA
设定距离	0～16mm	响应频率	20Hz
回差值	小于检测距离的 20％	电流输出	300mA
标准检测体	100×100×1 铁(接地)	防护等级	IP65(IEC 规格)
残留电压	DC 三线式：≤1.5VDC,AC 二线式：≤8VAC		
温度影响	在－25～＋70℃范围内,对在＋25℃时的检测距离是在 20％以下		
绝缘电阻	≥50MΩ,1 分钟(500VDC Mega 基准)		
耐压	1500VAC,50/60Hz,1 分钟		
抗振动	抗振动：10～55Hz(周期每分钟)复振幅 1mm,X、Y、Z 各方向 2 小时		
抗冲击	抗冲击：500M/S2(50G),X、Y、Z 各方向 3 次		
环境温度	工作时：－30～＋80℃(未结冰状态下)		
	储存时：－30～＋80℃(未结冰状态下)		
环境湿度	工作时：35％～95％ RH		
指示灯	动作显示(红色 LED)		

(4) 霍尔接近开关

霍尔元件是一种磁敏元件。利用霍尔元件做成的开关,称为霍尔开关。当磁性物体移近霍尔开关时,开关检测面上的霍尔元件因产生霍尔效应而使开关内部电路状态发生变化,由此识别附近有磁性物体存在,进而控制开关的通或断。这种接近开关的检测对象必须是磁性物体。H-JK 系列霍尔接近开关是根据霍尔效应原理制成的新型自动化开关器件。该产品采用圆管形防水设计,达到 IEC144 标准,外形尺寸与电气参数均参照日本立石电机株式会社 OMRON 产品。H-JK 系列霍尔接近开关的参数如表 8-4 所示,表中 Y 表示有,N 表示无。JK 系列按工作状态分为三类:JK(常开型)、JB(常闭型)、JZ(自锁型)。

表 8-4 H-JK 系列霍尔接近开关的参数

参数	JK JB JZ								
	5002C	8002C	5002D	8002D	5020D	8020D	5050D	8050D	8100D
电源电压/V	5~24		8~30						
负载电流/mA	20				200		500		1000
工作距离/mm	5~7	8~11	5~7	8~11	5~7	8~11	5~7	8~11	8~11
输出低电平/V	≤0.4				≤0.5		≤1.0		
响应频率/kHz	100				50				
定位精度/mm	0.02								
指示灯	N/Y		Y	Y					
极性和浪涌保护	N	N	Y	Y	Y				
过热保护	Y	Y	Y	Y					
输出方式	NPN		NPN/PNP						
工作温度/℃	Ⅰ -40~+125;Ⅱ -25~+85								

(5) 热释电式接近开关

用能感知温度变化的元件做成的开关叫热释电式接近开关。这种开关是将热释电器件安装在开关的检测面上,当有与环境温度不同的物体接近时,热释电器件的输出会变化,由此便可检测出有物体接近。

(6) 接近开关的选用

在一般的工业生产场所,通常都选用涡流式接近开关和电容式接近开关,因为这两种接近开关对环境的要求条件较低。当被测对象是导电物体或可以固定在一块金属物上的物体时,一般都选用涡流式接近开关,因为它的响应频率高、抗环境干扰性能好、应用范围广、价格较低。若所测对象是非金属(或金属)液位高度、粉状物高度、塑料、烟草等,则应选用电容式接近开关。这种开关的响应频率低,但稳定性好。安装时应考虑环境因素的影响。若被测物为导磁材料或者为了区别和它一同运动的物体而把磁钢埋在被测物体内时,应选用霍尔接近开关,它的价格最低。

在环境条件比较好、无粉尘污染的场合,可采用光电接近开关。光电接近开关工作时对被测对象几乎无任何影响。因此,在要求较高的传真机上,在烟草机械上都被广泛地使用。

在防盗系统中,自动门通常使用热释电接近开关、超声波接近开关、微波接近开关。有时为了提高识别的可靠性,上述几种接近开关往往被复合使用。

无论选用哪种接近开关,都应注意对工作电压、负载电流、响应频率、检测距离等各项指标的要求。

三、双金属片

双金属片也称热双金属片,由于各组元层的热膨胀系数不同,当温度变化时,主动层的形变要大于被动层的形变,双金属片的整体就会向被动层一侧弯曲,则这种复合材料的曲率发生变化从而产生形变。其中,膨胀系数较高的称为主动层;膨胀系数较低的称为被动层。主动层的材料主要有锰镍铜合金、镍铬铁合金、镍锰铁合金和镍等;被动层的材料主要是镍铁合金,镍含量为 $34\% \sim 50\%$。

双金属片被广泛用在继电器、开关、控制器等上面。日光灯的起辉器就是一个很好的例子。另外还可以利用双金属片制成温度计,测量较高的温度。

双金属片的工作原理如图 8-5 所示,常温下,双金属片不发生形变,如图 8-5(a)所示。当温度升高时,膨胀系数大的金属片的伸长量大,致使整个双金属片向膨胀系数小的金属片的一面弯曲。温度越高,弯曲程度越大,如图 8-5(b)所示。反之,当温度降低时,膨胀系数大的金属片的缩短量大,致使整个双金属片向膨胀系数大的金属片的一面弯曲。温度越低,弯曲程度越大,如图 8-5(c)所示。

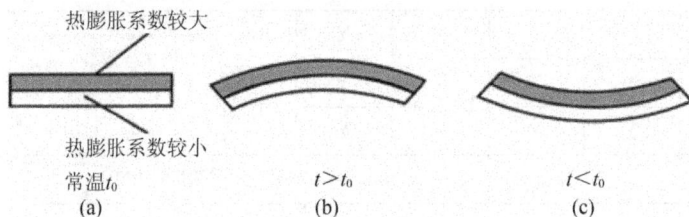

图 8-5　双金属片的工作原理

双金属片开关的检测方法:第一,检测触点是否接触良好,用万用表测量接触电阻即可;第二,对双金属片进行加热,看是否发生弯曲,若发生弯曲则正常,否则需要更换。

四、集成电路

集成电路是将晶体管、电阻、电容等元件和导线通过半导体制造工艺做在一块硅片上而成为一个不可分割的整体电路。在这里,主要介绍利用万用表对集成电路进行检测的原理和一般方法,然后再介绍数字集成电路好坏的具体检测方法。

1. 检测非在路集成电路好坏的准确方法

非在路集成电路是指与实际电路完全脱开的集成电路。按照厂家给定的测试电路、测试条件,逐项进行测试,在大多数情况下既不现实,也往往是不必要的。在家电修理或一般性电子制作过程中,较为常用而且准确的方法是焊接在实际电路上试一试。具体做法是:在一台工作正常的、应用该型号集成电路的电视机、收录机或其他设备上,先在印刷电路板的对应位置焊接上一只集成电路座,在断电的情况下小心地将检测的集成电路插上,接通电源。若电路工作不正常,说明该集成电路性能不好或者是坏的。显然,这种检测方法的优点是准确、实用,对引脚数目少的小规模集成电路比较方便,但是对引脚数目很多的集成电路,不仅焊接的工作量大,而且往往受客观条件的限制,容易出错,或不易找到合适的设备或配套的插座等。

2. 检测非在路集成电路好坏的简便方法

使用万用表测量集成电路各引脚对其接地引脚(俗称接地脚)之间的电阻值。具体方法如下:将万用表置于 $R_1 \times 1k\Omega$ 挡或 $R \times 100\Omega$、$R \times 10\Omega$ 挡(一般不用 $R \times 10k\Omega$、$R \times 1\Omega$ 挡)上,先用红表笔接集成电路的接地脚,且在整个测量过程中不变。然后用黑表笔从其第 1 只引脚开始,按照 1,2,3,4…的顺序,依次测出相对应的电阻值。用这种方法可得知:集成电路的任一只引脚与其接地引脚之间的值不应为零或无穷大(空脚除外);多数情况下具有不对称的电阻值,即正、反向(或称黑表笔接地、红表笔接地)电阻值不相等,有时差别小一些,有时差别很大。这一结论也可以这样叙述:如果某一只引脚与接地脚之间,应当具有一定大小的电阻值,而现在变为 0 或∞,或者其正、反向电阻应当有明显差别,而现在变为相同或差别的规律相反,则说明该引脚与接地引脚之间存有短路、开路、击穿等故障。显然,这样的集成电路是坏的,或者性能已变差。这一结论就是利用万用表检测集成电路好坏的根据。

3. 数字集成电路的检测

数字集成电路输出与输入之间的关系并不是放大关系,而是一种逻辑关系。输入条件满足时,输出高电平或低电平。对数字集成电路进行检测,就是检测其输入引脚与输出引脚之间的逻辑关系是否存在。由于数字集成电路种类太多,完成的逻辑功能又多种多样,逐项测量其指标高低是不现实的。比较简便易行的方法是,用万用表测量集成电路各引出脚与接地引脚之间的正、反向电阻值——内部电阻值,并与正品的内部电阻值相比较,便能很快确定被测集成电路的好坏。实践证明,这种检测数字集成电路好坏的方法是行之有效的,既适用于早期生产的 TTL 型数字电路,也适用于近几年生产的 MOS 集成电路。

在数字电路中,最基本的逻辑电路是门电路。用门电路可以组成各种各样的逻辑电路,因而门电路在数字电路中应用最多,在实验教学中,一些门电路的损坏是在所难免的。基于这个原因,有必要对门电路进行检测。在这里,主要介绍利用万用表对门电路的好坏的检测原理和一般方法。门电路的基本形式有"与"门、"非"门、"或"门、"与非"门、"或非"门。下面主要介绍"与非"门电路的检测方法。

(1) 电源引脚与接地引脚的检测

"与非"门电路及其他数字电路电源引脚与接地引脚的安排方式有两种。第一种:左上角最边上的一只为电源引脚,右下角最边上的一只为接地脚;第二种:上边中间一只为电源引脚;下边一只为接地脚。这两种引脚的安排方式,第一种最多,第二种较少。数字集成电路电源引脚与接地引脚之间,其正、反向电阻值一般有明显的差别。红表笔接电源引脚、黑表笔接地引脚测出的电阻为几千欧,红表笔接地引脚、黑表笔接电源引脚测出的电阻为十几欧、几十千欧甚至更大。根据这两种方法,一般就不难检测出其电源引脚和接地脚。

(2) 输入引脚与输出引脚的检测

根据门电路输入短路电流值不大于 2.2mA,输出低电平电压不大于 0.35V 的特点,即可方便地检测出它的输入引脚和输出引脚。将待检测门电路电源引脚接+5V 电压,接地引脚按要求接地,然后利用万用表依次测量各引脚与接地脚之间的短路电流。若其值低于 2.2mA,则说明该引脚为其输入引脚,否则便是输出引脚;另外,当"与非"门的输入端悬空时,相当于输入高电平,此时其输出端应为低电平,根据这一点可进一步核实它的输出引脚。具体方法是,将万用表拨在直流 10V 挡,测量输出引脚的电压值,此值应低于 0.4V。对 CMOS 与非门电路,将万用表置于 $R×1k\Omega$ 挡,用黑表笔接其接地引脚,用红表笔依次测量其他各引脚对接地脚之间的电阻值,其中阻值稍大的引脚为与非门的输入端,而阻值稍小的引脚则为其输出端。这种方法同样适用于或非门、与门、反相器等数字电路。

（3）同一组"与非"门输入、输出引脚的检测

将"与非"门的电源引脚接5V电压,接地引脚按要求正确接地。将万用表拨在直流 10V 挡,用黑表笔接地,用红表笔接其任一个输出引脚。用一根导线,依次将其输入引脚与地短路,并注意观察输出电压的变化。所有能使输出引脚电压由低电平变为高电平的输入引脚,便是同一个"与非"门的输入引脚。然后将红表笔移到另一输出引脚上,重复上述实验,便可找出与该输出端相对应的所有输入引脚,它们便组成了另一个"与非"门。有几个输出引脚,就说明该集成电路由几个"与非"门组成。

4. 数字电路技术指标的测量

（1）输出高电平 V_{OH} 和关门电平 V_{OFF}：将 0.8V 电压依次接各输入端,V_{OH} 为 2.7～3.2V 时为合格,同时说明其关门电平 $V_{OFF}\geqslant0.8V$。V_{OH} 低于 2.7V 的相应输入端应剪掉不用。

（2）输出低电平 V_{OL} 和开门电平 V_{ON}：将 1.8V 电压依次接各输入端,$V_{OL}\leqslant0.35V$ 时为合格,同时说明 $V_{ON}\leqslant1.8V$。当其扇出系数 $N=8$ 时,取 $R_L=360\Omega$；当 $N=15$ 时,取 $R_L=200\Omega$。

知识链接

一、电子生日蜡烛的工作原理

电子生日蜡烛的电路原理如图 8-6 所示。刚接通电源时,电容器 C_4 两端电压不能突变,U1C 输出高电平,U1D 输出低电平,Q_2、Q_3 均处于截止状态,LED 不亮,与 P_2 相连接的音乐集成电路也不工作。

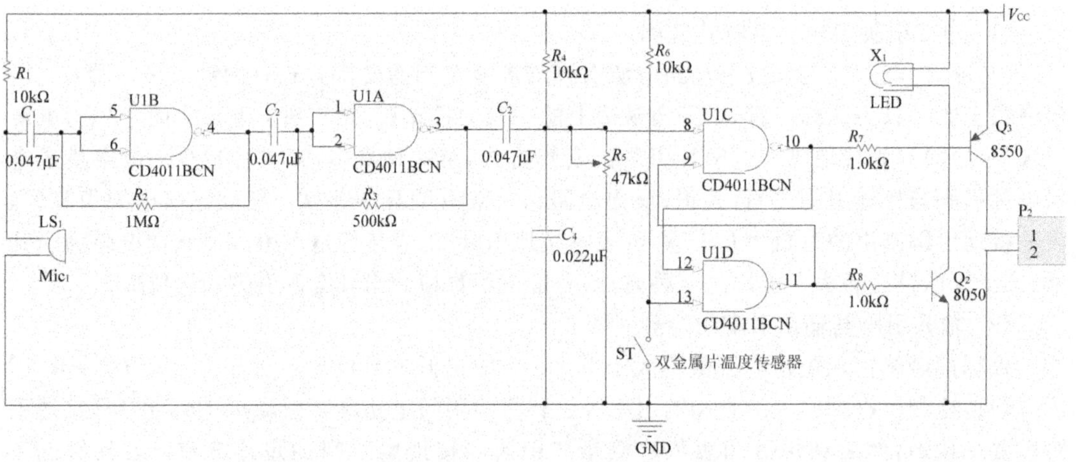

图 8-6　电子生日蜡烛的电路原理

当用点燃的火柴靠近双金属片温度传感器 ST 时,ST 受热而接通,使 RS 触发器翻转,U1D 输出高电平,Q_2 导通,LED 点亮;U1C 输出低电平,Q_3 导通,使音乐集成电路触发工作,播放"生日快乐"的乐曲。

当用口吹蜡烛时,麦克风将拾取到的声音信号变换成电信号,该信号经 U1B、U1A 缓冲放大后,使 RS 触发器翻转,U1C 输出高电平,U1D 输出低电平,Q_2、Q_3 均截止,LED 熄灭,音乐集成电路停止发声。

二、RS 触发器

把两个与非门 G_1、G_2 的输入、输出端交叉连接,即可构成基本 RS 触发器,其逻辑电路如图 8-7 所示,为两个与非门组成的 RS 触发器。它有两个输入端 R、S 和两个输出端 Q 和 Q 非。

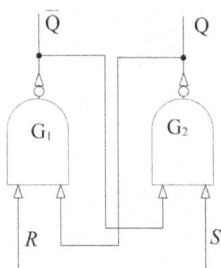

图 8-7　RS 触发器

当触发器的两个输入端加入不同逻辑电平时,它的两个输出端 Q 和 Q 非有两种互补的稳定状态。通常称触发器处于某种状态,实际是指它的 Q 端的状态。当 Q＝1,Q 非＝0 时,称触发器处于 1 态,反之称触发器处于 0 态。当 $S＝0,R＝1$ 时,使触发器置 1,或称置位。因为置位的决定条件是 $S＝0$,故称 S 端为置 1 端。当 $R＝0,S＝1$ 时,使触发器置 0,或称复位。同理,称 R 端为置 0 端或复位端。若触发器原来为 1 态,欲使之变为 0 态,必须令 R 端的电平由 1 变 0,S 端的电平由 0 变 1。这里所加的输入信号(低电平)称为触发信号,由它们导致的转换过程称为翻转。由于这里的触发信号是电平,因此这种触发器称为电平控制触发器。从功能方面看,它只能在 S 和 R 的作用下置 0 和置 1,所以又称为置 0 置 1 触发器,或称为置位复位触发器。

RS 触发器真值表如表 8-5 所示。

表 8-5　RS 触发器真值表

R	S	Q	Q 非
1	0	1	0
0	1	0	1
1	1	不变	不变
0	0	不定	不定

三、音乐芯片

音乐芯片是一种比较简单的语音电路,如图 8-8 所示。它通过内部的振荡电路,再外接少量分立元件,就能产生各种音乐信号,音乐芯片是语音集成电路的一个重要分支,目前广泛用于音乐卡、电子玩具、电子钟、电子门铃、家用电器等场合。

图 8-8 音乐芯片

1. 音乐芯片的组成

音乐芯片由以下几个部分组成:逻辑控制电路、振荡器、地址计数器、音符节拍存储器(ROM)、音阶发生器、输出驱动器。它的工作原理为:振荡电路产生的信号供各个电路使用;控制电路从存储器中读出代码,根据代码来控制节拍器和音调器协调工作,产生相应的音乐输出。

2. 音乐芯片电路

音乐芯片电路一般有一个三极管和一个喇叭,如图 8-9 所示。

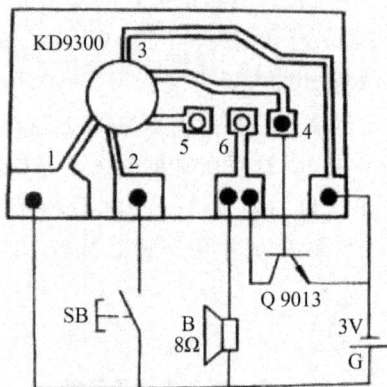

图 8-9 音乐芯片电路

3. 音乐芯片的烧写

音乐是烧写在芯片的 ROM 里的,具体原理应该是将内部多个微小的电路烧断达到存储的目的,芯片是通过很细的金属丝接到电路板上的,电路板上圆形黑色的东西只是固定密封用的。集成度高低并不能从外形来判断,现在的集成电路都到微米、纳米级了,形象地说就是一个电阻可以做成几微米的大小。

4. 音乐芯片的种类

市场上的音乐芯片很多,种类也不同,根据音乐输出的特点可以将音乐电路分为以下几类：单曲、复音、音乐带闪灯、唱歌。它们主要应用在固化的音乐播放器上,如生日贺卡芯片是单曲芯片。音乐芯片按是否可录分为可录芯片和不可录芯片,可录芯片可以通过电路把人的声音录到芯片上,然后通过电路播放出来,如音乐玩具盒和留声机都是用可录芯片做成的。音乐芯片的封装形式有COB黑膏软封装和三极管封装形式。音乐集成电路一般采用"软封装",也有的使用双列直插和单列直插封装,还有的做成晶体三极管外形,称为"音乐三极管"。根据不同的需求可以选择不同的音乐芯片。

四、电子电路的调试

在众多电子产品中,由于其包含的各元器件的性能参数具有很大的离散性,电路设计具有近似性,再加上生产过程中的不确定性,使得装配完成的产品在性能方面有较大的差异,通常达不到设计规定的功能和性能指标,这就是整机装配完毕后必须进行调试的原因。

电子电路调试技术包括调整和测试两部分。调整主要是对电路参数的调整,如对电阻、电容和电感等,以及机械部分进行调整,使电路达到预定的功能和性能要求;测试主要是对电路的各项技术指标和功能进行测量与试验,并与设计的性能指标进行比较,以确定电路是否合格。电路测试是电路调整的依据,又是检验结论的判断依据。实际上,电子产品的调整和测试是同时进行的,要经过反复的调整和测试,产品的性能才能达到预期的目标。

（一）调试前检查

电子电路装接完毕后,不要急于通电测试,而首先必须做好以下调试前的检查工作。

1. 检查连线情况

对于安装在印刷板上的实验电路,尽管通常连线数量不是很多,但总还是不可避免发生连线错误。经常碰到的有错接（即连线的一端正确,而另一端误接）、少接（指安装时漏接的线）及多接（指在电路上完全是多余的连线）等连线错误。检查连线一般可直接对照电路原理图进行,但若电路中布线较多,则可以以元器件（如运放、三极管）为中心,依次检查其引脚的有关连线,这样不仅可以查出错接或少接的线,而且也较易发现多余的线。为确保连线的可靠性,在查线的同时,还可以用万用表电阻挡对接线进行连通检查,而且最好在器件外引线处测量,这样有可能查出某些"虚焊"的隐患。

2. 检查元器件装接情况

元器件的检查,重点要查集成运放、三极管、二极管、电解电容等外引线与极性是否接错,以及外引线间有否短路,同时还须检查元器件焊接处是否可靠。这里需要指出,在焊接前,必须对元器件进行筛选,以免给调试带来麻烦。

3. 检查电源输入端与公共接地端间是否短路

在通电前,还需用万用表检查电源输入端与地之间是否存在短路,若有则须进一步检查其原因。在完成以上各项检查并确认无误后,才可通电调试,但此时应注意电源的正负极性不能接反。

（二）电子电路调试

调试方法通常采用先分调后联调（总调）。因为对于任何复杂电路,实际上都是由一些基本单元电路组成,因此,调试时可以循着信号的流向,由前向后逐级调整各单元电路。其思想方法是由逐步到整体,即在分步完成各单元电路调试的基础上,逐步扩大调试范围,最后完成整机调试。采用这种调试方法的最大优点是能及时准确地发现和解决问题,因而新设计的电路一般都采用该调试方法。

按照上述调试原则,具体调试步骤如下:

1. 通电观察

先将直流稳压电源调到要求值,然后接入电路。此时观察电路有无异常现象,包括有无冒烟、是否有异常气味、手摸元器件是否发烫、电源是否被短路等。如果出现异常,应立即切断电源,并待排除故障后才能再次通电。经过通电观察,确认电路已能进行测量后,方可转入正常调试。对于电子电路,它的一个重要特点是交、直流并存,而且直流又是电路正常工作的基础。因此,无论是分调还是联调,都应遵循先调静态、后调动态的原则。

2. 静态调试

静态调试是指在没有外加信号的条件下所进行的直流测试和调整过程。通常为防止外界干扰信号窜入电路,输入端与地之间往往需要短接。测量静态工作点的基本工具是万用表,为使测量方便,往往用万用表直流电压挡测量各晶体管 c、b、e 对地的电压,然后计算各管的集电极电流等静态参数。但在测试时,必须时时考虑到万用表电压挡内阻对被测电路的影响,如 500 型万用表直流挡电压的内阻为 $20k\Omega/V$,因此 2.5V 挡的内阻为 $20k\Omega/V \times 2.5V = 50k\Omega$,50V 挡为 $1M\Omega$。通过静态测试,可以及时发现已经损坏的元器件,判断电路的工作状态,并及时调整电路参数,使电路工作状态符合设计要求。

3. 动态调试

动态调试是在静态调试的基础上进行的。在电路的输入端接入幅度和频率合适的正弦信号电压,然后采用信号跟踪法,即用示波器和毫伏表沿着信号的传递方向,逐级检查各有关点的波形和信号电压的大小,从中发现问题,并予以调整。在动态调试过程中,示波器的信号输入方法最好是置于"DC"挡,这样可通过直接耦合方式,同时观察被测信号的交、直流成分。电路在动态工作时,应注意到放大电路的前后级之间是互相影响的。前级放大器相当于后级放大器的信号源,而后级放大器则是前级放大器的负载,两级之间通过输出、输入电阻相互影响,互相牵制。另外,在动态调试过程中,往往根据测试波形,可对电路工作点再进行适当的调整,以便各级电路能更好地发挥其功能。在实验调试中,所有测试仪器的接地端应与实验电路的接地端连接一起,否则引入的干扰不仅会使实验电路的工作状态发生变化,而且将使测量结果出现误差。

(三) 电子电路故障的排除

在电子电路的设计、安装与调试过程中,不可避免地会出现各种各样的故障现象,所以检查和排除故障是电气工程人员必备的实际技能。面对一个整机电路,要从大量的元器件和线路中迅速、准确地找出故障,这确实不太容易,而且故障又是五花八门,这就要求掌握正确方法。一般来说,故障诊断过程是:从故障现象出发,通过反复测试,进行分析判断,逐步找出故障原因。

1. 常见故障

(1)测试设备引起的故障,有可能测试设备本身就有故障,功能不灵或测试棒损坏使之无法测试;还有可能操作者对仪器使用不正确引起故障,如示波器旋钮级选择不对,造成波形异常甚至无波形。

（2）电路元器件本身原因引起的故障。如电阻、电容、晶体管及集成器件等特性不良或损坏。这种原因引起的故障现象经常是电路有输入而无输出或输出异常。

（3）人为引起故障。如操作者将连线接错或漏接、无接，元器件参数选错，三极管管型搞错，二极管或电解电容极性接反等，都有可能导致电路不能正常工作。

（4）电路接触不良引起的故障。如焊接虚焊、插接点接触不牢靠、电位器滑动端接触不良、接地不良、引线断线等。这种原因引起的故障一般是间歇或瞬时，或者突然停止工作。

（5）各种干扰引起的故障。所谓干扰是指外界因素对电路有信号产生的扰动。

2. 电子电路的干扰源

电子电路的干扰源种类很多，常见的有以下几种。

（1）接地处不当引进的干扰。如当接地线的电阻太大时，电路和各部分电流流过接地线会产生一个干扰信号，以致影响电路的正常工作。减小该干扰的有效措施是降低地线电阻，一般采用比较粗的铜线。

（2）"共地"是抑制噪声和防止干扰的重要手段。所谓"共地"是将电路中所有接地的元器件都要接在电源的电位参考点上。在正极性单电源供电电路中，电源的负极是电位参考点；在负极性单电源供电电路中，电源的正极是电位参考点；而在正负电源供电电路中，以两个电源的正负极串接点作为电位参考点。

（3）直流电源滤波不佳引入的干扰。各种电子设备一般都是用50Hz电压经过整流、滤波及稳压得到直流电压源。可是此直流电压包含频率为50Hz或100Hz的纹波电压，如果纹波电压幅度过大，必然会给电路引入干扰。这种干扰是有规律性的，要减少这种干扰，必须采用纹波电压幅值小的稳压电源或引入滤波网络。

（4）感应干扰。干扰源通过分布电容耦合到电路，形成电场耦合干扰；干扰源通过电感耦合到电路，形成磁场耦合干扰。这些干扰均属于感应干扰。它将导致电子电路产生寄生振荡。排除和避免这类干扰的方法：一是采用屏蔽措施，屏蔽壳要接地；二是引入补偿网络，抑制由干扰引起的寄生振荡。具体做法是在电路的适当位置接入电阻与电容相串联或接入单一电容，实际参数大小可通过实验调试来确定。

3. 排除电子电路故障的基本方法

（1）直接观察法

直接观察法是指不使用任何仪器，而只利用人的视觉、听觉、嗅觉以及直接碰摸元器件作为手段来发现问题，寻找和分析故障。

直接观察又包括通电前检查和通电观察两个方面。通电前主要检查仪器的选用和使用是否正确；电源电压的数值和极性是否符合要求；三极管、二极管的引脚以及集成电路的引脚有无错接；电解电容的极性是否接反；元器件间有没有互碰短路；布线是否合理；印刷板有无断线等。通电后主要观察直流稳压电源上的电流指示值是否超出电路额定值；元器件有无发烫、冒烟；变压器有无焦味等。

此法比较简单，也比较有效，故可作为对电路的初步检查。

（2）参数测试法

参数测试法借助于仪器发现问题，并应用理论知识分析、找出故障原因。平时利用万用表检查电路的静态工作点就属该测试法的运用。当发现测量值与设计值相差悬殊时，就可针对问题进行分析，直至得以解决。

（3）信号跟踪法

在被调试电路的输入端接入适当幅度与频率的信号（如在模拟电路中常用 $f=1\text{kHz}$ 的正弦波信号），利用示波器，并按信号的流向，由前级到后级逐级观察电压波形及幅值的变化情况，如哪一级异常，则故障就在该级，然后即可有的放矢地进一步检查。这种方法对各种电路普遍适用，在动态调试中应用更为广泛。

（4）对比法

当怀疑某一电路存在问题时，可将此电路的参数与工作状态和相同的正常电路进行一一对比，从中分析故障原因并判断故障点。

（5）部件替换法

所谓部件替换法，就是利用与故障电路同类型的电路部件、元器件或插件板来替换故障电路中怀疑有问题的部件，从而可缩小故障范围，以便快速、准确地找出故障点。

（6）断路法

断路法就是将怀疑有故障的电路断开，然后再观察故障现象是否消除，若故障消除，则断开电路有故障，否则断开电路无故障。断路法用于检查短路故障最有效，其也是一种逐步缩小故障范围的方法。

在一般情况下，寻找故障的常规做法是：首先采用直接观察法，排除明显的故障；然后采用万用表（或示波器）检查静态工作点；最后可用信号跟踪法对电路进行动态检查。

任务实施

一、元器件的来料检测

1. 轻触开关的来料检测

轻触开关的来料检测内容如表8-6所示。

表8-6 轻触开关的来料检测内容

名称	电路标号	型号	接通电阻	断开电阻	机械性能	外观	尺寸	封装类型	检测结果

2. 接近开关的来料检测

接近开关的来料检测内容如表8-7所示。

表8-7 接近开关的来料检测内容

名称	电路标号	型号	检测距离	工作电压	输出电流	输出电压	接线方式	敏感元件	封装类型	检测结果

3. 双金属片传感器的来料检测

双金属片传感器的来料检测内容如表8-8所示。

表8-8　双金属片传感器的来料检测内容

名称	电路标号	型号	接通电阻	断开电阻	温控性能	外观	封装尺寸	封装类型	检测结果

4. 音乐芯片的来料检测

音乐芯片的来料检测内容如表8-9所示。

表8-9　音乐芯片的来料检测内容

名称	电路标号	型号	歌曲名称	接线方式	功率	工作电压	封装尺寸	封装类型	检测结果

5. 电阻器、电容器、可调电位器等其他元器件的来料检测

请读者参考前面项目中元器件的来料检测内容,在此不再重画表格。

6. 来料检测汇总表

电子生日蜡烛电路的来料检测汇总表如表8-10所示。

表8-10　电子生日蜡烛电路的来料检测汇总表

来料名称	来料数量	检测仪表	检测值	检测人员	检测结论

二、电子生日蜡烛电路的安装工艺及步骤

(1) 对照元器件明细表清点数量。

(2) 识读电路原理图,对每只元件进行识别、检测。

(3) 了解各元器件的功能、用途。

(4) 对 PCB 印刷板按图进行线路检查和外观检查,除去 PCB 板表面及元件引脚上的氧化层,并上锡。

(5) 采用 PCB 板装配时,元件整形后按图排列,注意每只元件的高度。相同规格的元件高度一致,排列整齐。

(6) 焊接时间要短,以防印刷电路铜箔脱落,焊接完毕后检查是否漏焊、虚焊、错焊。

(7) 通电前仔细检查线路,无误后通知指导老师,方可通电测量。

(8) 正确使用测量仪器、仪表。

(9) 完成实验、实训报告。

(10) 整理工位并进行复习。

电子生日蜡烛电路的安装工艺检测内容如表 8-11 所示。

表 8-11　电子生日蜡烛电路的安装工艺检测内容

项目	检测要求	检测记录
电子线路安装工艺	(1) 正确识别元器件。 (2) 元器件整形。 (3) 元器件布局合理、整齐、规范。 (4) 焊点光亮、圆滑适中。 (5) 连线平直、无交叉。	
安装正确性	(1) 按图正确装接。 (2) 电路功能完整。	

三、电子生日蜡烛电路的调试、检测技能

(1) 当用点燃的火柴靠近 ST 时,LED 点亮,音乐集成电路工作,播放"生日快乐"的乐曲。

(2) 当用口吹蜡烛时,LED 熄灭,音乐集成电路不工作,扬声器停止发声。

电子生日蜡烛电路的调试、检测内容如表 8-12 所示。

表 8-12　电子生日蜡烛电路的调试、检测内容

项目	调试、检测要求	调试、检测记录
仪器仪表与参数测量	(1) 正确使用仪器仪表。 (2) 检测关键点的电位、电流、波形。	
功能调试、检测	(1) 点燃火柴,LED 点亮。 (2) 点燃火柴,播放乐曲。 (3) 口吹蜡烛,LED 熄灭。 (4) 口吹蜡烛,乐曲停止。	
安全文明生产	(1) 穿戴好劳保用品,工具齐全。 (2) 遵守用电操作规程。 (3) 正确使用仪表。 (4) 工具摆放整齐。	

①技能训练

（1）完成来料检测；

（2）完成电子生日蜡烛电路的安装；

（3）完成电子生日蜡烛电路的调试、检测。

电子生日蜡烛技能训练内容评分表如表 8－13 所示。

表 8－13　电子生日蜡烛技能训练内容评分表

项目	技术要求	配分	评分细则	扣分	得分
电子线路安装工艺	（1）检测元器件。 （2）元器件布局合理、整齐、规范。 （3）焊点光亮、圆滑适中。 （4）连线平直、无交叉。	30	（1）元器件检测错误，每件扣2分。 （2）元器件排版不合理，插件不规范、不整齐，扣10分。 （3）焊接不好，每处扣1分，最多不超过15分。 （4）连线不平直、交叉，扣2~5分。		
安装正确性	（1）按图正确装接。 （2）电路功能完整。	30	（1）未按图装接，扣10分。 （2）电路功能不完整，扣20分。 （3）在额定时限内允许返修一次，扣10分。		
仪器仪表与参数测量	（1）正确使用仪表。 （2）检测电位、电流、波形。 （3）点燃火柴，LED点亮。 （4）点燃火柴，播放乐曲。 （5）口吹蜡烛，LED熄灭。 （6）口吹蜡烛，乐曲停止。	30	（1）仪表使用不规范，扣10分。 （2）测量电压、电流、波形有错，每处扣3分。 （3）电路功能错误，每处扣10分。		
安全文明生产	（1）穿戴好劳保用品，工具齐全。 （2）遵守用电操作规程。 （3）正确使用仪表。 （4）工具摆放整齐。	10	（1）穿戴不合要求，工具不齐全，扣5分。 （2）通、断电操作违规，扣5分。 （3）损坏设备、仪表，扣10分。 （4）不整理器材、场地，扣5分。		
评分记录				得分	

思考与讨论

（1）U1C、U1D 组成什么电路？各起什么作用？

（2）U1A、U1B 在电路中起什么作用？

（3）接近开关的选用原则是什么？

（4）电子电路调试的方法是什么？

（5）电子电路产生干扰的原因是什么？如何减少干扰的产生？

（6）简述排除电子电路故障的基本方法。

项目九　八路抢答器

实训目的

1. 熟悉八路抢答器电路的工作原理。
2. 掌握八路抢答器电路的安装工艺及方法。
3. 掌握八路抢答器电路的故障检修技能。
4. 掌握来料检测的知识与技能。

来料检测

一、编码器 74LS148

74LS148 为 8 线-3 线优先编码器，共有 54/74148 和 54/74LS148 两种线路结构，将 8 条数据线进行 3 线二进制优先编码，即对最高位数据线进行译码。74LS148 利用选通输入端(EI)和选通输出端(EO)可进行八进制扩展。

1. 极限参数

(1) 电源电压：4.75～5.25V；

(2) 输入电压：最低高电平 2V；

(3) 发射极间电压：±5.5V；

(4) 工作环境温度：0～70℃。

2. 引脚功能

74LS148 的引脚排列如图 9－1 所示，引脚功能如表 9－1 所示。

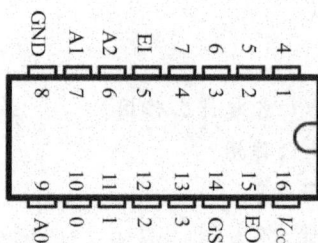

图 9－1　74LS148 的引脚排列

表 9－1　74LS148 的引脚功能

引脚序号	引脚名称	功能描述
1,2,3,4,10,11,12,13	0～7	编码输入端(低电平有效)
5	EI	选通输入端(低电平有效)
6,7,9	A0,A1,A2	三位二进制编码输出端(低电平有效)
15	EO	选通输出端,即使能输出端
14	GS	片优先编码输出端(低电平有效)

3. 74LS148 的检测

(1) 用万用表的电阻挡测量电源正端与地之间的正、反向电阻。

(2) 电路测试,选通输入端 EI 接低电平,选通输出端 EO 接高电平,片优先编码输出端 GS 接低电平,在编码输入端的引脚从 7 到 0 依次输入低电平,用万用表测量输出端,记录输出端的电平,看是否与如表 9－2 所示的真值表一致。在表 9－2 中,H 为高电平,L 为低电平,X 为不确定。

表 9－2　74LS148 真值表

输入									输出				
EI	0	1	2	3	4	5	6	7	A2	A1	A0	GS	EO
H	X	X	X	X	X	X	X	X	H	H	H	H	H
L	H	H	H	H	H	H	H	H	H	H	H	H	L
L	X	X	X	X	X	X	X	L	L	L	L	L	H
L	X	X	X	X	X	X	L	H	L	L	H	L	H
L	X	X	X	X	X	L	H	H	L	H	L	L	H
L	X	X	X	X	L	H	H	H	L	H	H	L	H
L	X	X	X	L	H	H	H	H	H	L	L	L	H
L	X	X	L	H	H	H	H	H	H	L	H	L	H
L	X	L	H	H	H	H	H	H	H	H	L	L	H
L	L	H	H	H	H	H	H	H	H	H	H	L	H

二、译码器 74LS48

74LS48 七段显示译码器输出高电平有效,用来驱动共阴极显示器。该集成显示译码器设有多个辅助控制端,以增强器件的功能。74LS48 的引脚排列如图 9－2 所示。

1. 引脚功能及逻辑功能描述

74LS48 除了有实现 7 段显示译码器基本功能的输入端(DCBA)和输出端($Y_a \sim Y_g$)外,74LS48 还引入了灯测试输入端($\overline{LT}$)和动态灭零输入端($\overline{RBI}$),以及既有输入功能又有输出功能的消隐输入/动态灭零输出($\overline{BI}/\overline{RBO}$)端。由 74LS48 真值表(见表 9－3)可获知 74LS48 所具有的逻辑功能:

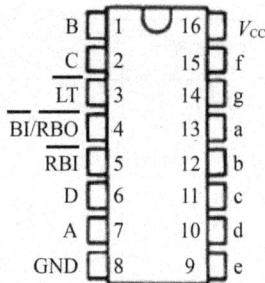

图 9-2 74LS48 的引脚排列

（1）7 段译码功能（$\overline{LT}=1,\overline{RBI}=1$）。在灯测试输入端（$\overline{LT}$）和动态灭零输入端（$\overline{RBI}$）都接无效电平时，输入 DCBA 经 74LS48 译码，输出高电平有效的 7 段字符显示器的驱动信号，显示相应字符。除 DCBA＝0000 外，$\overline{RBI}$也可以接低电平，如表 9-3 中第 1～16 行所示。

（2）消隐功能（$\overline{BI}=0$）。此时$\overline{BI}/\overline{RBO}$端作为输入端，该端输入低电平信号时，表 9-3 倒数第 3 行，无论$\overline{LT}$和$\overline{RBI}$输入什么电平信号，不管输入 DCBA 为什么状态，输出全为"0"，7 段显示器熄灭。该功能主要用于多显示器的动态显示。

（3）灯测试功能（$\overline{LT}=0$）。此时$\overline{BI}/\overline{RBO}$端作为输出端，该端输入低电平信号时，表 9-3 最后一行，与 DCBA 输入无关，输出全为"1"，显示器 7 个字段都点亮。该功能用于 7 段显示器测试，判别是否有损坏的字段。

（4）动态灭零功能（$\overline{LT}=1,\overline{RBI}=1$）。此时$\overline{BI}/\overline{RBO}$端也作为输出端，$\overline{LT}$端输入高电平信号，$\overline{RBI}$端输入低电平信号，若此时 DCBA＝0000，表 9-3 倒数第 2 行，输出全为"0"，显示器熄灭，不显示这个零。DCBA≠0，则对显示无影响。该功能主要用于多个 7 段显示器同时显示时熄灭高位的零。

在表 9-3 中，H 为高电平，L 为低电平，X 为不确定。

表 9-3　74LS48 真值表

译码/功能	$\overline{LT}$	$\overline{RBI}$	D	C	B	A	$\overline{BI}/\overline{RBO}$	a	b	c	d	e	f	g
0	H	H	L	L	L	L	H	H	H	H	H	H	H	L
1	H	X	L	L	L	H	H	L	H	H	L	L	L	L
2	H	X	L	L	H	L	H	H	H	L	H	H	L	H
3	H	X	L	L	H	H	H	H	H	H	H	L	L	H
4	H	X	L	H	L	L	H	L	H	H	L	L	H	H
5	H	X	L	H	L	H	H	H	L	H	H	L	H	H
6	H	X	L	H	H	L	H	L	L	H	H	H	H	H
7	H	X	L	H	H	H	H	H	H	H	L	L	L	L
8	H	X	H	L	L	L	H	H	H	H	H	H	H	H
9	H	X	H	L	L	H	H	H	H	H	L	L	H	H
10	H	X	H	L	H	L	H	L	L	L	H	H	L	H

译码/功能	$\overline{LT}$	$\overline{RBI}$	D	C	B	A	$\overline{BI}/\overline{RBO}$	a	b	c	d	e	f	g
11	H	X	H	L	H	H	H	L	L	H	H	L	L	H
12	H	X	H	H	L	L	H	L	H	L	L	L	H	H
13	H	X	H	H	L	H	H	L	L	L	L	L	H	H
14	H	X	H	H	H	L	H	L	L	L	H	H	H	H
15	H	X	H	H	H	H	H	L	L	L	L	L	L	L
$\overline{BI}$	X	X	X	X	X	X	L	L	L	L	L	L	L	L
$\overline{RBI}$	H	L	L	L	L	L	L	L	L	L	L	L	L	L
$\overline{LI}$	L	X	X	X	X	X	H	H	H	H	H	H	H	H

2. 74LS48 的检测

（1）用万用表的电阻挡测量电源正端与地之间的正、反向电阻。

（2）根据真值表测试译码功能。

（3）根据真值表测试其他功能。

三、热敏电阻

热敏电阻器是敏感元件的一类,按照温度系数不同分为正温度系数热敏电阻器(PTC)和负温度系数热敏电阻器(NTC)。热敏电阻器的典型特点是对温度敏感,不同的温度下表现出不同的电阻值。正温度系数热敏电阻器(PTC)在温度越高时电阻值越大,负温度系数热敏电阻器(NTC)在温度越高时电阻值越低,它们同属于半导体器件。热敏电阻的外形如图 9-3 所示,电路符号如图 9-4 所示。

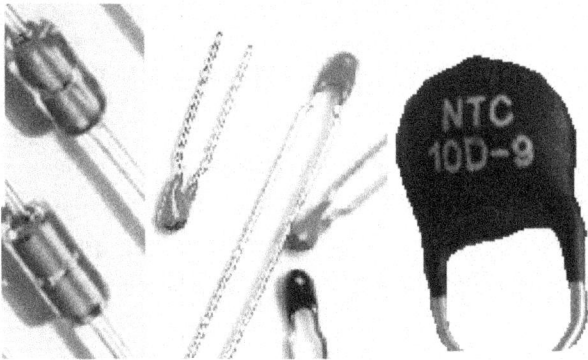

图 9-3　热敏电阻的外形

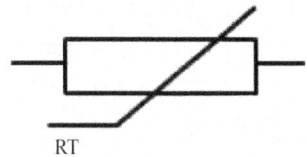

RT

图 9-4　热敏电阻的电路符号

1. 热敏电阻的主要特点

（1）灵敏度较高,其电阻温度系数要比金属大 10～100 倍以上,能检测出 6～10℃的温度变化;

（2）工作温度范围宽,常温器件适用温度为 -55～315℃,高温器件适用温度高于 315℃（目前最高可达到 2000℃）,低温器件适用温度为 -273～-55℃;

（3）体积小，能够测量其他温度计无法测量的空隙、腔体及生物体内血管的温度；

（4）使用方便，电阻值可在 $0.1\sim100\text{k}\Omega$ 任意选择；

（5）易加工成复杂的形状，可大批量生产；

（6）稳定性好，过载能力强。

2. 热敏电阻的技术参数

（1）标称阻值 R_c：一般指环境温度为 25℃时热敏电阻器的实际电阻值。

（2）实际阻值 R_t：在一定的温度条件下所测得的电阻值。

（3）材料常数 B：它是一个描述热敏电阻材料物理特性的参数，也是热灵敏度指标，B 值越大，表示热敏电阻器的灵敏度越高。应注意的是，在实际工作时，B 值并非一个常数，而是随温度的升高略有增加。

（4）电阻温度系数 α_T：它表示温度变化 1℃时的阻值变化率，单位为 %/℃。

（5）时间常数 τ：热敏电阻器是有热惯性的，时间常数就是一个描述热敏电阻器热惯性的参数。它的定义为，在无功耗的状态下，当环境温度由一个特定温度向另一个特定温度突然改变时，热敏电阻器的温度变化了两个特定温度之差的 63.2%所需的时间。τ 越小，表明热敏电阻器的热惯性越小。

（6）额定功率 P_M：在规定的技术条件下，热敏电阻器长期连续负载所允许的耗散功率。在实际使用时不得超过额定功率。若热敏电阻器工作的环境温度超过 25℃，则必须相应降低其负载。

（7）额定工作电流 I_M：热敏电阻器在工作状态下规定的名义电流值。

（8）测量功率 P_c：在规定的环境温度下，热敏电阻器受测试电流加热而引起的阻值变化不超过 0.1%时所消耗的电功率。

（9）最大电压：对于 NTC 热敏电阻器，是指在规定的环境温度下，不使热敏电阻器引起热失控所允许连续施加的最大直流电压；对于 PTC 热敏电阻器，是指在规定的环境温度和静止空气中，允许连续施加到热敏电阻器上并保证热敏电阻器正常工作在 PTC 特性部分的最大直流电压。

（10）最高工作温度 T_{max}：在规定的技术条件下，热敏电阻器长期连续工作所允许的最高温度。

（11）开关温度 T_b：PTC 热敏电阻器的电阻值开始发生跃增时的温度。

（12）耗散系数 H：温度增加 1℃时，热敏电阻器所耗散的功率，单位为 mW/℃。

3. 热敏电阻的检测

检测热敏电阻时可以用万用表欧姆挡（视标称电阻值确定挡位，一般为 $R\times1$ 挡），具体分为两步操作：

（1）常温检测（室内温度接近 25℃），用鳄鱼夹代替表笔分别夹住 PTC 热敏电阻的两引脚测出其实际阻值，并与标称阻值相对比，两者相差在 $\pm2\Omega$ 内即为正常。实际阻值若与标称阻值相差过大，则说明其性能不良或已损坏。

（2）加温检测，在常温测试正常的基础上，即可进行第二步测试——加温检测，将一热源（例如电烙铁）靠近热敏电阻对其加热，观察万用表示数，此时如看到万用表示数随温度的升高而改变，这表明电阻值在逐渐改变（负温度系数热敏电阻器 NTC 阻值会变小，正温度系数热敏电阻器 PTC 阻值会变大），当阻值改变到一定数值时显示数据会逐渐稳定，说明热敏电阻正常,若阻值无变化,说明其性能变劣,不能继续使用。

（3）测试的注意事项

测试时应注意以下几点：

①R_t是生产厂家在环境温度为 25℃时所测得的,所以用万用表测量 R_t 时,亦应在环境温度接近 25℃时进行,以保证测试的可信度。

②测量功率不得超过规定值,以免电流热效应引起测量误差。

③注意正确操作。测试时,不要用手捏住热敏电阻器,以防止人体温度对测试产生影响。

④注意不要使热源与 PTC 热敏电阻靠得过近或直接接触热敏电阻,以防止将其烫坏。

4. 热敏电阻分度表

热敏电阻分度表如表 9-4 所示。

表 9-4　热敏电阻分度表

规格		$R(0℃)=30.000\text{k}\Omega\pm1.0\%$			
		$B(25/50)=3434\text{K}\pm1.5\%$			
温度/℃	$R_{\min}$	R_{cent}	$R_{\max}$	$\Delta R_{\min}$	$\Delta R_{\max}$
−20	76.796	78.702	80.648	−2.42%	2.47%
−19	72.991	74.745	76.533	−2.35%	2.39%
−18	69.400	71.013	72.657	−2.27%	2.31%
−17	66.011	67.493	69.003	−2.20%	2.24%
−16	62.810	64.172	65.558	−2.12%	2.16%
−15	59.786	61.037	62.307	−2.05%	2.08%
−14	56.928	58.075	59.240	−1.98%	2.01%
−13	54.226	55.278	56.345	−1.90%	1.93%
−12	51.670	52.633	53.610	−1.83%	1.86%
−11	49.251	50.133	51.026	−1.76%	1.78%
−10	46.961	47.768	48.583	−1.69%	1.71%
−9	44.793	45.530	46.274	−1.62%	1.63%
−8	42.740	43.411	44.089	−1.55%	1.56%
−7	40.794	41.405	42.022	−1.48%	1.49%
−6	38.949	39.505	40.065	−1.41%	1.42%
−5	37.199	37.704	38.212	−1.34%	1.35%
−4	35.539	35.996	36.456	−1.27%	1.28%
−3	33.964	34.377	34.792	−1.20%	1.21%
−2	32.469	32.841	33.215	−1.13%	1.14%
−1	31.049	31.384	31.719	−1.07%	1.07%
0	29.700	30.000	30.300	−1.00%	1.00%

续 表

温度/℃	R_{min}	R_{cent}	R_{max}	ΔR_{min}	ΔR_{max}
1	28.380	28.686	28.993	−1.07%	1.07%
2	27.127	27.438	27.749	−1.13%	1.14%
3	25.937	26.252	26.567	−1.20%	1.20%
4	24.807	25.124	25.443	−1.26%	1.27%
5	23.733	24.052	24.373	−1.33%	1.34%
6	22.712	23.032	23.355	−1.39%	1.40%
7	21.741	22.062	22.386	−1.46%	1.47%
8	20.818	21.139	21.462	−1.52%	1.53%
9	19.939	20.259	20.583	−1.58%	1.60%
10	19.103	19.422	19.745	−1.64%	1.66%
11	18.307	18.624	18.946	−1.71%	1.73%
12	17.549	17.864	18.184	−1.77%	1.79%
13	16.826	17.140	17.457	−1.83%	1.85%
14	16.138	16.449	16.764	−1.89%	1.91%
15	15.482	15.790	16.102	−1.95%	1.98%
16	14.857	15.161	15.470	−2.01%	2.04%
17	14.260	14.561	14.867	−2.07%	2.10%
18	13.691	13.989	14.291	−2.13%	2.16%
19	13.148	13.442	13.741	−2.18%	2.22%
20	12.630	12.920	13.215	−2.24%	2.28%
21	12.135	12.421	12.712	−2.30%	2.35%
22	11.662	11.944	12.231	−2.36%	2.41%
23	11.211	11.488	11.771	−2.41%	2.47%
24	10.779	11.053	11.332	−2.47%	2.52%
25	10.367	10.636	10.911	−2.53%	2.58%
26	9.973	10.237	10.508	−2.58%	2.64%
27	9.596	9.856	10.122	−2.64%	2.70%
28	9.235	9.491	9.753	−2.69%	2.76%
29	8.890	9.141	9.399	−2.75%	2.82%
30	8.560	8.807	9.060	−2.80%	2.87%
31	8.244	8.486	8.735	−2.86%	2.93%

温度/℃	R_{min}	R_{cent}	R_{max}	ΔR_{min}	ΔR_{max}
32	7.941	8.179	8.423	−2.91%	2.99%
33	7.651	7.885	8.125	−2.96%	3.05%
34	7.373	7.603	7.838	−3.02%	3.10%
35	7.107	7.332	7.564	−3.07%	3.16%
36	6.852	7.073	7.300	−3.12%	3.21%
37	6.608	6.824	7.047	−3.17%	3.27%
38	6.373	6.586	6.805	−3.23%	3.32%
39	6.148	6.357	6.571	−3.28%	3.38%
40	5.933	6.137	6.348	−3.33%	3.43%
41	5.726	5.926	6.133	−3.38%	3.49%
42	5.527	5.723	5.926	−3.43%	3.54%
43	5.336	5.529	5.727	−3.48%	3.60%
44	5.153	5.342	5.537	−3.53%	3.65%
45	4.977	5.162	5.353	−3.58%	3.70%
46	4.809	4.990	5.177	−3.63%	3.75%
47	4.646	4.824	5.007	−3.68%	3.81%
48	4.490	4.664	4.844	−3.73%	3.86%
49	4.340	4.511	4.687	−3.77%	3.91%
50	4.196	4.363	4.536	−3.82%	3.96%
51	4.058	4.221	4.391	−3.87%	4.02%
52	3.924	4.084	4.251	−3.92%	4.07%
53	3.796	3.953	4.116	−3.96%	4.12%
54	3.673	3.826	3.986	−4.01%	4.17%
55	3.554	3.705	3.861	−4.06%	4.22%
56	3.440	3.587	3.740	−4.10%	4.27%
57	3.330	3.474	3.624	−4.15%	4.32%
58	3.224	3.365	3.512	−4.20%	4.37%
59	3.122	3.260	3.404	−4.24%	4.42%
60	3.024	3.159	3.300	−4.29%	4.47%
61	2.929	3.062	3.200	−4.33%	4.52%
62	2.838	2.968	3.103	−4.38%	4.57%

续 表

温度/℃	R_{min}	R_{cent}	R_{max}	ΔR_{min}	ΔR_{max}
63	2.750	2.877	3.010	-4.42%	4.62%
64	2.665	2.790	2.920	-4.46%	4.66%
65	2.583	2.705	2.833	-4.51%	4.71%
66	2.505	2.624	2.749	-4.55%	4.76%
67	2.429	2.546	2.668	-4.60%	4.81%
68	2.355	2.470	2.590	-4.64%	4.86%
69	2.284	2.397	2.514	-4.68%	4.90%
70	2.216	2.326	2.441	-4.72%	4.95%
71	2.150	2.258	2.371	-4.77%	5.00%
72	2.087	2.192	2.303	-4.81%	5.04%
73	2.025	2.128	2.237	-4.85%	5.09%
74	1.966	2.067	2.173	-4.89%	5.14%
75	1.909	2.008	2.112	-4.94%	5.18%
76	1.853	1.950	2.052	-4.98%	5.23%
77	1.800	1.895	1.995	-5.02%	5.27%
78	1.748	1.841	1.939	-5.06%	5.32%
79	1.698	1.789	1.885	-5.10%	5.36%
80	1.650	1.739	1.833	-5.14%	5.41%
81	1.603	1.691	1.783	-5.18%	5.45%
82	1.558	1.644	1.734	-5.22%	5.50%
83	1.514	1.598	1.687	-5.26%	5.54%
84	1.472	1.555	1.641	-5.30%	5.59%
85	1.431	1.512	1.597	-5.34%	5.63%
86	1.392	1.471	1.554	-5.38%	5.67%
87	1.354	1.431	1.513	-5.42%	5.72%
88	1.317	1.392	1.473	-5.46%	5.76%
89	1.281	1.355	1.434	-5.49%	5.80%
90	1.246	1.319	1.396	-5.53%	5.85%
91	1.212	1.284	1.360	-5.57%	5.89%
92	1.180	1.250	1.324	-5.61%	5.93%
93	1.148	1.217	1.290	-5.65%	5.97%

温度/℃	R_{min}	R_{cent}	R_{max}	ΔR_{min}	ΔR_{max}
94	1.118	1.185	1.257	−5.68%	6.02%
95	1.088	1.154	1.224	−5.72%	6.06%
96	1.06	1.12	1.19	−5.76%	6.10%
97	1.03	1.10	1.16	−5.80%	6.14%
98	1.00	1.07	1.13	−5.83%	6.18%
99	0.98	1.04	1.10	−5.87%	6.22%
100	0.95	1.01	1.08	−5.90%	6.27%
101	0.93	0.99	1.05	−5.94%	6.31%
102	0.91	0.96	1.02	−5.98%	6.35%
103	0.88	0.94	1.00	−6.01%	6.39%
104	0.86	0.92	0.97	−6.05%	6.43%
105	0.84	0.89	0.95	−6.08%	6.47%
106	0.82	0.87	0.93	−6.12%	6.51%
107	0.80	0.85	0.90	−6.15%	6.55%
108	0.78	0.83	0.88	−6.19%	6.59%
109	0.76	0.81	0.86	−6.22%	6.63%
110	0.74	0.79	0.84	−6.26%	6.67%
111	0.72	0.77	0.82	−6.29%	6.71%
112	0.70	0.75	0.80	−6.33%	6.75%
113	0.69	0.73	0.78	−6.36%	6.78%
114	0.67	0.72	0.76	−6.40%	6.82%
115	0.65	0.70	0.75	−6.43%	6.86%
116	0.64	0.68	0.73	−6.46%	6.90%
117	0.62	0.67	0.71	−6.50%	6.94%
118	0.61	0.65	0.70	−6.53%	6.98%
119	0.59	0.63	0.68	−6.56%	7.01%
120	0.58	0.62	0.66	−6.60%	7.05%
121	0.57	0.61	0.65	−6.63%	7.09%
122	0.55	0.59	0.63	−6.66%	7.13%
123	0.54	0.58	0.62	−6.69%	7.16%
124	0.53	0.56	0.61	−6.73%	7.20%
125	0.51	0.55	0.59	−6.76%	7.24%

四、压敏电阻

压敏电阻(voltage dependent resistor,VDR)是一种具有非线性伏安特性的电阻器件,主要用于在电路承受过压时进行电压钳位,吸收多余的电流以保护敏感器件。压敏电阻器的电阻体材料是半导体,所以它是半导体电阻器的一个品种。现在大量使用的"氧化锌"(ZnO)压敏电阻器,它的主体材料由二价元素锌(Zn)和六价元素氧(O)构成。压敏电阻的外形如图 9-5 所示,电路符号如图 9-6 所示。

图 9-5　压敏电阻的外形

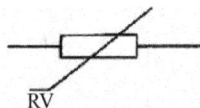

图 9-6　压敏电阻的电路符号

1. 压敏电阻的工作原理

当加在压敏电阻上的电压低于它的阈值时,流过它的电流极小,它相当于一个阻值无穷大的电阻。也就是说,当加在它上面的电压低于其阈值时,它相当于一个断开状态的开关。

当加在压敏电阻上的电压超过它的阈值时,流过它的电流激增,它相当于阻值无穷小的电阻。也就是说,当加在它上面的电压高于其阈值时,它相当于一个闭合状态的开关。

2. 压敏电阻的基本参数

(1) 标称压敏电压(V):指通过规定持续时间的脉冲电流(一般为 1mA,持续时间一般小于 400ms)时压敏电阻器两端的电压值。

(2) 电压比:指压敏电阻器的电流为 1mA 时产生的电压值与压敏电阻器的电流为 0.1mA 时产生的电压值之比。

(3) 最大限制电压(V):在压敏电阻能承受的最大脉冲峰值电流 I_p 及规定波形下压敏电阻两端的电压峰值。

(4) 残压比:通过压敏电阻器的电流为某一值时,在它两端所产生的电压称为这一电流值的残压。残压比则是残压与标称电压之比。

(5) 通流容量(kA):通流容量也称通流量,是指在规定的条件(规定的时间间隔和次数,施加标准的冲击电流)下,允许通过压敏电阻器上的最大脉冲(峰值)电流值。

(6) 漏电流(mA):漏电流也称等待电流,是指压敏电阻器在规定的温度和最大直流电压下,流过压敏电阻器的电流。

(7) 电压温度系数:指在规定的温度范围(温度为 20~70℃)内,压敏电阻器标称电压的变化率,即在通过压敏电阻器的电流保持恒定时,温度改变 1℃时,压敏电阻器两端电压的相对变化。

（8）电流温度系数：指在压敏电阻器的两端电压保持恒定时，温度改变1℃时，流过压敏电阻器电流的相对变化。

（9）电压非线性系数：指压敏电阻器在给定的外加电压作用下，其静态电阻值与动态电阻值之比。

（10）绝缘电阻：指压敏电阻器的引出线（引脚）与电阻体绝缘表面之间的电阻值。

（11）静态电容量（pF）：指压敏电阻器本身固有的电容容量。

（12）额定功率：在特定的环境温度85℃下工作1000小时，使压敏电压变化小于10%的最大功率。

（13）最大冲击电流（8/20μs）：以特定的脉冲电流（8/20μs波形）冲击压敏电阻器一次或两次（每次间隔5分钟），使得压敏电压变化仍在10%以内的最大冲击电流。

常用压敏电阻的参数如表9-5所示。

表9-5　常用压敏电阻的参数

型号	最大连续工作电压		压敏电压	最大限制电压		通流容量（8/20μs）		最大能量/J		额定功率	电容量
	AC/V	DC/V	V/V(0.1mA)	V_p/V	I_p/A	1次/A	2次/A	10/1000μs	2ms	P/W	1kHz/pF
MYG－32D391K	250	320	390(351～429)	650	200	25000	20000	330	330	1.0	3200
MYG－32D431K	275	350	430(387～473)	710	200	25000	20000	360	350	1.0	3100
MYG－32D471K	300	385	470(423～517)	775	200	25000	20000	380	360	1.0	2800
MYG－32D511K	320	415	510(459～561)	845	200	25000	20000	430	420	1.0	2700
MYG－32D621K	385	505	620(558～682)	1025	200	25000	20000	470	390	1.0	2400
MYG－32D681K	420	560	680(612～748)	1120	200	25000	20000	495	400	1.0	2200
MYG－32D751K	460	615	750(657～825)	1240	200	25000	20000	520	500	1.0	2000
MYG－32D781K	485	640	780(702～858)	1290	200	25000	20000	550	520	1.0	1900
MYG－32D821K	510	670	820(738～902)	1355	200	25000	20000	580	540	1.0	1800
MYG－32D911K	550	745	910(819～1001)	1500	200	25000	20000	620	580	1.0	1300
MYG－32D951K	575	765	950(855～1045)	1570	200	25000	20000	650	620	1.0	1200
MYG－32D102K	625	825	1000(900～1100)	1650	200	25000	20000	685	640	1.0	1100
MYG－32D112K	680	895	1100(990～1210)	1815	200	25000	20000	750	720	1.0	1000
MYG－40D210K	130	170	200(185～225)	395	250	40000	25000	310	300	1.2	8400
MYG－40D241K	150	200	240(216～264)	455	250	40000	25000	360	340	1.2	8000
MYG－40D271K	175	225	270(243～297)	550	250	40000	25000	390	360	1.2	7600
MYG－40D331K	210	275	330(297～363)	595	250	40000	25000	460	450	1.2	6700
MYG－40D361K	230	300	360(324～396)	650	250	40000	25000	475	460	1.2	6200
MYG－40D391K	250	320	390(351～429)	710	250	40000	25000	490	470	1.2	5100

续　表

型号	最大连续工作电压		压敏电压	最大限制电压		通流容量(8/20μs)		最大能量/J		额定功率	电容量
	AC/V	DC/V	V/V(0.1mA)	V_p/V	I_p/A	1次/A	2次/A	10/1000μs	2ms	P/W	1kHz/pF
MYG-40D431K	275	350	430(387~473)	775	250	40000	25000	550	540	1.2	4900
MYG-40D471K	300	385	470(423~517)	845	250	40000	25000	600	590	1.2	4300
MYG-40D511K	320	415	510(459~561)	1025	250	40000	25000	640	630	1.2	4200
MYG-40D621K	385	505	620(558~682)	1120	250	40000	25000	720	700	1.2	3800
MYG-40D681K	420	560	680(612~748)	1240	250	40000	25000	750	740	1.2	3500
MYG-40D751K	460	615	750(675~825)	1290	250	40000	25000	780	770	1.2	3200
MYG-40D781K	485	640	780(702~858)	1355	250	40000	25000	820	800	1.2	3000
MYG-40D821K	510	670	820(738~902)	1500	250	40000	25000	900	890	1.2	2900

3. 压敏电阻的选用

(1) 选用压敏电阻器前,应先了解相关技术参数,如标称电压、漏电流、等级电压、通流量、最大浪涌电流 I_{pm}(或最大浪涌电压 V_{pm} 和浪涌源阻抗 Z_0)、浪涌脉冲宽度 T_t、相邻两次浪涌的最小时间间隔 T_m 以及在压敏电阻器的预定工作寿命期内浪涌脉冲的总次数 N 等。

(2) 压敏电阻器常常与被保护器件或装置并联使用,在正常情况下,压敏电阻器两端的直流或交流电压应低于标称电压,即使在电源波动情况最坏时,也不应高于额定值中选择的最大连续工作电压,该最大连续工作电压值所对应的标称电压值即为选用值。对于过压保护方面的应用,压敏电压值应大于实际电路的电压值,一般可以表示为:

$$V_{mA} = \frac{av}{bc} \tag{9-1}$$

式中:a 为电路电压波动系数;v 为电路直流工作电压(交流时为有效值);b 为压敏电压误差;c 为元件的老化系数。这样计算得到的 V_{mA} 实际数值是直流工作电压的 1.5 倍,在交流状态下还要考虑峰值,因此计算结果应扩大 1.414 倍。

4. 选用的注意事项

(1) 必须保证在电压波动最大时,连续工作电压也不会超过最大允许值,否则将缩短压敏电阻的使用寿命。

(2) 在电源线与大地间使用压敏电阻时,有时由于接地不良而使线与地之间的电压上升,所以通常采用比线与线间使用场合更高标称电压的压敏电阻器。

(3) 压敏电阻所吸收的浪涌电流应小于产品的最大通流量。

(4) 压敏电阻的响应时间为 ns 级,比气体放电管快,比 TVS 管稍慢一些,在一般情况下用于电子电路的过电压保护其响应速度可以满足要求。压敏电阻的结电容一般在几百到几千 pF 的数量级范围,在很多情况下不宜直接应用在高频信号线路的保护中,应用在交流电路的保护中时,因为其结电容较大会增加漏电流,在设计防护电路时需要充分考虑。压敏电阻的通流容量较大,但比气体放电管小。

5．压敏电阻的检测

用万用表的 $R×10k$ 挡测量压敏电阻器的绝缘电阻，当测得的正、反向电阻值为无穷大时，说明压敏电阻器是好的。若测得阻值为零或有一定的阻值，说明压敏电阻器损坏或漏电流现象严重。

知识链接

一、八路抢答器的工作原理

八路抢答器的电路原理如图 9-7 所示，开关先在清零位置，74LS279 的输出端都为"0"，74LS48 的显示控制 $\overline{BI}/\overline{RBO}$ 端为"0"，显示译码器不工作，数码管不显示。编码器 74LS148 的 $\overline{EI}$ 为"0"，为编码器工作提供了条件。

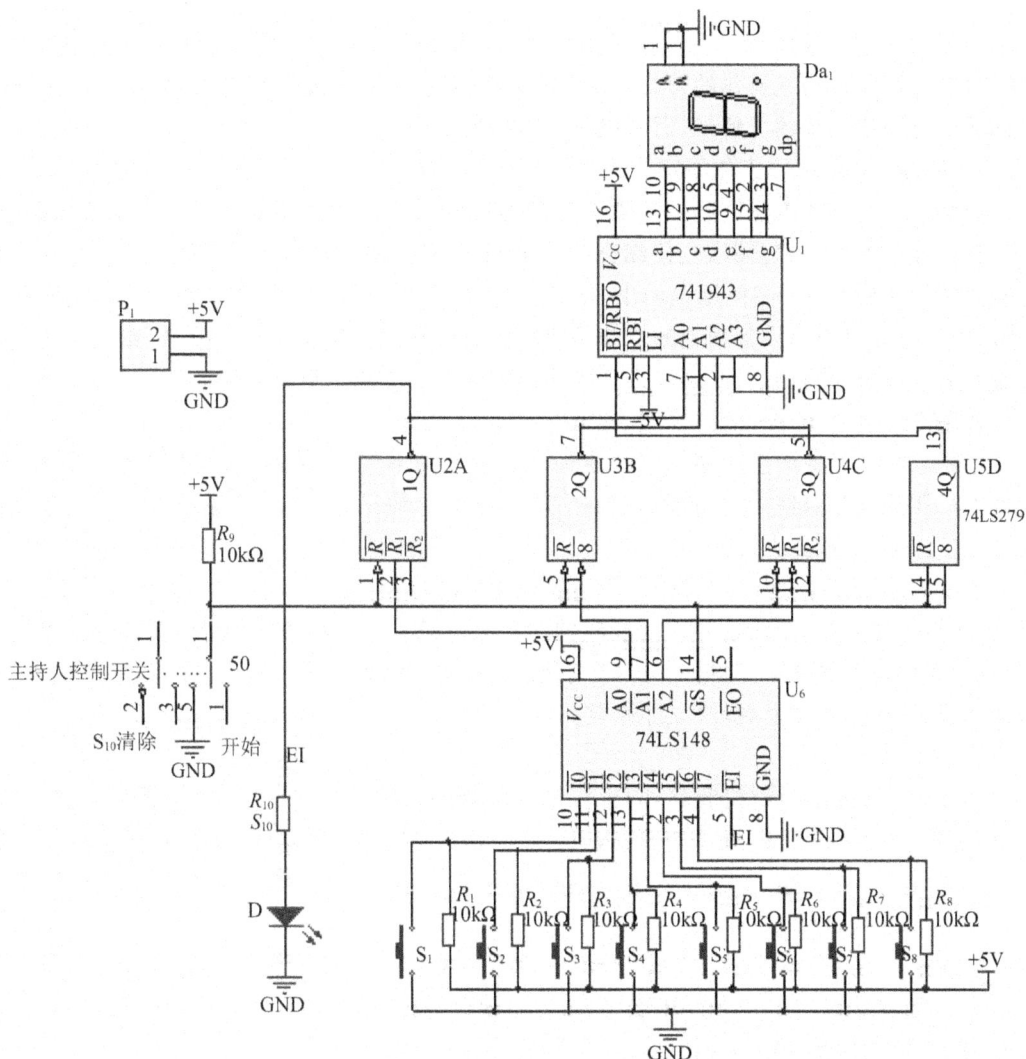

图 9-7 八路抢答器的电路原理

开关在开始位置,抢答开始,74LS279 的 $\overline{R}$ 端都为"1"。假设"5"号按键先按下,编码器 74LS148 的 $\overline{GS}$ 端输出为"0",74LS279 的 4Q 输出为"1",一方面为 74LS48 显示译码提供工作条件,另一方面使编码器 74LS148 停止工作,即第二个按下的按钮不起作用。在按下"5"号按键的同时,编码器输出为"010",74LS279 的 1Q、2Q、3Q 分别输出 1、0、1,"101"经过显示译码后,在数码管上显示为"5",即 5 号抢答成功。

二、电子设备故障查找的一般程序

电子设备故障查找与维修是电子与信息技术工作中经常会碰到的问题,是一项理论与实践紧密结合的技术工作。通过实践可提高分析问题和解决问题的能力。

电子设备的维修过程是从接收故障电路开始,到排除故障交付用户的经过。遵循正确的故障查找程序,有利于准确判断故障的原因和部位,可提高故障查找速度和维修质量。故障查找的基本步骤一般可分为以下几个方面。

1. 询问用户

询问用户可以帮助我们了解故障产生的来龙去脉,询问用户的内容主要是故障产生的现象、使用的时间、基本操作的情况、设备使用的环境、设备管理与维护等情况,以便对该电路的故障有一个初步的了解,从而掌握第一手资料。

2. 熟悉电路的基本工作原理

熟悉电路的基本工作原理是故障查找和维修的前提。对于要维修的电子电路或设备,尤其是新接触的电路和设备,应仔细查找该电路或设备的技术资料及档案资料。技术资料和档案资料主要有:产品使用说明书、电路工作原理图、方框图、印刷电路图、结构图、技术参数,以及与本电路和设备相关的维修手册等。目前有的产品没有技术资料,给电子电路故障查找与维修带来困难,所以维修人员要养成收集专业文献资料的习惯。

3. 熟悉电路及设备的基本操作规程

电子电路及设备产生故障的原因往往是由于使用不当,有的是违章操作所造成的。对维修人员要认真按照使用说明,熟悉操作规程,才能尽快了解情况,及时修复。反之会使故障进一步扩大,造成更大的损失。

电子电路及设备在故障检修时,应先检查设备的外围、接口部分,如电源插座插头、输入插孔、面板上的开关、接线柱等。发现问题应及时排除。然后检查设备的内部电路,可用目测法,看电路板上的电子元器件有无霉变、烧焦、生锈、断路、短路、松动、虚焊、导线脱落、熔断器烧毁等现象,一经发现,应立即修复。

4. 试机观察

有些电子设备通过试机观察,能很快确认故障的大致部位,如电视机可通过观察图像、光栅、彩色、伴音等来确认故障的部位。必须指出:当机内出现熔断器烧毁、冒烟、异味时,应立即关机。

5. 故障分析、判断

根据故障的基本现象、工作原理分析故障产生的部位和有可能损坏的元件。这是非常关键的一步,如果故障部位判断不准确,就盲目检修,甚至"野蛮拆换",将会导致故障进一步扩大,造成不必要的损失。

6. 制订检测方案

一般故障产生的部位确认后,要制订检测方案,检测方案主要有静态电压测试、静态电流测试、动态测试、选用哪些仪器仪表。这是故障检修工作中一个重要的程序。

7. 故障排除

通过检查、检测找出损坏的元件,并更换,使电路及设备恢复正常功能。

8. 老化

电路及设备恢复正常功能后,需要进行老化处理,老化的时间视具体情况而定,一般需12小时左右。如果再次出现故障应进一步检修。

三、电子设备故障查找的方法与技巧

(一)感观法

感观法(直观法)是在不通电的情况下,凭人体的感觉器官(眼、耳、鼻、手),将感觉到的信息反馈到大脑,然后分析、判断故障的一种方法与技巧。

1. 看

"看"就是在不通电的情况下,观察整机电路或仪器设备的外部、内部有无异常。

(1)看电子仪器设备外围、接口是否正常

先看电子电路或仪器设备外壳有无变形、摔破、残缺,开关、键盘、插孔、显示器、指示电表的表头是否完好,接地线、接线柱、电源线和电源插头等有无脱落,是否松动。一旦发现问题应立即排除。外部故障排除后,再检查内部。

(2)看电路内部的元器件及构件是否正常

打开电子设备的外壳,观察保险丝、电源变压器、印刷电路板和排风扇等有无异常现象,如烧焦有发黑现象、有漏液现象、脱焊、引线脱落、接插件接触不良有松动、保险丝断开、焊点老化。虚焊点的判断技巧是:引脚周围有缝隙。这种虚焊点出现说明整机电路已老化。看显像管灯丝是否亮,管内有无紫光或白雾气体,若有这种现象说明管子已坏。看显像管图像是否正常,如图像不正常说明电路有故障。看电解电容器是否漏液、炸开,如有此现象,说明电容器已损坏。如果电子电路、仪器设备被他人维修过,应当仔细查看电路的元器件的极性、电极等是否装错,连接线是否正确,如有错的地方要及时改正,然后再排除电路故障。

2. 听

"听"电子设备工作时是否有异常的声音,如音调音质是否失真,声音是否轻,是否有交流声、噪声、咯啦咯啦声、干扰声、打火声,电视机中有无行频啸叫声,机械传动机构有无异常的摩擦声或其他杂声。如有上述现象说明电路或机械传动机构有故障。

3. 闻

"闻"电子设备工作时是否有异味,以此来判断电子电路是否有故障。如闻到机内有烧焦的气味、臭氧味,说明电路中的元件有过流现象,应及时查明元器件是否已损坏或有故障。

4. 摸

"摸"指用手触摸电子元器件是否有发烫、松动等现象。小信号处理电路中的电子元器

件摸上去应该是室温的、无明显的升温感觉,说明电路无过流现象工作正常;大信号处理电路(末级功率放大管)用手摸上去应有一定的温度感,但不能发烫,说明电路无过流现象工作正常,如果是冰凉的、无温度感觉,说明电路不工作,如果发烫,说明电路有过流现象。用手摸变压器外壳或电动机外壳是否有过热现象,如变压器外壳发烫,说明变压器线圈有局部短路或过载;如电动机外壳发烫,说明电动机的定子绕组与转子可能存在严重的摩擦,应检查定子绕组、转子和含油轴承是否损坏。

用手去触摸电子元器件时应注意以下几点:

(1)用手触摸电子元器件前,先对整机电路进行漏电检查,检测整机外壳是否带电可以用试电笔或万用表测量;

(2)用手触摸电子元器件时要注意安全。在电路结构、工作原理不明情况下,不要乱摸乱碰,以防触电;

(3)悬浮接地端是带电的,手不要触摸"热地",以防触电;

(4)电源变压器的初级直接与220V/50Hz交流电连接,是带电的。用手不要触摸电源变压器的初级,以防触电。

(二)直流电阻测量方法与技巧

直流电阻测量法是检测故障的一种基本方法,是用万用表的欧姆挡测量电子电路中某个部件或某个点对地的正、反向阻值。直流电阻测量法一般有两种:在线测量法和非在线测量法。

1. 在线测量法

在线直流电阻测量是指被测元器件已焊在印刷电路板上,万用表测出的阻值是被测元器件阻值、万用表的内阻和电路中其他元件阻值的并联值。所以,选用万用表的技巧是选内阻大的万用表,测量时万用表挡位的选用技巧是选用$R \times 1\Omega$挡,可测量电路中是否有短路现象;选用$R \times 10k\Omega$挡,可测量电路中是否有断路现象。若电路有短路现象,则测得的阻值一般很小或为零;若电路有断路现象,则测得的阻值一般较大。

2. 非在线测量法

非在线测量法就是将怀疑有问题的电阻从设备中拆下来,单独测量其阻值。该方法的优点是准确度高,缺点是有点麻烦。

(三)直流电流测量方法与技巧

直流电流测量法是用万用表的电流挡,检测放大电路、集成电路、局部电路、负载电路和整机电路的工作电流,从测得工作电流值来判断、检测电子电路是否存在故障的一种方法。

直流电流检测可分为直接测量和间接测量两种。

1. 直接测量

采用直流电流直接测量要注意以下几个问题:

(1)要选择合适的电流量程,如果电流量程选得不合理会损坏万用表。

(2)断开要测量的地方,人造一个测试口,将电流表串接在测试口中,可测量电路中的电流。

(3)有的电路中有专门的电流测试口,只要用电烙铁断开测试口,将电流表串接在测试口中,可直接测量电路中的电流。

2. 间接测量

电流间接测量是先测直流电压,然后用欧姆定律进行换算,估算出电流的大小,采用这种方法是为了方便,不需在印刷电路板上人造一个测试口,也不要用电烙铁断开测试口。如图 9-8 所示,可以直接测量 R_4 两端的电压,并求出发射极电流。

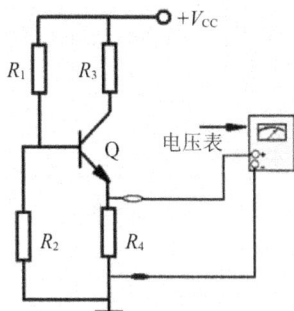

图 9-8 间接测量电流法

(四) 电压测量方法与技巧

电路有了故障以后,它最明显的特征是相关的电压会发生变化,因此测量电压是排除故障时最基本、最常用的一种方法。电压测量主要用于检测各个电路的电源电压、晶体管的各电极电压、集成电路各引脚电压及显示器件各电极电压等。测得的电压结果是反映电子电路实际工作状态的重要数据。如测得某个放大电路中晶体管三个电极的工作电压偏离正常值很大,那么,这一级放大电路肯定有故障,应及时查出故障的原因。又如测得某个放大电路中晶体管三个电极无工作电压,那么,在故障检修时应先找出无电源电压的原因,并予以排除。

在应用电压测量法时要注意以下几点:

(1) 万用表内阻越大测量的精度越准确,若被测电路的内阻大于万用表的内阻时,测得的电压小于实际电压值。

(2) 测量时要弄清所测的电压是静态电压,还是动态电压,因为有信号和无信号时的电压是不一样的。

(3) 万用表在选择挡位时要比实际电压值高一个挡位,这样可提高测量的精度。

(4) 电压测量的基本技巧:电压测量是并联式测量,所以,为了测量方便可在万用表的一支表笔上装上一只夹子,用此夹子夹住接地点,万用表的另一支表笔用来测量,这样可变双手测量为单手操作,既准确又安全。

(5) 电压测量除直流电压测量外,还有交流电压测量,在交流电压测量时要先换挡,将万用表的直流电压挡拨到交流电压挡,并选定合适的量程,尤其是测量高压时,注意设备的安全,更要注意人身安全。

(五) 干扰法与干扰技巧

1. 干扰法

干扰法可以检验放大电路工作是否正常,是一种常用的方法,在没有信号发声器的情况下可采用此方法。一般用于高频信号放大电路、视频放大电路、音频放大电路、功率放大等电路的检测。具体操作有两种方法。

（1）万用表法

将万用表置于$R×1kΩ$挡，用红表笔接地，用黑表笔点击（触击）放大电路的输入端。黑表笔在快速点击过程中会产生一系列干扰脉冲信号，这些干扰信号的频率成分较丰富。它有基波和谐波分量。如果干扰信号的频率成分中有一小部分的频率被放大器放大，那么，经放大后的干扰信号同样会传输到电路的输出端。如果输出端负载接的是扬声器，就会发出杂声；如果输出端负载接的是显示器件，那么显示屏上会出现噪波点。杂声越大或噪波点越明显，说明被测放大器的放大倍数越大。

（2）人体感应法

用手拿着小起子、镊子的金属部分，去点击（触击）放大电路的输入端。它是由人体感应所产生的瞬间干扰信号送到放大器的输入端。这种方法简便，容易操作。

2. 干扰技巧

（1）用干扰信号法检查电路的基本技巧

一要快速点击，二要从末级向前级逐级点击。从末级向前级逐级点击时声音是逐级增大，属正常。当点击某一级的输入端时，输出端没有声响，那么，这一级可能存在故障。干扰信号法可快速寻找到故障的大致部位，这种方法简便，被广泛使用。

（2）用干扰信号法判断高、低频电路的技巧

干扰信号在高频电路输入时，其输出端接扬声器，发出的是"喀啦、喀啦"的声响；而干扰信号在低频电路输入时，发出的是"嘟嘟嘟、嘟嘟嘟"的声响。注意交流声是"嗡嗡"的声响。

（六）短接法与技巧

短接法是用导线、镊子等导电体，将电路中的某个元件、某两点或几点暂时连接起来。一能检查信号通路中某个元器件是否损坏；二能检查信号通路中由于接插件损坏引起的故障。用导体短路某个支路或某个元件后，该电路的工作恢复正常了，说明故障就在被短接的支路或元件中。

短接法的技巧是：在电路中要短接某个元件，首先要弄清这个元件在电路中的作用，从而找出信号通路中的关键元件。所谓关键元件是：这个元件损坏会造成整个电路信号中断，如放大电路工作电压正常，就是无信号输出，此时应考虑是否是耦合电容失效引起的，可用一只好的电容将电路中的电容短路，短路后放大电路有信号输出，那么说明是电容器损坏造成的。

（七）比较法与技巧

比较法是用两台同一型号的设备或同一种电路进行比较。比较的内容有：电路的静态工作电压、工作电流、输入电阻、输出电阻、输出信号波形、元件参数及电路的参数等。通过测量分析、判断，找出电路故障的部位和原因。

在维修一个较复杂的电路或设备时，手中缺少完整的维修资料，此时可用比较法。比较法的测量技巧是：先比较在线电阻、电压、电流值的测量数据，当两者基本相同时，再测量信号波形是否一致，最后测量电路元件的参数。

运用比较法时应注意以下两点：

（1）要防止测量时引起新的故障，如接地点接错，没有接在公共的接地（含"热地"）点，造成新的故障。

（2）要防止连接错误，检测人员应先熟悉原理图、印刷电路和工作原理，以免造成新的故障。

（八）电路分割法与技巧

1. 电路分割法

怀疑哪个电路有故障，就把它从整机电路中分割出来，看故障现象是否还存在，如故障现象消失一般来说故障就在被分割出来的电路中。然后单独测量被分割出来电路的各项参数、电压、电流和元器件的好坏，便能找到故障的原因。如整机电源电压低的故障现象，一是由于负载过重引起输出电压下降；二是稳压电源本身有故障。一般做法是把负载断开，接上假负载，然后检测稳压电源的输出电压是否恢复正常，如恢复正常说明故障在负载，断开后稳压电源输出电压还是低，那么故障在稳压电源本身。这种方法在多接插件、多模块的组合电路中得到广泛应用。

2. 运用电路分割法的基本技巧

（1）分割前的电路如图 9-9 所示。断开电源电压 12V 与负载的连接处（负载是二级放大器），选择好万用表电流表的挡位，并将电流表串其中，如图 9-10 所示。先切断分割 B 点，观察电流表的读数，B 点切断后，电流还是不正常，那么再切断分割 A 点，如果电流恢复正常，故障就在第一级放大电路中。

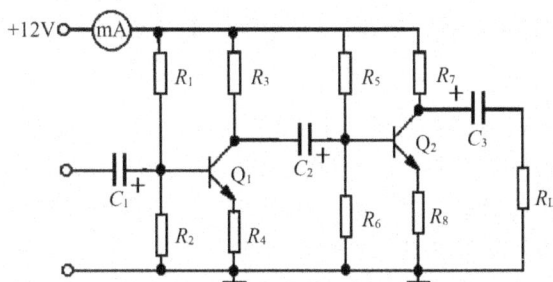

图 9-9 分割前的电路

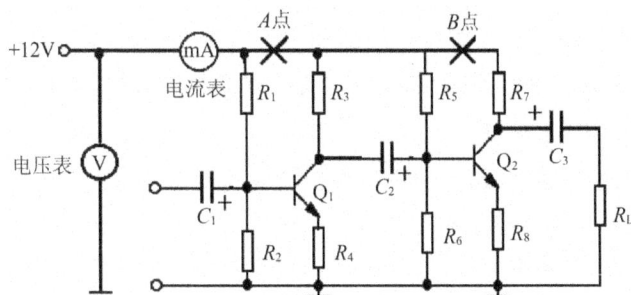

图 9-10 分割后的电路

（2）万用表的电压挡、电流挡同时测量，如图 9-10 所示，效果更好。鉴别方法同上。

3. 其他电路分割法

其他电路分割的方法还有切断印刷电路某处的铜箔、脱焊元件的某一个引脚、拔掉接插件等。

4. 注意事项

应注意的是,有的电路分割后要接上假负载,否则会引起故障进一步扩大;电路分割要选择合适的切入点,分割要彻底;故障排除后要用焊锡封闭好切入点。

(九) 替代法与替代技巧

1. 元器件替代法与技巧

有些元器件没有专用仪器很难鉴别它的好坏,如内部开路的声表面波滤波器,用万用表只能估量,不能测试它的性能。这时可选用一只新的质量好的,型号、参数、规格一样的声表面波滤波器替代有疑问的声表面波滤波器。如果故障排除,说明原来的元器件已损坏。

原则上讲任何元器件都可替代,这样会给维修带来麻烦,一般是在没有带专用仪器的情况下,无法测那些需专用仪器测试的元器件时用替代法。元器件替代的基本技巧是:对开路的元器件,不需焊下,替代的元器件也不要焊接,用手拿住元器件直接并联在印刷电路图相应的焊接盘,看故障是否消除,如果故障消除说明替代正确。如怀疑电容量变小就可直接并联上一只电容。

2. 单元电路或部件替换法

用已调整好的单元电路替代有问题电路。这种方法可以快速排除故障,一般用于上门服务、急用、现场维修、快修等场合。运用这种方法时应注意接线或接插件不要装错。

随着电子技术不断地发展,集成电路的集成度越来越高,功能越来越多,体积越来越小,元器件和单元电路替代也越来越困难,所以普遍采用部件替换法。

(十) 假负载法与技巧

所谓假负载法,就是在不通电的情况下,断开主电源与主要负载电路的连接,用相同阻值、相等功率的线绕电阻器作为假负载,接在主电源输出端与地之间。假负载也可以用作电源调试,电路测试等。使用时应注意:由于假负载上的功率损耗很大,温度也较高,每次试验的时间不要太长,以防损坏假负载。

假负载法的运用技巧为:在电源输出电压很低,难于区分是电源故障还是负载故障或电源输出电压很高时应使用假负载。

如彩色电视机出现"三无"(即无光栅、无图像、无伴音)烧保险丝的故障现象,是负载电流过大引起烧保险丝。在没有查清故障原因和部位时不能盲目地换上新的保险丝,应接上60W白炽灯泡作为假负载,然后判断是电源本身出现的故障,还是负载电路的故障。

(十一) 波形判别法与技巧

波形判别法是用信号发生器注入信号,用示波器检测电子电路工作时各关键点的波形、幅度、周期等来判断电路故障的一种方法。

如果用电压、电流、电阻等方法后,还不能确定故障的具体部位,此时可用波形法来判断故障的具体部位。因为用波形法测量出来的是电路实际的工作情况(属动态测试),所以测量结果更准确有效。

波形判别法的基本技巧是:将信号发生器的信号输出端接入被测电路的输入端,示波器接到被测电路的输出端,先看输出端有无信号波形输出,若无输出,那么故障就在电路的输入端到输出端这个环节中,若有信号输出,再看输出端信号波形是否正常,如信号波形的幅度、周期不正常,那么说明电路的参数发生了变化,需进一步检查这部分的元件,一般电路参数发生变化的原因主要是元件变值、损坏、调节器件失调等。用波形法检测时，要由前级逐级往后级检测，也可以分单元电路或部分电路检测。要测量电路的关键点波形，关键点一般指电路的输出端、控制端。

检测振荡器时不用信号发生器。测量电路的频率特性曲线时需用扫频仪，测量时要注意被测试的那一点信号幅度的大小，输出信号幅度太大需用衰减探头。同时信号发生器与被测量电路之间要串接一只 $0.01\mu\mathrm{F}$ 的电容。

（十二）逻辑分析法

逻辑分析法有两种：一种是逻辑框图分析法；另一种是用逻辑仪器分析法。它是一种推理分析排除法。

1. 逻辑框图分析法

逻辑框图分析法根据信号及电路原理用逻辑框图进行流程分析，是一种常用的分析方法。

2. 逻辑仪器分析法

逻辑仪器分析法是用专门的逻辑分析仪或逻辑分析器对故障电路进行检测，然后确定故障部位和元器件损坏原因的方法。这种方法检修数字电路和带有 CPU 的电路特别有效。

3. 常用的逻辑分析仪器种类及测试内容

（1）逻辑时间分析仪，用来测量 I^2C 总线控制的时序关系是否正常。

（2）逻辑状态分析仪，用来检测程序运行是否正常，可检查出各种代码是否出错或有无漏码现象。

（3）特征分析仪，用来检测特征码是否正常。

（4）逻辑笔（逻辑探头），用来测量输入、输出信号电平是否正常。

（5）逻辑脉冲信号源，可产生各种数据域信号。

（6）电流跟踪器，可检测电路中的短路现象。

任务实施

一、元器件的来料检测

1. 编码器、译码器的来料检测

编码器、译码器的来料检测内容如表 9-6 所示。

表 9-6 编码器、译码器的来料检测内容

名称	电路标号	型号	正向电阻	反向电阻	逻辑功能	电路类型	外观	封装类型	检测结果

2. 热敏电阻的来料检测

热敏电阻的来料检测内容如表 9-7 所示。

表 9-7　热敏电阻的来料检测内容

名称	电路标号	型号	标称阻值	最高温度	最大电压	额定电流	材料	温度系数	封装类型	检测结果

3. 压敏电阻的来料检测

压敏电阻的来料检测内容如表 9-8 所示。

表 9-8　压敏电阻的来料检测内容

名称	电路标号	型号	标称电压	额定功率	最大电压	静态电阻	通流容量	封装类型	检测结果

4. 电阻器、电容器、发光二极管、按钮等其他元器件的来料检测

请读者参考前面项目中元器件的来料检测内容,在此不再重画表格。

5. 来料检测汇总表

八路抢答器电路的来料检测汇总表如表 9-9 所示。

表 9-9　八路抢答器电路的来料检测汇总表

来料名称	来料数量	检测仪表	检测值	检测人员	检测结论

二、八路抢答器电路的安装工艺及步骤

(1) 对照元器件明细表清点数量。

(2) 识读电路原理图,对每只元件进行识别、检测。

(3) 了解各元器件的功能、用途。

(4) 对 PCB 印刷板按图进行线路检查和外观检查,除去 PCB 板表面及元件引脚上的氧化层,并上锡。

(5) 采用 PCB 板装配时,元件整形后按图排列,注意每只元件的高度。相同规格的元件

高度一致,排列整齐。

　　(6) 焊接时间要短,以防印刷电路铜箔脱落,焊接完毕后检查是否漏焊、虚焊、错焊。

　　(7) 通电前仔细检查线路,无误后通知指导老师,方可通电测量。

　　(8) 正确使用测量仪器、仪表。

　　(9) 完成实验、实训报告。

　　(10) 整理工位并进行复习。

　　八路抢答器电路的安装工艺检测内容如表 9-10 所示。

表 9-10　八路抢答器电路的安装工艺检测内容

项目	检测要求	检测记录
电子线路安装工艺	(1) 正确识别元器件。 (2) 元器件整形。 (3) 元器件布局合理、整齐、规范。 (4) 焊点光亮、圆滑适中。 (5) 连线平直、无交叉。	
安装正确性	(1) 按图正确装接。 (2) 电路功能完整。	

三、八路抢答器电路的调试、检测技能

　　(1) 先将主开关(主持人控制开关)即 S 拨至清零位置,清零后再拨到开始位置。

　　(2) 将按键 S_5 按下,74LS148 的输出:"010"。

　　(3) 74LS279 的输出:4Q 为"1",1Q、2Q、3Q 分别输出 1、0、1。

　　(4) 显示器显示出"5"数字。

　　(5) 然后按其他按键,显示器显示 5 不变。

　　(6) 主开关 S 拨至清除位置时,显示器刚开始显示的号码便会消失,将会什么都不显示。

　　八路抢答器电路的调试、检测内容如表 9-11 所示。

表 9-11　八路抢答器电路的调试、检测内容

项目	调试、检测要求	调试、检测记录
仪器仪表与参数测量	(1) 正确使用仪器仪表。 (2) 检测关键点的电位、电流、波形。	
功能调试、检测	(1) 清除功能。 (2) 初始显示。 (3) 抢答功能。 (4) 锁定功能。	
安全文明生产	(1) 穿戴好劳保用品,工具齐全。 (2) 遵守用电操作规程。 (3) 正确使用仪表。 (4) 工具摆放整齐。	

技能训练

(1) 完成来料检测；

(2) 完成八路抢答器电路的安装；

(3) 完成八路抢答器电路的调试、检测。

八路抢答器技能训练内容评分表如表 9 - 12 所示。

表 9 - 12　八路抢答器技能训练内容评分表

项目	技术要求	配分	评分细则	扣分	得分
电子线路安装工艺	(1) 检测元器件。 (2) 元器件布局合理、整齐、规范。 (3) 焊点光亮、圆滑适中。 (4) 连线平直、无交叉。	30	(1) 元器件检测错误，每件扣 2 分。 (2) 元器件排版不合理，插件不规范、不整齐，扣 10 分。 (3) 焊接不好，每处扣 1 分，最多不超过 15 分。 (4) 连线不平直、交叉，扣 2～5 分。		
安装正确性	(1) 按图正确装接。 (2) 电路功能完整。	30	(1) 未按图装接，扣 10 分。 (2) 电路功能不完整，扣 20 分。 (3) 在额定时限内允许返修一次，扣 10 分。		
仪器仪表与参数测量	(1) 正确使用仪表。 (2) 检测电位、电流、波形。 (3) 清除功能。 (4) 初始显示。 (5) 抢答功能。 (6) 锁定功能。	30	(1) 仪表使用不规范，扣 10 分。 (2) 测量电压、电流、波形有错，每处扣 3 分。 (3) 电路功能错误，每处扣 10 分。		
安全文明生产	(1) 穿戴好劳保用品，工具齐全。 (2) 遵守用电操作规程。 (3) 正确使用仪表。 (4) 工具摆放整齐。	10	(1) 穿戴不合要求，工具不齐全，扣 5 分。 (2) 通、断电操作违规，扣 5 分。 (3) 损坏设备、仪表，扣 10 分。 (4) 不整理器材、场地，扣 5 分。		
评分记录				得分	

思考与讨论

(1) 阐述八路抢答器电路的基本工作原理。

(2) 用译码器 74LS48 和门电路设计一个三输入、三输出的多数表决器。

(3) TTL 数字集成路与 CMOS 集成电路混合使用时应注意什么？如何处理？

(4) 使用热敏电阻的注意事项是什么？

(5) 使用压敏电阻的注意事项是什么？

(6) 八路抢答器出现了不能抢答的故障，请分析故障产生的可能原因及排除方法。

附录一　维修电工中级电子电路图

一、串联可调稳压电源电路

1. 电路原理

串联可调稳压电源电路原理如附图 1-1 所示。

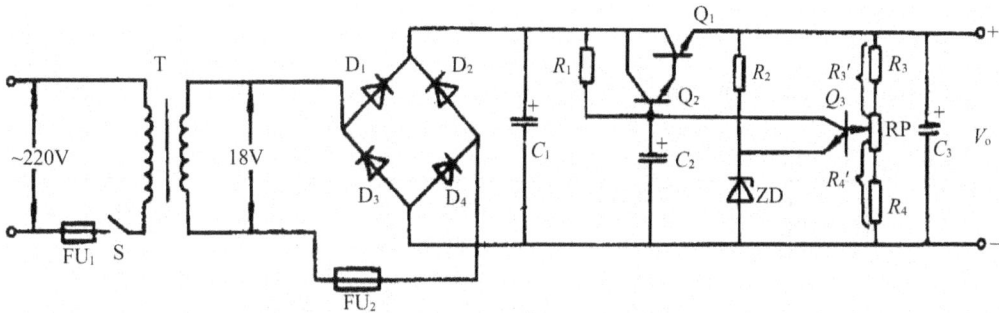

附图 1-1　串联可调稳压电源电路原理

2. 元器件明细

串联可调稳压电源电路元器件明细如附表 1-1 所示。

附表 1-1　串联可调稳压电源电路元器件明细

序号	标号	名称	规格与型号	数量
1	S	电源开关		1
2	T	变压器	BK50 220/18	1
3	FU_1	熔断器	220V/0.5A	1
4	$D_1 \sim D_4$	二极管	IN4007	4
5	ZD	稳压管	2CW56	1
6	Q_1	三极管	8050	1
7	Q_2	三极管	9014	1
8	Q_3	三极管	9014	1
9	C_1	电容器	$100\mu F/50V$	1
10	C_2	电容器	$10\mu F/25V$	1

续 表

序号	标号	名称	规格与型号	数量
11	C_3	电容器	$470\mu F/16V$	1
12	R_1	电阻	$1k\Omega$	1
13	R_2	电阻	$1k\Omega$	1
14	R_3	电阻	510Ω	1
15	R_4	电阻	300Ω	1
16	RP	电位器	$470\Omega\sim1k\Omega$	1
17	FU_2	熔断器	$B\times0.4A$	1

二、施密特触发器电路

1. 电路原理

施密特触发器电路原理如附图 1-2 所示。

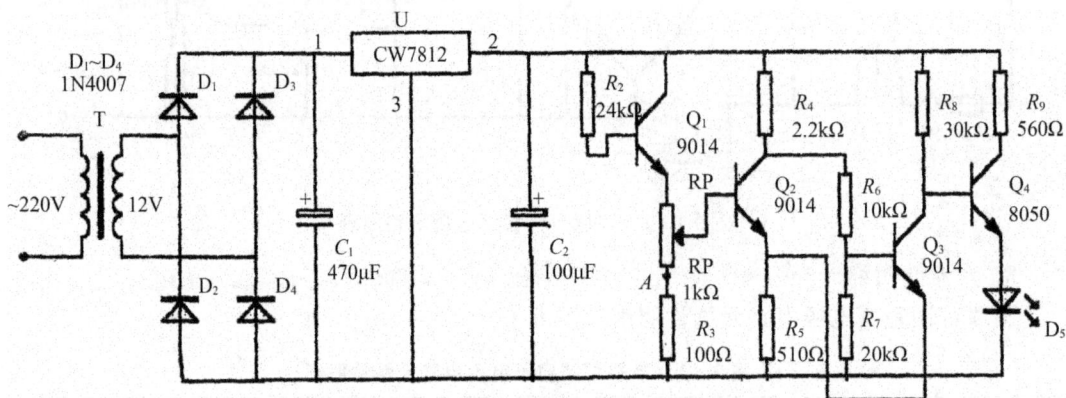

附图 1-2 施密特触发器电路原理

2. 元器件明细

施密特触发器电路元器件明细如附表 1-2 所示。

附表 1-2 施密特触发器电路元器件明细

序号	标号	名称	型号	数量
1	$D_1\sim D_4$	二极管	1N4007	4
2	$Q_1\sim Q_3$	三极管	9014	3
3	Q_4	三极管	8050	1
4	D_5	发光二极管	$\varnothing5$	1
5	C_1	电容	$470\mu F/25V$	1
6	C_2	电容	$100\mu F/25V$	1

序号	标号	名称	型号	数量
7	U	稳压块	CW7812	1
8	RP	电位器	1kΩ	1
9	R_2	电阻	24kΩ	1
10	R_3	电阻	100Ω	1
11	R_4	电阻	2.2kΩ	1
12	R_5	电阻	510Ω	1
13	R_6	电阻	10kΩ	1
14	R_7	电阻	20kΩ	1
15	R_8	电阻	30kΩ	1
16	R_9	电阻	560Ω	1
17	T	变压器	220V/12V	1

三、单稳态电路

1. 电路原理

单稳态电路原理如附图 1-3 所示。

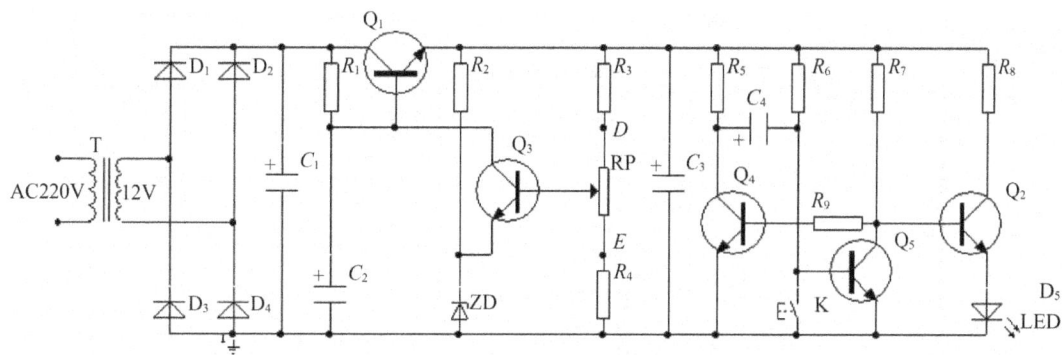

附图 1-3 单稳态电路原理

2. 元器件明细

单稳态电路元器件明细如附表 1-3 所示。

附表 1-3 单稳态电路元器件明细

序号	标号	名称	型号与规格	数量
1	$D_1 \sim D_4$	二极管	1N4007	4
2	Q_1、Q_2	三极管	S8050	2
3	Q_3、Q_4、Q_5	三极管	9014	3

续　表

序号	标号	名称	型号与规格	数量
4	ZD	稳压管	2CW54(6V)	1
5	D_5	发光管	$\varnothing 5$	1
6	C_1	电容	$470\mu F/25V$	1
7	C_2	电容	$100\mu F/25V$	1
8	C_3,C_4	电容	$330\mu F/25V$	2
9	RP	电位器	$1k\Omega$	1
10	R_1	电阻	$1k\Omega$　1/4W	1
11	R_2	电阻	560Ω　1/4W	1
12	R_3,R_4	电阻	150Ω　1/4W	2
13	R_5,R_7	电阻	$4.7k\Omega$　1/4W	2
14	R_6	电阻	$24k\Omega$　1/4W	1
15	R_8	电阻	560Ω　1/4W	1
16	R_9	电阻	$30k\Omega$　1/4W	1
17	K	开关	小按钮	1

四、恒流充电的单结晶体管触发电路

1. 电路原理

恒流充电的单结晶体管触发电路原理如附图 1-4 所示。

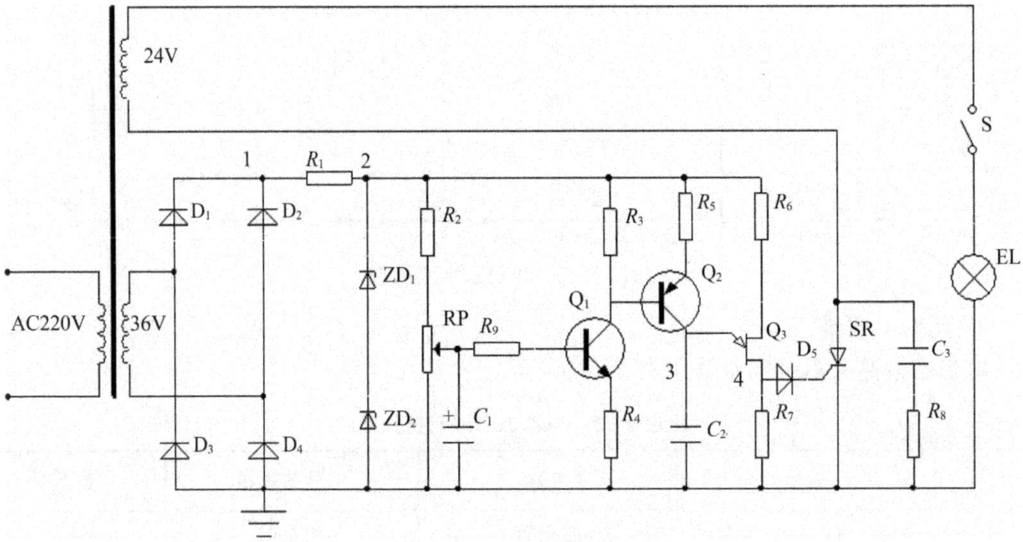

附图 1-4　恒流充电的单结晶体管触发电路原理

2. 元器件明细

恒流充电的单结晶体管触发电路元器件明细如附表 1-4 所示。

附表 1-4　恒流充电的单结晶体管触发电路元器件明细

序号	标号	名称	型号及规格	数量
1	$D_1 \sim D_5$	二极管	1N4007	5
2	ZD_1, ZD_2	稳压管	2CW21(9V)	2
3	R_1	电阻	2.2kΩ　2W	1
4	R_2	电阻	3.6kΩ　1/4W	1
5	R_3	电阻	2kΩ　1/4W	1
6	R_4	电阻	100Ω　1/4W	1
7	R_5	电阻	4.7kΩ　1/4W	1
8	R_6	电阻	300Ω　1/4W	1
9	R_7	电阻	100Ω　1/4W	1
10	R_8	电阻	100Ω　1/4W	1
11	R_9	电阻	50Ω	1
12	RP	电位器	500Ω	1
13	C_1	电解电容	100μF/25V	1
14	C_2	涤纶电容	0.1μF/25V	1
15	C_3	瓷片电容	0.01μF/25V	1
16	Q_1	三极管	9014	1
17	Q_2	三极管	9015	1
18	Q_3	单结晶体管	BT33	1
19	SR	单相可控硅	BT151 或 2P4M	1

五、声光双控延迟节能灯电路

1. 电路原理

声光双控延迟节能灯电路原理如附图 1-5 所示。

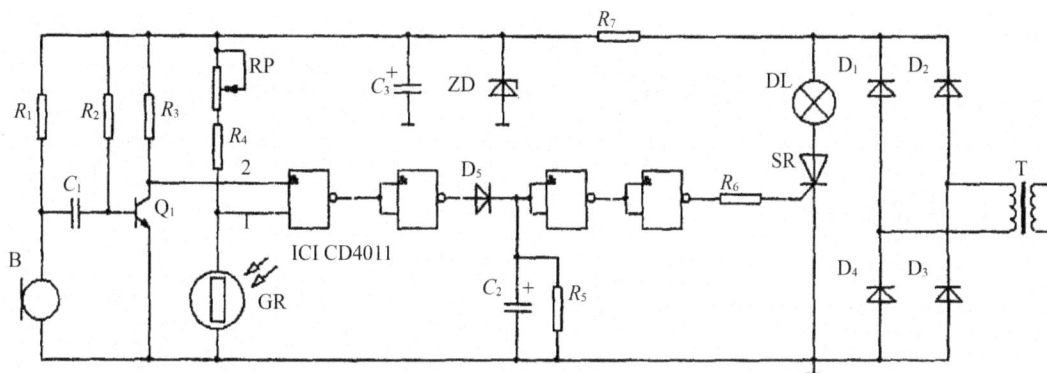

附图 1-5　声光双控延迟节能灯电路原理

2. 元器件明细

声光双控延迟节能灯电路元器件明细如附表 1-5 所示。

附表 1-5　声光双控延迟节能灯电路元器件明细

序号	标号	名称	型号	数量
1	Q_1	三极管	9014	1
2	SR	晶闸管	MCR-100-6	1
3	$D_1 \sim D_4$	二极管	1N4001	4
4	ZD	稳压管	2CW56	1
5	D_5	二极管	1N4148	1
6	C_1	电容	$0.1\mu F$	1
7	C_2	电容	$10\mu F/25V$	1
8	C_3	电容	$100\mu F/25V$	1
9	RP	电位器	$100k\Omega$	1
10	BM	驻体话筒	CM1-8W	1
11	GR	光敏电阻	亮阻小于 $1k\Omega$，暗阻大于 $1M\Omega$	1
12	ICI	四与非门	CD4011	1
13	R_1	电阻	$22k\Omega$	1
14	R_2	电阻	$2.2M\Omega$	1
15	R_3	电阻	$33k\Omega$	1
16	R_4	电阻	$4.7k\Omega$	1
17	R_5	电阻	$4.7M\Omega$	1
18	R_6	电阻	5.1Ω	1
19	R_7	电阻	$1.5k\Omega$	1
20	DL	灯泡	12V	1

六、两级放大电路

1. 电路原理

两级放大电路原理如附图 1-6 所示。

V_{CC} 12V

RP$_1$ 100kΩ R_4 2.4kΩ RP$_2$ 470kΩ R_8 2.4kΩ

R_2 10kΩ C_2 10μF R_7 100kΩ C_5 10μF

R_1 1kΩ C_1 10μF Q$_1$ 3DG6 Q$_2$ 3DG6

R_5 100Ω C_4 100μF V_o R_L 2.4kΩ

V_i R_3 9.1kΩ R_9 2.4kΩ

R_6 1kΩ C_3 100μF

1 S 2 R_{10} 10kΩ

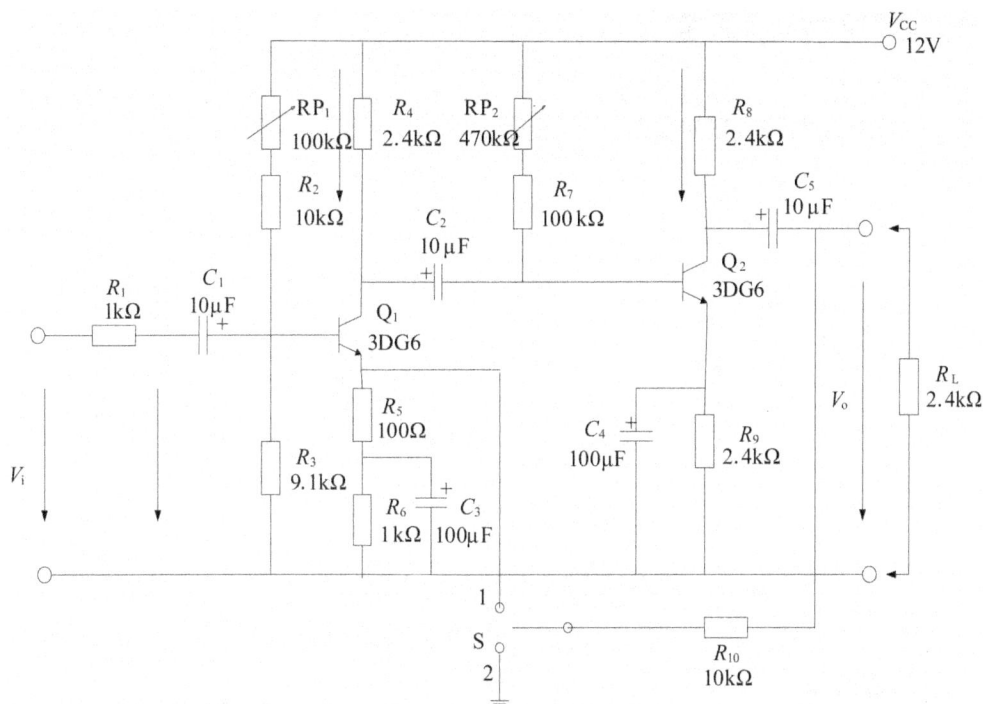

附图 1-6 两级放大电路原理

2. 元器件明细

两级放大电路元器件明细如附表 1-6 所示。

附表 1-6 两级放大电路元器件明细

序号	标号	名称	型号与规格	数量
1	Q$_1$,Q$_2$	三极管	3DG6	2
2	C_1,C_2,C_5	电容	10μF/25V	3
3	C_3,C_4	电容	100μF/25V	2
4	RP$_1$	微调电阻	100kΩ	1
5	RP$_2$	微调电阻	470kΩ	1
6	R_1,R_6	电阻	1kΩ	2
7	R_2,R_{10}	电阻	10kΩ	2
8	R_3	电阻	9.1kΩ	1
9	R_4,R_8,R_9,R_L	电阻	2.4kΩ	4
10	R_5	电阻	100Ω 1/4W	1
11	R_7	电阻	100kΩ 1/4W	1
12		万能板	50×100(mm)	1

七、自动调压恒温电路

1. 电路原理

自动调压恒温电路原理如附图 1-7 所示。

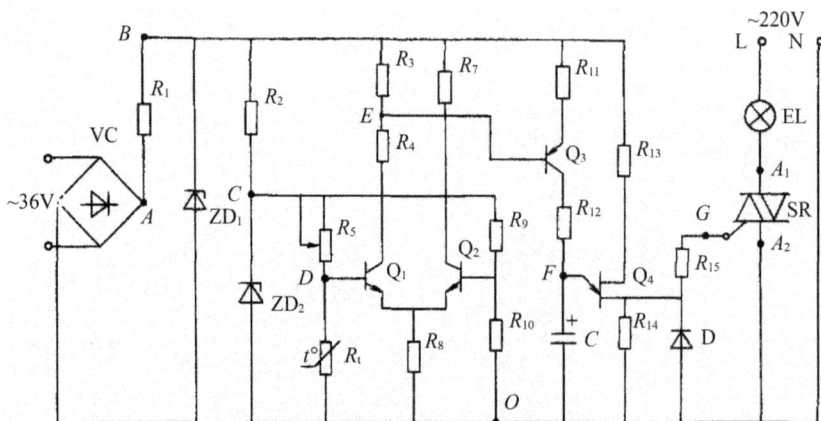

附图 1-7 自动调压恒温电路原理

2. 元器件明细

自动调压恒温电路元器件明细如附表 1-7 所示。

附表 1-7 自动调压恒温电路元器件明细

序号	标号	名称	型号	数量
1	VC	整流桥堆	1A/50V	1
2	ZD_1	稳压管	2CW22K(27V)	1
3	ZD_2	稳压管	2CW54(6.2V)	1
4	D	二极管	1N4001	1
5	Q_1,Q_2	三极管	9013	2
6	Q_3	三极管	3AX31	1
7	Q_4	单结晶体管	BT33	1
8	SR	双向晶闸管	1A/500V	1
9	EL	灯泡	220V/25W	1
10	R_1	电阻	200Ω	1
11	R_2	电阻	250Ω	1
12	R_3	电阻	1kΩ	1
13	R_4	电阻	3.6kΩ	1
14	R_5	微调电阻	3.6kΩ	1
15	R_t	热敏电阻	RRC1,1kΩ	1

序号	标号	名称	型号	数量
16	R_7	电阻	5.1kΩ	1
17	R_8	电阻	510Ω	1
18	R_9,R_{10}	电阻	1kΩ	2
19	R_{11}	电阻	1.6kΩ	1
20	R_{12}	电阻	2kΩ	1
21	R_{13}	电阻	330Ω	1
22	R_{14}	电阻	100Ω	1
23	C	电容	0.1μF,160V	1
24	T	变压器	220V/36V	1

八、单相调压电路

1. 电路原理

单相调压电路原理如附图 1-8 所示。

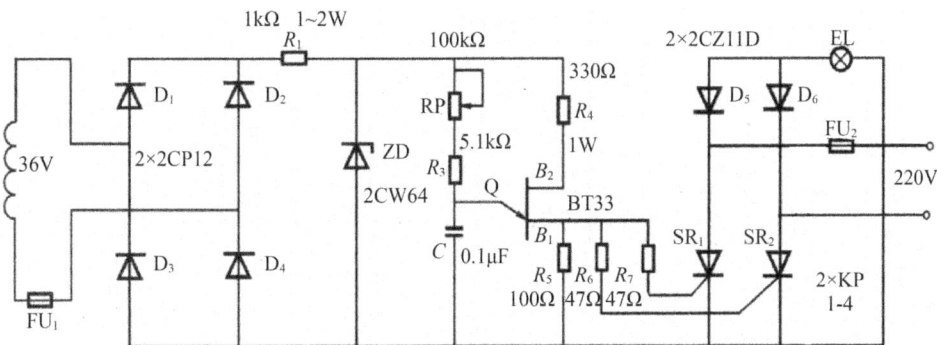

附图 1-8 单相调压电路原理图

2. 元器件明细

单相调压电路元器件明细如附表 1-8 所示。

附表 1-8 单相调压电路元器件明细

序号	标号	名称	型号	数量
1	ZD	稳压二极管	2CW64	1
2	SR_1,SR_2	晶闸管	MCR-100-6	2
3	$D_1 \sim D_6$	二极管	1N4007	6
4	Q	单结晶体管	BT33	1
5	C	电容	0.1μF	1

续　表

序号	标号	名称	型号	数量
6	RP	电位器	100kΩ	1
7	R_1	电阻	1kΩ/1W	1
8	R_3	电阻	5.1kΩ	1
9	R_4	电阻	330Ω/1W	1
10	R_5	电阻	100Ω	1
11	R_6	电阻	47Ω	1
12	R_7	电阻	47Ω	1

九、OCL功放电路

1. 电路原理

OCL功放电路原理如附图1−9所示。

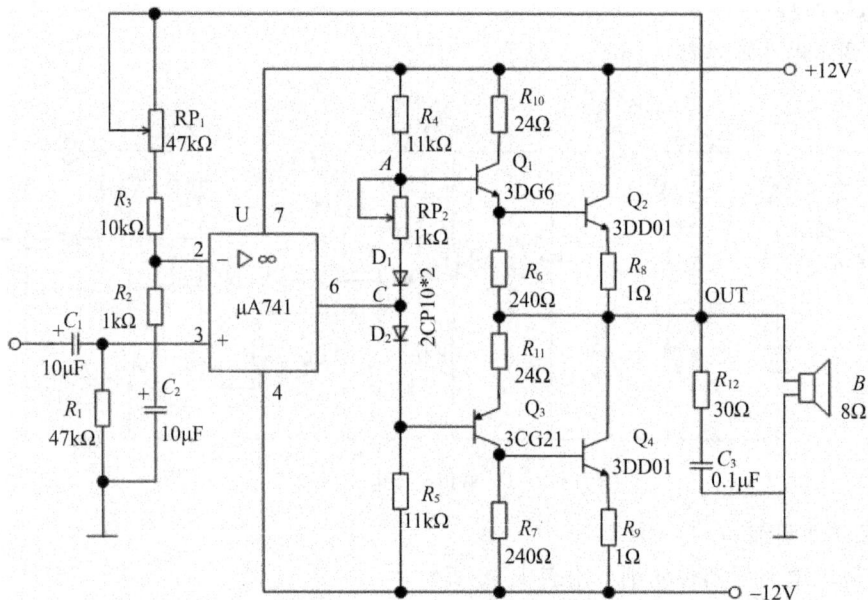

附图1−9　OCL功放电路原理

2. 元器件明细

OCL功放电路元器件明细如附表1−9所示。

附表1−9　OCL功放电路元器件明细

序号	标号	名称	型号	数量
1	Q_1	三极管	3DG6	1
2	Q_2，Q_4	三极管	3DD01	2

序号	标号	名称	型号	数量
3	D_1,D_2	二极管	2CP10	2
4	Q_3	三极管	3CG21	1
5	U	集成运放	μA741	1
6	C_1,C_2	电容器	10μF	2
7	C_3	电容器	0.1μF	1
8	RP$_1$	电位器	47kΩ	
9	RP$_2$	电位器	1kΩ	1
10	R_1	电阻	47kΩ	1
11	R_2	电阻	1kΩ	1
12	R_3	电阻	10kΩ	1
13	R_4,R_5	电阻	11kΩ	2
14	R_6,R_7	电阻	240Ω	2
15	R_8,R_9	电阻	$1\Omega/1$W	2
16	R_{10},R_{11}	电阻	24Ω	2
17	R_{12}	电阻	30Ω	1
18	B	喇叭	$8\Omega/10$W	1

附录二　无线电调试工中级电子电路图

一、脉宽调制控制器电路

1. 电路原理

脉宽调制控制器电路原理如附图 2-1 所示。

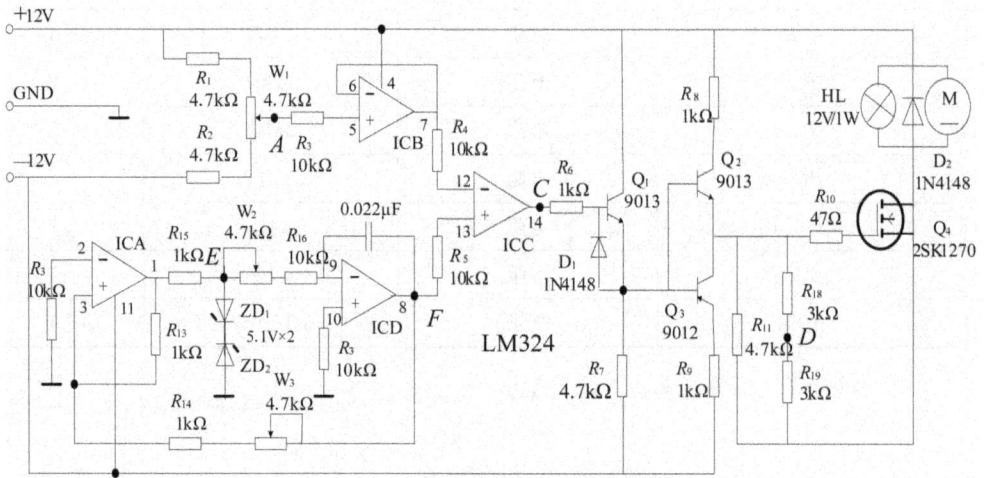

附图 2-1　脉宽调制控制器电路原理

2. 元器件明细

脉宽调制控制器电路元器件明细如附表 2-1 所示。

附表 2-1　脉宽调制控制器电路元器件明细

序号	标号	名称	型号/规格	数量
1	R_{10}	电阻	47Ω	1
2	R_6,R_8,R_9,R_{14},R_{15}	电阻	1kΩ	5
3	R_{11},R_{18}	电阻	3kΩ	2
4	R_1,R_2,R_7	电阻	4.7kΩ	3
5	R_{13}	电阻	5.1kΩ	1
6	R_3,R_4,R_5,R_{12},R_{16},R_{17}	电阻	10kΩ	6

序号	标号	名称	型号/规格	数量
7	RP$_2$	微调电阻	WS – 50K	1
8	RP$_3$	微调电阻	WS – 10K	1
9	RP$_1$	电位器	WH5 – 1A – 4.7K	1
10	C$_1$	电容	CBB – 63V – 0.022μF	1
11	D$_1$, D$_2$	二极管	IN4148	1
12	ZD$_1$, ZD$_2$	稳压管	5V	2
13	Q$_1$, Q$_2$	三极管	9013	2
14	Q$_3$	三极管	9012	1
15	Q$_4$	场效应管	IRFU214	1
16	IC	集成电路	LF347	1
17	IC	电路插座	DIP14	1
18	HL	电珠	12V/1W	10
19		印制电路板	GK3 – 5SGGW（A10494）	1

3. 操作要点

将以下各操作要点的数据填入附表 2 – 2 中。

(1) 调整三角波频率和波形,要求 $f_0 = 1\text{kHz} \pm 10\%$,将实测数据填入附表 2 – 2 中。

(2) 画出三角波形图(F 点)和方波波形图(E 点)。

(3) 观察 D 点调制波,记录调制度为 100%、50%、0 对应的给定电压值(A 点值),输出电压(D 点)和负载两端电压,填入附表 2 – 2 中。

(4) 画出调制度为 50% 时 D 点的调制波波形图。

(5) 测量给定电压范围和频率可调范围,填入附表 2 – 2 中。

(6) 问题解答:

①三角波发生器工作原理和脉宽调制原理,以及各元件的功能是什么?

②场效应管的特性和应用特点是什么?

4. 记录表格

脉宽调制控制器操作记录如附表 2 – 2 所示。

二、OTL 功率放大电路

1. 电路原理

OTL 功率放大电路原理如附图 2 – 2 所示。

附表 2－2　脉宽调制控制器操作记录

三角波频率 f_0	Hz		三角波电压幅值		正　峰	V	负　峰	V
三角波波形图，方波波形图					调制度	100%	50%	0

三角波波形图，方波波形图	给定电压 A 点
0	给定电压 D 点
D 点调制度为50%的调制波波形图	负载两端电压
0	给定电压范围
	三角波频率范围

问题解答及故障处理情况：

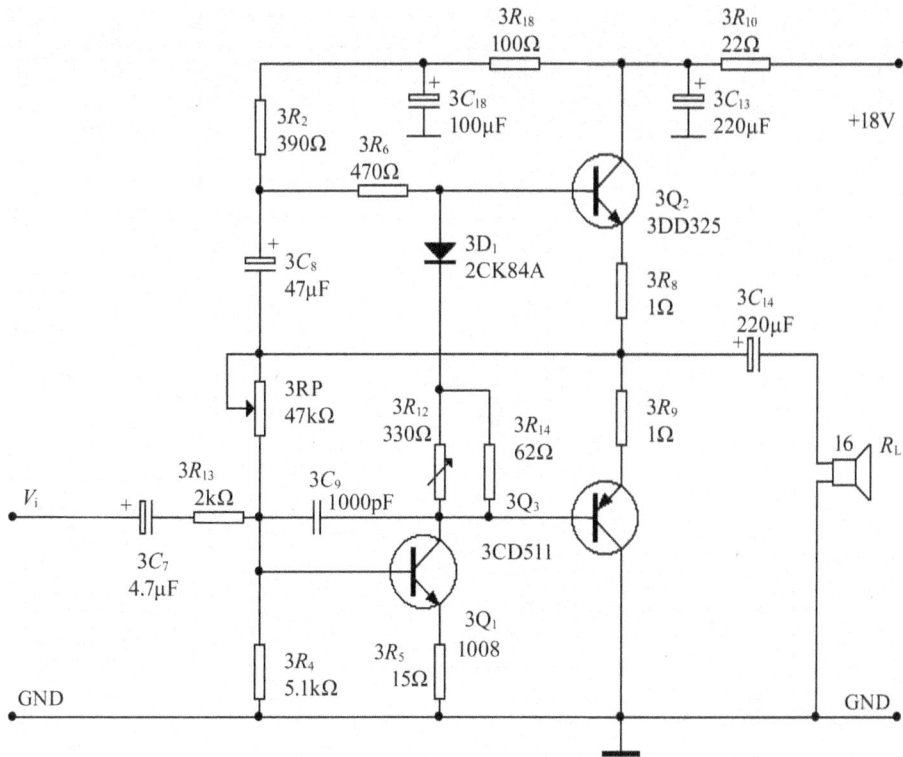

附图 2-2　OTL 功率放大电路原理

2. 元器件明细

OTL 功率放大电路元器件明细如附表 2-3 所示。

附表 2-3　OTL 功率放大电路元器件明细

序号	配件图号	品　名	型号/规格	数量
1	R_8,R_9	电阻	1Ω	2
2	R_5	电阻	15Ω	1
3	R_L	电阻	16Ω/1W	1
4	R_{10}	电阻	22Ω/1W	1
5	R_{14}	电阻	62Ω	1
6	R_{18}	电阻	100Ω	1
7	R_{12}	微调电阻	1kΩ	1
8	R_2	电阻	390Ω	1
9	R_6	电阻	470Ω	1

续　表

序号	配件图号	品　名	型号/规格	数量
10	R_{13}	电阻	2kΩ	1
11	R_4	电阻	5.1kΩ	1
12	RP	微调电阻	WS-50K	1
13	C_9	电容	1000P	1
14	C_{17}	电容	0.047μF/63V	1
15	C_7	电解电容	4.7μF/16V	1
16	C_8	电解电容	47μF/25V	1
17	C_{18}	电解电容	100μF/25V	1
18	C_{13},C_{14}	电解电容	220μF/25V	2
19	D_1	二极管	IN4148 或 2CK84A	1
20	Q_1	三极管	1008	1
21	Q_2	三极管	3DD325	1
22	Q_3	三极管	3CD511	1
23		印制电路板	GK3-5（A10493）	1

3. 操作要点

将以下各操作要点的数据填入附表 2-4 中。

（1）调整中点电压 $V_A=(1/2)V_{CC}$，将实测值填入附表 2-4 中，在电源电压 DC18V 调整功放管静态工作电流 $I \leqslant 25mA$，并记录实测电流值。

（2）输入 1kHz 音频信号，用示波器观察输出信号波形临界出现削波时，测量负载两端的电压应为 $V_o \geqslant 4Vrms$，记录实测电压值，并记录最大不失真输出功率（负载=16Ω）。

（3）调整输入信号电压，使输出电压 $V_o=4Vrms$，测放大器输入信号电压值，计算电压放大倍数。

（4）以 1kHz、$V_o=2Vrms$ 为基础，然后输入信号电压不变，频率分别为 20Hz、100Hz、200Hz、1kHz、5kHz，测输出电压 V_o 值，并画频响曲线。

（5）问题解答：

①OTL 功率放大器的工作原理是什么？

②OTL 功率放大电路中各元件的作用是什么？

4. 记录表格

OTL 功率放大电路操作记录如附表 2-4 所示。

附表 2 - 4 OTL 功率放大电路操作记录

工作点调试	电源电压	$V_{CC}=$	V	中点 A	$V_A=$	V	静态电流	$I_C=$	mA
输出调试	输出电压	$V_o=$	V	信号 f	$f=$	Hz	最大输出功率	$P_o=$	W
放大器输入	输入电压	$V_i=$	V	信号 f	$f=$	Hz	电压放大	$A=$	
频率响应	信号频率	20Hz	100Hz	200Hz		1000Hz		5000Hz	
	输出电压								

画频响特性:

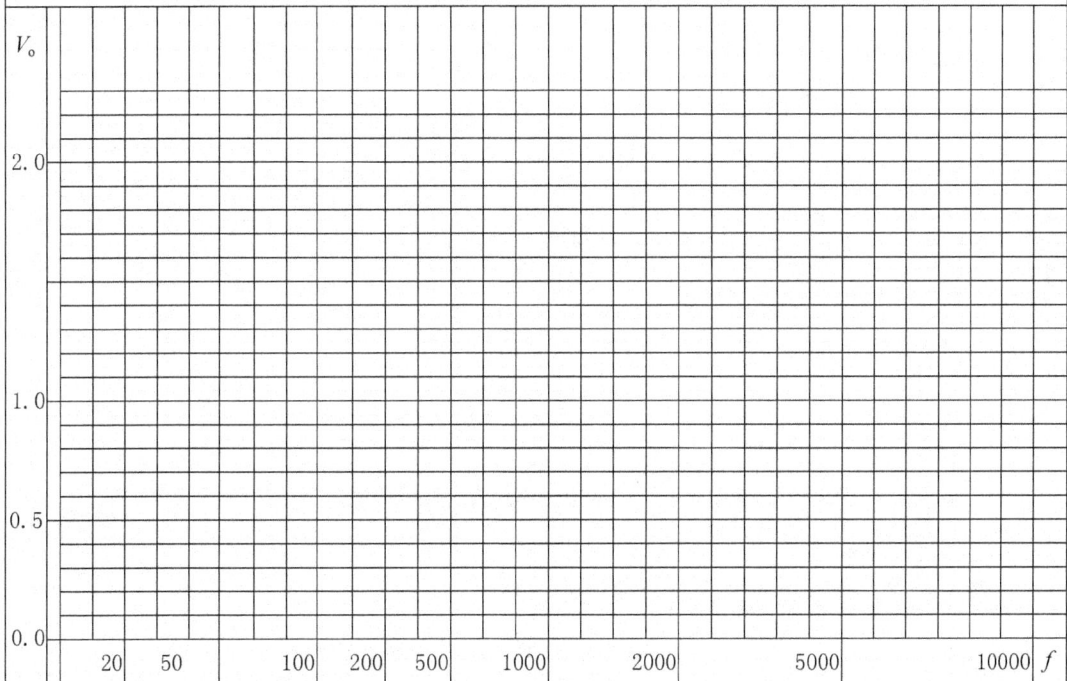

问题解答及故障处理情况:

三、交流电压平均值转换电路

1. 电路原理

交流电压平均值转换电路原理如附图2-3所示。

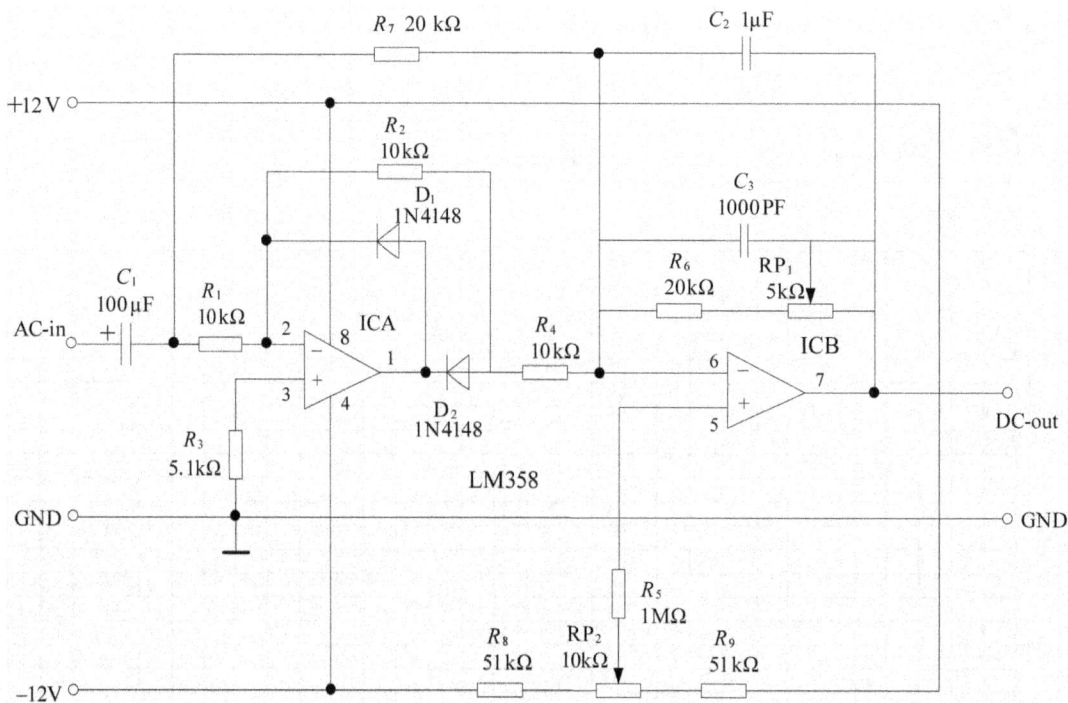

附图2-3 交流电压平均值转换电路原理

2. 元器件明细

交流电压平均值转换电路元器件明细如附表2-5所示。

附表2-5 交流电压平均值转换电路元器件明细

序号	标号	名称	型号/规格	数量
1	R_3	电阻	5.1kΩ	1
2	R_1,R_2,R_4	电阻	10kΩ	3
3	R_6,R_7	电阻	20kΩ	2
4	R_8,R_9	电阻	51kΩ	2
5	R_5	电阻	1MΩ	1
6	RP_2	多圈电位器	3296-10kΩ	1
7	RP_1	微调电位器	WS-3.3kΩ	1

序号	标号	名称	型号/规格	数量
8	C_3	电容	1000P/63V	1
9	C_2	电容	1μF/63V	1
10	C_1	电解电容	100μF/25V	1
11	D_1, D_2	二极管	IN4148	2
12	IC	集成电路	LM358	1
13	IC	电路插座	DIP-8	1
14		印制电路板	GK3-5(A10491)	1

3. 操作要点

将以下各操作要点的数据填入附表2-6中。

(1) 输出电压调零,要求≤±1个字(2V量程)。

(2) 调整满量程电压,在2V挡测输入1Vrms,频率100Hz的信号,要求调到1.000Vrms±1个字,填入附表2-6中。

(3) 测量整流特性:在2V挡测输入1Vrms,频率为20Hz和5kHz的信号,分别测出并计算示值误差。输入100Hz,20mVrms、200mVrms、0.5Vrms、1Vrms,将测量值及相对示值误差填入附表2-6中。

(4) 测试交流波形(输入100Hz,1Vrms的信号)。

①分别断开R_7和C_2,测A点的输出波形,画出波形图。

②接上R_7再断开R_4,C_2,测出A点的电压波形,并画图。

③接上R_7和R_4,再断开C_2,测出A点的电压波形,并画图。

④接上C_2,测出A点的电压波形,并画图。

(5) 仪器使用方法正确,读数正确。

(6) 问题解答:

①全波整流电路的原理及元件的作用是什么?

②常用的交流数字电压表是平均值响应,有效值读数有何优点?

4. 操作记录表

交流电压平均值转换电路操作记录如附表2-6所示。

四、三位半A/D转换电路

1. 电路原理

三位半A/D转换电路原理如附图2-4所示。

附表 2-6　交流电压平均值转换电路操作记录

输入电压	20mVrms	200mVrms	0.5mVrms	1mVrms	0V
读数					
相对误差					
测量频带两端的示值误差	输入频率	示值误差		输入频率	示值误差
			%	5kHz	%

整流波形图

1	
2	
3	
4	

问题解答：

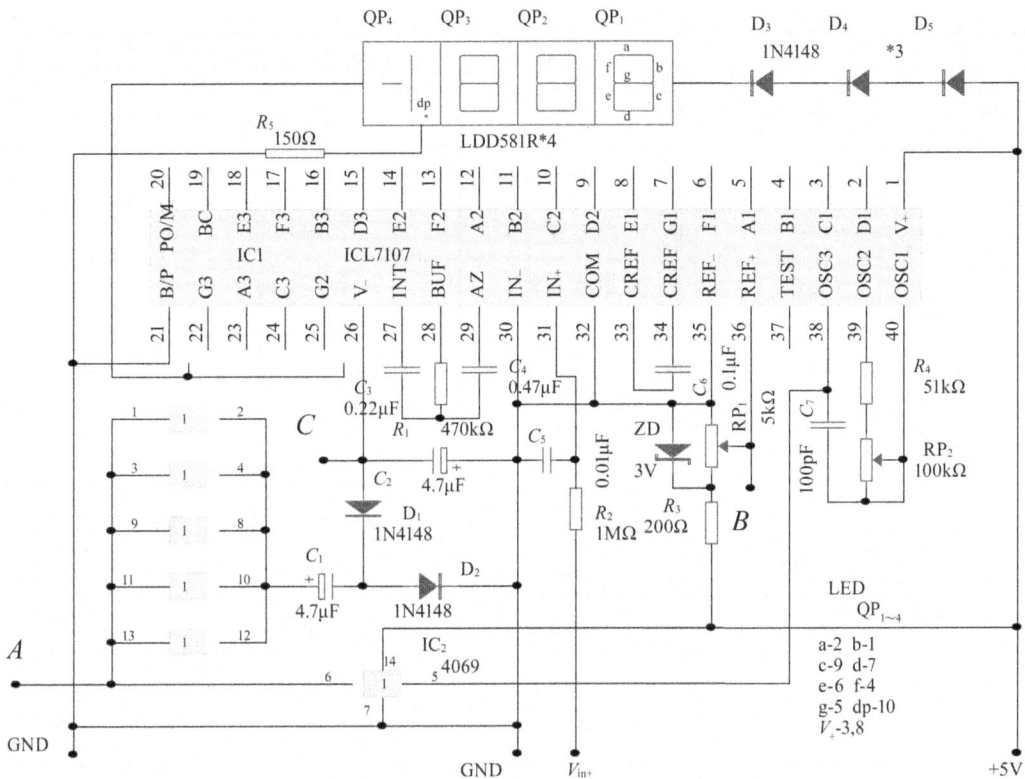

附图 2-4　三位半 A/D 转换电路原理

2. 元器件明细

三位半 A/D 转换电路元器件明细如附表 2-7 所示。

附表 2-7　三位半 A/D 转换电路元器件明细

序号	标号	名称	型号/规格	数量
1	R_5	电阻	150Ω	1
2	R_3	电阻	200Ω	1
3	R_4	电阻	$51\mathrm{k}\Omega$	1
4	R_1	电阻	$470\mathrm{k}\Omega$	1
5	R_2	电阻	$1\mathrm{M}\Omega$	1
6	RP_2	微调电阻	$WS-100\mathrm{k}\Omega$	1
7	RP_1	多圈电位器	$3296-5\mathrm{k}\Omega$	1
8	C_5	电容	$CBB-63V-0.01\mu F$	1

序号	标号	名称	型号/规格	数量
9	C_6	电容	CBB－63V－0.1μF	1
10	C_3	电容	CBB－63V－0.22μF	1
11	C_4	电容	CBB－63V－0.47μF	1
12	C_7	电容	100pF	1
13	C_1,C_2	电解电容	4.7μF/25V	2
14	$D_1 \sim D_5$	二极管	IN4148	5
15	ZD	稳压二极管	3V	1
16	IC_1	集成电路	4069	1
17	IC_2	集成电路	ICL7017	1
18	$QP_1 \sim QP_4$	数码管	LDD581R－共阳	4
19	IC_1	电路插座	DIP14	1
20	IC_2	电路插座	DIP40	2
21		印制电路板	GK3－5（A10489）	1

3. 操作要点

将以下各操作要点的数据填入附表 2－8 中。

（1）调整时钟发生器的振荡频率 $f_{osc}＝40kHz±(1\% \sim 5\%)$，画出（$IC_2 \sim IC_6$）A 点的波形图。

（2）调整满度电压 $V_{fs}＝2V$（调整点 1.999V±1 字），调整结果填入附表 2－8 中。

（3）测量线性误差：测试点 1.900V、1.500V、1.00V、0.500V、0.100V 并计算相对误差填入记录表。

（4）测量参考电压 V_{ref}，计算满度电压与参考电压的比值。

（5）测量负载电压值，填入附表 2－8 中。

（6）问题解答：

①ICL7017 A/D 变换器的简单工作原理及外接元件的功能是什么？

②负电源产生电路的原理是什么？

4. 操作记录

三位半 A/D 转换电路操作记录如附表 2－8 所示。

附表 2 - 8 三位半 A/D 转换电路操作记录

震荡频率 f_{osc}				幅值		
波形						
输入电压	1.900V	1.500V	1.00V	0.500V	0.100V	$V_{fs}=$　V
实测(DMV)						1.900V
相对误差						

参考电压		V_{fs}/V_{ref}			负电压	

问题解答:

五、数字频率计电路

1. 电路原理

数字频率计电路原理如附图 2-5 所示。

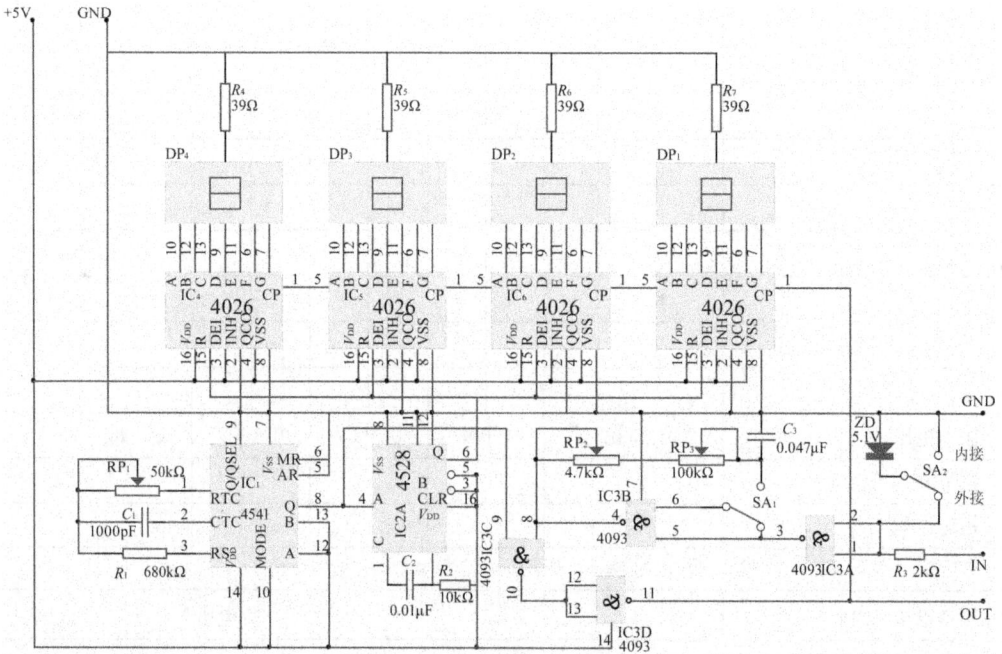

附图 2-5　数字频率计电路原理

2. 元器件明细

数字频率计电路元器件明细如附表 2-9 所示。

附表 2-9　数字频率计电路元器件明细

序号	标号	名称	型号/规格	数量
1	R_4, R_5, R_6, R_7	电阻	39Ω	4
2	R_3	电阻	2kΩ	1
3	R_2	电阻	10kΩ	1
4	R_1	电阻	680kΩ	1
5	RP_1	多圈电位器	3296-50kΩ	1
6	RP_2	多圈电位器	WS-4.7kΩ	1
7	RP_3	微调电位器	WS-100kΩ	1
8	C_1	电容	CC-63V-1000pF	1

序号	标号	名称	型号/规格	数量
9	C_2	电容	CBB-63V-0.01μF	1
12	C_3	电容	CBB-63V-0.047μF	1
13	ZD	稳压管	5.1V	1
14	$DP_1 \sim DP_4$	数码管	LC5021-11-共阴	4
15	IC_1	集成电路	4541	1
16	IC_2	集成电路	4528	1
17	IC_3	集成电路	4093	1
18	$IC_4 \sim IC_7$	集成电路	4026	4
19	IC_1,IC_3	电路插座	DIP14	2
20	IC_2,IC_4,IC_5,IC_6,IC_7	电路插座	DIP16	5
21	$DP_1 \sim DP_4$	电路插座	DIP40	1
22	SA_1,SA_2	轻触开关	自锁双刀双掷	1
23		印制电路板	GK3-5（A10495）	1

3. 操作要点

将以下各操作要点的数据填入附表 2-10 中。

（1）调整闸门时间等于 1s（矫正信号 1024Hz，$V_i=5$V）。

（2）检查频率测量的误差，检查频率 819Hz，将实读值填入附表 2-10 中。

（3）调整振荡器，使最高频率为 6kHz±1 字，并测量覆盖频率填入附表 2-10 中。

（4）画出最低振荡频率的实测波形图。

（5）问题解答：

①数字频率计的基本工作原理是什么？

②数字频率计电路中各元器件的作用是什么？

4. 操作记录

数字频率计电路操作记录如附表 2-10 所示。

附表 2-10 数字频率计电路操作记录

闸门时间 1s	基准频率 1024Hz	实测频率值		Hz	
频率测量误差	被测频率 819Hz	实测频率	Hz		相对误差
内接震荡频率覆盖	最高频率调整6kHz±1字			最低频率	Hz
画最低频率电压时间波形图		周期 ms		电压幅值	V

问题解答及故障处理情况:

参考文献

[1] 张庆双.新编实用电子电路208例.北京：机械工业出版社,2010.

[2] 刘修文.新编电子控制电路300例.北京：机械工业出版社,2006.

[3] 王煜东.传感器应用电路400例.北京：中国电力出版社,2008.

[4] 莫钊.电子产品制作工艺与实训.北京：电子工业出版社,2010.

[5] 陈栋.电子技能实训教程.西安：西安电子科技大学出版社,2008.

[6] 宁铎.电子工艺实训教程.西安：西安电子科技大学出版社,2008.

[7] 赵广林.常用电子元器件识别、检测、选用一读通.北京：电子工业出版社,2008.

[8] 杨海洋.电子电路故障查找技巧.北京：机械工业出版社,2012.

[9] 廖芳.电子产品生产工艺与管理.北京：电子工业出版社,2007.

[10] 王成安.电子产品生产工艺与生产管理.北京：人民邮电出版社,2010.

[11] 李响初.贴片元器件应用及检测技巧.北京：化学工业出版社,2010.